数字系统设计方法与实践

万国春　童美松　编著

内 容 提 要

本书主要介绍了数字系统设计方面的设计方法及其工程应用，以工程实践为导向，借鉴国际知名大学电气电子专业的培养方法，并结合编者的教学和项目实践及多年积累的资料编写而成。参考 Xilinx 公司的官方文档，并吸收国内外相关专业技术文献的精华，提炼其核心知识体系，让每一个读者都能在本书中有所了解、掌握与提高，为培养卓越工程师奠定坚实基础。

本书根据数字系统设计课程教学的要求，以提高数字电路设计能力和创新能力为目的，主要阐述了：①基于 Xilinx FPGA 的数字系统开发相关知识；②运用 VHDL 硬件描述语言进行设计的要求并辅于设计案例；③不同难易程度的综合设计实例以培养综合设计创新能力。书中内容紧紧围绕教学与实践创新，实验设计案例具有实用性和层次化递增的特点。实验基于 Xilinx 公司的 XUP Virtex-II Pro 硬件开发平台和 ISE 10.1 软件开发平台，提供 VHDL/Verilog HDL 参考源码。

图书在版编目(CIP)数据

数字系统设计方法与实践/万国春，童美松编著. --上海：同济大学出版社，2015.10

ISBN 978-7-5608-5948-4

Ⅰ.①数… Ⅱ.①万…②童… Ⅲ.①数字系统—系统设计 Ⅳ.①TP271

中国版本图书馆 CIP 数据核字(2015)第 193178 号

数字系统设计方法与实践

万国春　童美松　编著

责任编辑 张智中　**责任校对** 徐春莲　**封面设计** 吴炳锋

出版发行　同济大学出版社　www.tongjipress.com.cn
（地址：上海市四平路 1239 号　邮编：200092　电话：021-65985622）

经　销　全国各地新华书店

印　刷　大丰科星印刷有限责任公司

开　本　787mm×1092mm　1/16

印　张　16.5

印　数　1-3100

字　数　411000

版　次　2015 年 10 月第 1 版　2015 年 10 月第 1 次印刷

书　号　ISBN 978-7-5608-5948-4

定　价　39.00 元

前言

大规模可编程逻辑器件 FPGA/CPLD 的迅猛发展和更加广泛的应用，以及 EDA 技术在电子信息、通信、自动控制及计算机等领域的重要性与日俱增，对数字系统设计技术领域的理论教学和工程设计提出了更高的要求。为了适应 EDA 技术在高新技术行业的需求和高层次人才培养的要求，同时面向工程实践的特点，本书借鉴国内外电气电子专业的培养方法，吸收了国内各电子专业强校所编教材的精华，提炼了核心知识体系，致力于把最新的相关科学技术引入本书中，为培养卓越工程师奠定实践基础。

本书根据数字系统设计专业人才培养的要求，以提高数字电路设计能力和创新能力为目的，主要介绍了：(1)基于 Xilinx FPGA 的数字系统开发相关知识；(2)运用 VHDL 硬件描述语言进行设计的要点，并辅于设计案例；(3)不同难易程度的综合设计实例以培养综合设计创新能力。书中内容紧紧围绕教学与实践创新，实验设计案例具有实用性和层次化递增的特点。实验基于 Xilinx 公司的 XUP Virtex-II Pro 硬件开发平台和 ISE 10.1 软件开发平台，提供 VHDL/Verilog HDL 参考源码。

第一章介绍了数字系统设计自动化技术的发展历史和基于 FPGA 的数字系统设计方法流程；第二章中，对 FPGA 的结构和工作原理建立大致的了解，并简单介绍了 Xilinx 公司推出的两个 FPGA 系列以及本书所用 FPGA 的型号选择；第三章着重讲解 Xilinx ISE 软件开发平台的使用，简要介绍 ISE 中高级组件的功能概况；第五章通过常用数字电路的设计回顾运用 VHDL 语言实现组合逻辑电路、时序逻辑电路和有限状态机的设计；第五章的内容集中于 FPGA 开发设计中涉及到的设计原则和设计技巧；第七、八章递进式的介绍多个综合数字系统的设计。此外，针对 Xilinx 近几年大力推广新一代设计套件——Vivado 的情况，本书在附录一中对 Vivado 设计套件的突出特点进行了必要的介绍，并与 ISE 设计套件进行比较。附录二和附录三分别是书中所用硬件平台详细的展示。

本书的定位目标是，通过给出完整的软硬件开发流程，结合从简到难的数字系统设计案例和设计实践，让读者能够比较全面的掌握基于 FPGA 的数字系统设计方法，设计能力与创新能力得到大幅提高。

本书在编写过程中，得到了同济大学研究生院在职教育管理处、电子科学与技术系教师的关心和帮助，并提出了许多宝贵的修改意见，对于他们的帮助和支持，编者在此表示衷心感谢！

特别感谢课题组研究生谢鹏飞、尹桂珠和薛柯，他们在专业技术资料收集、整理、工程实践案例分析和验证等方面做了大量、卓有成效的专业技术工作。

由于编者水平有限，书中疏漏和不足之处在所难免，恳请广大读者批评指正。

编　者

2015 年 10 月

目录

第一章　数字系统设计与FPGA

1.1　数字系统设计自动化技术的发展历程

在数字系统设计自动化技术发展之初(20世纪70年代),出现了借助电子计算机辅助设计(Computer Aided Design,CAD)集成电路和数字系统的软件产品,其功能主要是大规模集成电路(Large Scale Integration,LSI)布线设计和印刷电路板(Printed Circuit Board,PCB)布线设计,它使用二维图形编辑和分析工具代替传统的手工布图线方法,将设计人员从重复性的繁杂劳动中解放出来,使工作效率和产品设计的复杂程度大大提高。人们把这种技术称之为计算机辅助设计技术。

20世纪80年代,出现了第二代电路CAD软件,其产品主要是交互式逻辑图编辑工具、逻辑模拟工具、LSI和PCB自动布局布线工具,它可以使设计人员在产品的设计阶段对产品的性能进行分析,验证产品的功能,并且生成产品制造文件。这一时期的电路CAD工具已不单单是代替设计工作中绘图的重复劳动,而是具有一定的设计功能,可以代替设计人员的部分设计工作,人们称之为计算机辅助工程(Computer Aided Engineering,CAE)技术。

20世纪80年代末至20世纪90年代初,随着电路CAD技术的不断发展,融合了计算机辅助制造(Computer Aided Manufacturing,CAM)、计算机辅助测试(Computer Aided Translation,CAT)和计算机辅助工程等概念,形成了第三代电路CAD系统,也就是电子设计自动化(Electronic Design Automation,EDA)这一概念。这一时期EDA工具的主要功能是以逻辑综合、硬件行为仿真、参数分析和测试为重点。

数字系统设计自动化技术的发展历程如图1.1所示。

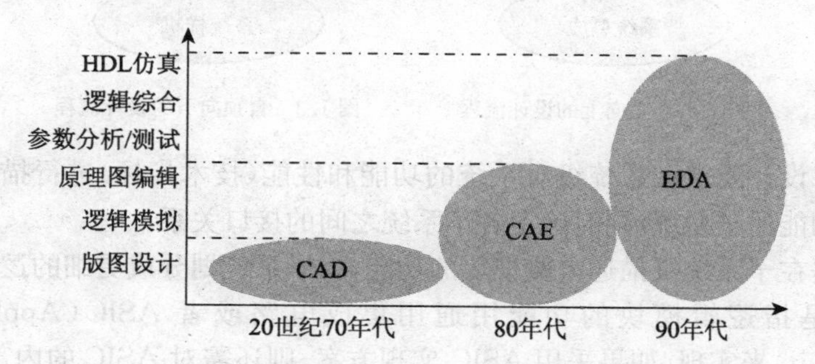

图1.1　20世纪数字系统设计自动化技术的发展历程

目前流行的EDA工具门类齐全、种类繁多,主要构成为:设计输入模块、设计数据库模块、综合模块、分析验证模块和布局布线模块,它能够在算法级、寄存器传输级(RTL)、门级和电路级进行设计描述、综合与仿真。

另外,EDA 工具与前两代电路 CAD 产品的重要差别之一是,不仅可以用逻辑图进行设计描述,还可以用文字硬件描述语言进行设计描述,以及用图文混合方式进行设计描述。

1.2 数字系统的设计流程

数字系统的设计从设计方法学角度来讲,有自顶向下(TOP-DOWN)和自底向上(DOWN-UP)两种方法。

由于 EDA 工具首先是在低层次上得到发展的,所以 DOWN-UP 设计方法曾经被广泛应用,这种方法以门级单元库和基于门级单元库的宏单元库为基础,从小模块逐级构造大模块以至整个电路,其设计流程如图 1.2 所示。在设计过程中,任何一级发生错误,往往都会使得设计重新返工。因此,自底向上的设计方法效率和可靠性低、设计成本高。

随着 EDA 技术的不断发展,TOP-DOWN 设计方法目前得到越来越广泛的应用。按照 TOP-DOWN 设计思路,数字系统的设计流程可分为这样几个层次:系统设计、模块设计、器件设计和版图设计,如图 1.3 所示。

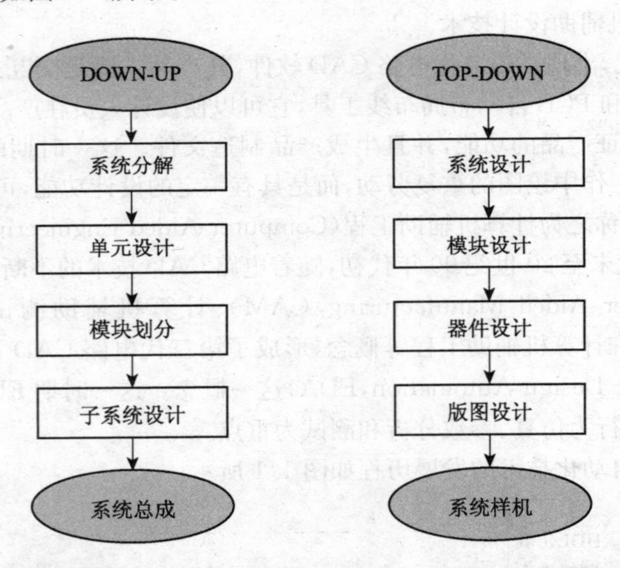

图 1.2 自底向上的设计流程　　图 1.3 自顶向下的设计流程

系统设计将设计要求在系统级对系统的功能和性能(技术指标)进行描述,并将系统划分成实现不同功能的子系统,同时确定各子系统之间的接口关系。

模块设计是在子系统级描述电路模块的功能,将子系统划分成更细的逻辑模块。

器件设计是指逻辑模块的功能用通用集成电路或者 ASIC(Application Specific Integrated Circuit)来实现,如果采用 ASIC 实现方案,则还需对 ASIC 的内部逻辑和外接引脚的功能进行定义。在以通用集成电路作为主要硬件构成的设计中,器件设计主要解决元器件的选用问题,因而模块设计所占比例很大,器件设计工作相对较少。而在以 ASIC 作为主要硬件构成的设计中,器件设计也就是 ASIC 设计,因此器件设计占了很大的比例。ASIC

的采用使得模块设计工作大部分是在器件设计中完成的，即模块设计延伸到器件设计工作之中，使得这两部分设计工作的分界线不那么明显了。

版图设计包含 ASIC 芯片版图设计和 PCB 版图设计。

ASIC 版图设计包括芯片物理结构分析、逻辑分析、建立后端设计流程、版图布局布线、版图编辑、版图物理验证等设计工作，这些工作可以融合到上一层次的器件设计中。如果采用 CPLD（Complex Programmable Logic Device）和 FPGA（Field Programmable Gate Array）作为 ASIC 设计的实现手段，则芯片版图设计工作将可大为简化。

PCB 版图设计则是按照系统设计要求，确定电路板的物理尺寸，并进行元器件的布局和布线，从而完成系统样机的整体功能。无论采用通用集成电路还是 ASIC 作为主要硬件构成，PCB 版图设计工作都是不可或缺的，特别是高速数字系统，更是决定系统设计成败的重要一环。

在这里要特别提出的是 CPLD/FPGA 的系统编程功能，它可以在完成 PCB 设计和焊接工作之后，重新修改可编程逻辑器件（Programmable Logic Device，PLD）的内部逻辑，这使得数字系统设计更为灵活和方便。

在上述各层次的设计中，主要有描述、划分、综合和验证 4 种类型的工作，这些工作贯穿于整个设计的各个层次。首先在高级别层次进行描述、验证，然后经过划分和综合，将高级别的描述转换至第一级别的描述，在经过验证、划分和综合，将设计工作向更低级别延伸。

下面分别介绍这 4 种类型的设计工作。

1. 描述

指用文字（例如硬件描述语言 VHDL、Verilog HDL 等）、图形（例如真值表、状态图、逻辑电路图、PCB 或芯片版图）或者二者结合来描述不同设计层次的功能，主要有几何描述、结构描述、RTL 描述和行为描述 4 种描述方法。

(1) 几何描述

几何描述主要是指集成电路芯片版图后者 PCB 版图的几何信息。这些信息可以用物理尺寸表达，也可以用符号来表达；可以用图形方式描述，也可以掩膜网表文件的形式存在。

(2) 结构描述

结构描述表示一个电路的基本元件构成以及这些基本元件之间的相互连接关系，它可以用文字表达，也可以用图形来表达；可以在电路级，也可以在门级进行结构描述。电路级的基本元件是晶体管、电阻、电容等，电路级描述表达了这些基本元件的互连关系；门级的基本元件是各种逻辑门和触发器，门级描述表达了这些基本元件之间的互连关系，即逻辑电路的结构信息。除了使用图形描述方式之外，结构描述的信息还可以用门级网表的形式存放在网表（Net List）文件中。

(3) RTL 描述

RTL 描述表示信息在一个电路中的流向，即信息是如何从电路的输入端，经过何种变换，最终流向输出端的。RTL 的基本元件是寄存器、计数器、多路选择器、存储器、算术逻辑单元（ALU）和总线等宏单元，RTL 描述表达了数据流在宏单元之间的流向，因此也称为数据流描述。与此同时，RTL 描述还隐含了宏单元之间的结构信息，所以一个正确的 RTL 描述可以被直接转换或综合为结构描述（即门级）网表的形式。

(4) 行为描述

行为描述表示一个电路模块输入信号和输出信号之间的相互关系，也可以用文字或者图形两种形式来表达。算法级描述是对RTL之上的模块电路的行为描述，行为描述不包含模块电路的结构信息，所以不能用以模块电路为基本元件的图形来表达。通常采用真值表、状态图或硬件描述语言等形式来描述模块电路的输入信号与输出信号之间的对应关系。即使是一个正确的行为描述，也不一定能够被转换或综合为可以用逻辑门电路实现的形式。也就是说，不一定能够被综合成一个正确的RTL描述。

2. 划分

划分是在不同的设计层次，将大模块逐级划分成小模块的过程，它可以有效降低设计的复杂性、增强可读性。在划分模块时应注意以下几点：

(1) 在同一层次的模块之间，尽量使模块的结构匀称，这样可以减少在资源分配上的差异，从而有效避免系统在性能上的瓶颈。

(2) 尽量减少模块之间的接口信号线。在信号连接最少的地方划分模块，使模块之间用最少的信号线相连，以减少由于接口信号复杂而引起的设计错误和布线困难。

(3) 划分模块的细度应适合描述。如果用硬件描述语言HDL描述模块的行为，可以划分到算法一级；用逻辑图来描述模块，则需要划分到门、触发器和宏模块一级。

(4) 对于功能相似的逻辑模块，应尽量设计成共享模块。这样可以改善设计的结构化特性，减少需要设计的模块数量，提高模块设计的可重用性。

(5) 划分时尽量避免考虑与器件有关的特性，使设计具有可移植性，即可以在不同的器件上实现(例如采用不同制造工艺，或者不同制造方法等)设计。

3. 综合

综合是将高层次的描述转换至低层次描述的过程。综合可以在不同的层次上进行，通常分为3个层次：行为综合、逻辑综合、版图综合。

(1) 行为综合

行为综合是将算法级的行为描述转换为寄存器传输级描述的过程，这样不必通过人工改写就可以较快地得到RTL描述。因此可以缩短设计周期，提高设计速度，并且可以在不同的设计方案中，寻求满足目标集合和约束条件但花费最少的设计方案。

(2) 逻辑综合

逻辑综合是在标准单元库和特定设计约束(例如面积、速度、功耗、可测性等)的基础上，把RTL描述转换成优化的门级网表的过程。首先将RTL描述转换成由各种逻辑门(反相器、与非门、触发器或锁存器等)组成的结构描述，然后对其进行逻辑优化，再依照所选工艺的工艺库参数，将优化后的结构描述映射到实际的逻辑门电路——门级网表文件中。逻辑综合将给出满足RTL描述的逻辑电路(门级网表)，它可以分为组合逻辑电路综合和时序逻辑电路综合两大类。

(3) 版图综合

版图综合是将门级网表转换为ASIC或者PCB版图的布局布线表述，并生成版图文件的过程。

4. 验证

验证是对功能描述和综合的结果是否能够满足设计功能要求进行模拟分析的过程。如果验证的结果不能满足要求，则必须对该层次的功能描述进行修正，甚至可能需要修改更高层次的功能描述和划分，直到验证的结果满足设计功能的要求为止。

验证的目的主要有以下 3 个方面：

- 验证原始描述的正确性。
- 验证综合结果的逻辑功能是否符合原始描述。
- 验证综合结果中是否含有违反设计规则的错误。

验证方法通常有 3 种：逻辑模拟（也称仿真）、规则检查和形式验证。

1.3　基于 FPGA 的数字系统设计

随着集成电路深亚微米工艺技术的发展，FPGA 器件及其应用获得了长足的发展，FPGA 器件的单片规模大大扩展，系统运行速度不断提高，功耗不断下降，价格大幅度调低。因此，与传统电路设计方法相比，利用 FPGA/CPLD 进行数字系统的开发具有功能强大、投资小、周期短、便于修改及开发工具智能化等特点。并且随着电子工艺不断改进，低成本高性能的 FPGA/CPLD 器件推陈出新，促使了 FPGA/CPLD 成为当今硬件设计的首选方式之一。熟练掌握 FPGA/CPLD 设计技术已经是电子设计工程师的基本要求。

电子设计自动化（EDA）技术是以计算机为工作平台，融合了应用电子技术、计算机技术、智能化技术最新成果而开发出来的一套先进的电子系统设计的软件工具。集成电路设计技术的进步也对 EDA 技术提出了更高的要求，大大地促进了 EDA 技术的发展。以高级语言描述、系统仿真和综合技术为特征的 EDA 技术，代表了当今电子设计技术的最新发展方向。EDA 设计技术的基本流程是设计者按照“自顶而下”的设计方法，对整个系统进行方案设计和功能划分。电子系统的关键电路一般用一片或几片专用集成电路（ASIC）实现，采用硬件描述语言（HDL）完成系统行为级设计，最后通过综合器和适配器生成最终的目标器件。这种被称为高层次的电子设计方法，不仅极大地提高了系统的设计效率，而且使设计者摆脱了大量的辅助性工作，将精力集中于创造性的方案与概念的构思上。近年来的 EDA 技术主要有以下特点：

(1) 采用行为级综合工具，设计层次由 RTL 级上升到了系统级；

(2) 采用硬件描述语言描述大规模系统，使数字系统的描述进入抽象层次；

(3) 采用布局规划（planning）技术，即在布局布线前对设计进行平面规划，使得复杂 IC 的描述规范化，做到在逻辑综合早期设计阶段就考虑到物理设计的影响。

从某种意义上来讲，FPGA 和 EDA 技术的发展，将会进一步引起数字系统设计思想和方法的革命。正是在这样的技术发展背景下，为了配合数字系统设计课程教学，本书主要讨论基于 FPGA 器件来实现数字系统，所有设计实验课题在 Xilinx 公司的 XUP Virtex-II Pro 开发平台上实现，不过少量实验课题还需要读者自己制作扩展板。

1.3.1　可编程逻辑器件的发展历史

可编程逻辑器件（PLD）是 20 世纪 70 年代发展起来的一种新型逻辑器件，是当今数字系统设计的主要硬件平台。PLD 的应用和发展简化了电路设计，缩短了系统设计的周期，提高了系统的可靠性并降低了成本，因此获得了广大硬件工程师的青睐，形成了巨大的 PLD

产业规模。

20世纪70年代初到70年代中期为PLD的第一阶段，这个阶段只有简单的可编程只读存储器（PROM）、紫外线可擦除只读存储器（EPROM）和电可擦除只读存储器（EEPROM）3种。由于结构的限制，它们只能完成简单的数字逻辑功能。

20世纪70年代中期到80年代中期为PLD的第二阶段，这个阶段出现了结构上稍微复杂的可编程阵列逻辑（Programmable Array Logic，PAL）和通用阵列逻辑（Generic Array Logic，GAL）器件，正式被称为PLD，能够完成各种逻辑运算功能。典型的PLD由“与”、“或”阵列组成，用“与或”表达式来实现任意组合逻辑，所以PLD能以乘积和形式完成大量的逻辑组合。

20世纪80年代中期到90年代末为PLD的第三阶段，这个阶段Xilinx和Altera分别推出了与标准门阵列类似的FPGA和类似于PAL结构的扩展型CPLD，提高了逻辑运算的速度，具有体系结构和逻辑单元灵活、集成度高和适用范围宽等特点，兼容了PLD和通用门阵列的优点，能够实现超大规模的电路，编程方式也很灵活，成为产品原型设计和中小规模（一般小于10 000门）产品生产的首选。在这个阶段，CPLD、FPGA器件在制造工艺和产品性能上都获得长足的发展，达到了0.18 μm工艺和百万门的规模。

20世纪90年代末到目前为PLD的第四阶段，这个阶段出现了SoPC（System on Programmable Chip）和SoC（System on Chip）技术，是PLD和ASIC技术融合的结果，涵盖了实时化数字信号处理技术、高速数据收发器、复杂计算和嵌入式系统设计技术的全部内容。Xilinx和Altera也推出了相应的SoC FPGA产品，制造工艺达到45 nm水平，系统门数也超过千万门。并且，这一阶段的逻辑器件内嵌了硬核高速乘法器、高速串行接口，时钟频率高达500 MHz的PowerPC微处理器与软核MicroBlaze/PicoBlaze相结合。它已超越了ASIC器件的性能和规模，也超越了传统意义上FPGA的概念，使PLD的应用范围从单片扩展到系统级。目前，基于PLD片上可编程的概念仍在进一步向前发展。

1.3.2 基于FPGA的数字系统设计流程

数字系统设计发展至今天，需要利用多种EDA工具进行设计，了解并熟悉其设计流程应成为当今电子工程师的必备知识。FPGA是在PAL、GAL、CPLD等可编程器件的基础上进一步发展的产物。它是作为ASIC领域中的一种半定制电路而出现的，既解决了定制电路的不足，又克服了原有可编程器件门电路的缺点。FPGA开发的一般流程如图1.4所示，包括电路设计、设计输入、功能仿真、综合、综合后仿真、实现与布局布线、时序仿真、芯片编程与调试等主要步骤。

1. 电路设计

在系统设计之前，首先要进行方案论证、系统设计和FPGA芯片选择等准备工作。系统设计工程师根据任务要求，如系统的指标和复杂度，对工作速度和芯片本身各种资源、成本等方面的要求进行权衡，选择合理的设计方案和合适的器件类型。一般都采用自顶而下的设计方法，把系统分成若干个子系统，再把每个子系统划分为若干个功能模块，直至分成基本模块单元电路为止。

2. 设计输入

设计输入是将所设计的系统或电路以开发软件要求的某种形式表示出来，并输入给

EDA 工具的过程。常用的方法有硬件描述语言（HDL）与原理图输入等。

原理图输入方式是一种最直接的描述方式，这种方法虽然直观并易于仿真，但效率很低，且不易维护，不利于模块构造和重用。更主要的缺点是可移植性差，当芯片升级后，所有的原理图都需要作一定的改动。

HDL 设计方式是目前设计大规模数字系统的最好形式，其主流语言有 IEEE 标准中的 VHDL 与 VerilogHDL。HDL 语言在描述状态机、控制逻辑、总线功能方面较强，用其描述的电路能在特定综合器作用下以具体硬件单元较好地实现。HDL 主要特点有：语言与芯片工艺无关，利于自顶向下设计，便于模块的划分与移植，可移植性好，具有很强的逻辑描述和仿真功能，而且输入效率很高。

近年来出现的图形化 HDL 设计工具，可以接收逻辑结构图、状态转换图、数据流图、控制流程图及真值表等输入方式，并通过配置的翻译器将这些图形格式转化为 HDL 文件，如 Mentor Graphics 公司的 Renoir，Xilinx 公司的 Foundation Series 都带有将状态转换图翻译成 HDL 文本的设计工具。

另外，FPGA 厂商软件与第三方软件设有接口，可以把第三方设计文件导入进行处理。如 Foundation 与 Quartus 都可以把 EDIF 网表作为输入网表而直接进行布局布线，布局布线后，可再将生成的相应文件交给第三方进行后续处理。

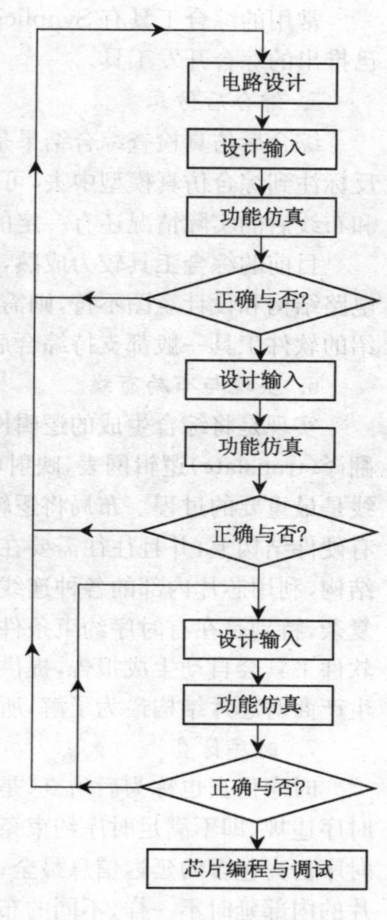

图 1.4　FPGA 一般开发流程

3. 功能仿真

功能仿真也称为前仿真，是在编译之前对用户所设计的电路进行逻辑功能验证，此时的仿真没有延迟信息，仅对初步的功能进行检测。仿真前，要先利用波形编辑器或 HDL 等工具建立波形文件和测试向量（即将所关心的输入信号组合成序列），仿真结果将会生成报告文件和输出信号波形，从中便可以观察各个节点信号的变化。如果发现错误，则返回设计修改逻辑设计。常用的工具有 ModelTech 公司的 ModelSim、Synopsys 公司的 VCS 和 Cadence 公司的 NC-Verilog、NC-VHDL 等软件。

4. 综合

综合（Synthesis）就是针对给定的电路实现功能和实现此电路的约束条件，如速度、功耗、成本及电路类型等，通过计算机进行优化处理，获得一个能满足上述要求的电路设计方案。也就是说，综合的依据是逻辑设计的描述和各种约束条件，综合的结果则是一个硬件电路的实现方案：将设计输入编译成由门电路、RAM、触发器等基本逻辑单元组成的逻辑连接网表。对于综合来说，满足要求的方案可能有多个，综合器将产生一个最优的或接近最优的结果。因此，综合的过程也就是设计目标的优化过程，最后获得的结构与综合器的工作性能有关。

常用的综合工具有 Synplicity 公司的 Synplify、Synplify Pro 软件和各个 FPGA 厂家自己推出的综合开发工具。

5. 综合后仿真

综合后仿真检查综合结果是否与原设计一致。在仿真时，把综合生成的标准延时文件反标注到综合仿真模型中去，可估计门延时带来的影响。但这一步骤不能估计线延时，因此和布线后的实际情况还有一定的差距，并不十分准确。

目前的综合工具较为成熟，对于一般的设计可以省略这一步，但如果在布局布线后发现电路结构和设计意图不符，则需要回溯到综合后仿真来确认问题的来源。在功能仿真中介绍的软件工具一般都支持综合后仿真。

6. 实现与布局布线

实现是将综合生成的逻辑网表配置到具体的 FPGA 芯片上。实现主要分为 3 个步骤：翻译(translate)逻辑网表，映射(map)到器件单元，布局布线(place & route)。其中，布局布线是最重要的过程。布局将逻辑网表中的硬件原语和底层单元合理地配置到芯片内部的固有硬件结构上，并且往往需要在速度最优和面积最优之间作出选择。布线根据布局的拓扑结构，利用芯片内部的各种连线资源，合理正确地连接各个元件。目前，FPGA 的结构非常复杂，特别是在有时序约束条件时，需要利用时序驱动的引擎进行布局布线。布线结束后，软件工具会自动生成报告，提供有关设计中各部分资源的使用情况。由于只有 FPGA 芯片生产商对芯片结构最为了解，所以布局布线必须选择芯片开发商提供的工具。

7. 时序仿真

时序仿真也称为后仿真，是指将布局布线的延时信息反标注到设计网表中来检测有无时序违规(即不满足时序约束条件或器件固有的时序规则，如建立时间、保持时间等)现象。时序仿真包含的延迟信息最全，也最精确，能较好地反映芯片的实际工作情况。由于不同芯片的内部延时不一样，不同的布局布线方案也给延时带来不同的影响。因此在布局布线后，通过对系统和各个模块进行时序仿真，分析其时序关系，估计系统性能，以及检查和消除竞争冒险是非常有必要的。

8. 芯片编程与调试

设计开发的最后步骤就是在线调试或者将生成的配置文件写入芯片中进行测试。芯片编程配置是在功能仿真与时序仿真正确的前提下，将实现与布局布线后形成的位流数据文件(bitstream generation)下载到具体的 FPGA 芯片中。FPGA 设计有两种配置形式：一种是直接由计算机经过专用下载电缆进行配置，另一种则是由外围配置芯片进行上电时自动配置。因为 FPGA 具有掉电信息丢失的性质，所以可在验证初期使用电缆直接下载位流文件，如有必要再将文件烧录配置于芯片中(如 Xilinx 的 XC18V 系列，Altera 的 EPC2 系列)。

将位流文件下载到 FPGA 器件内部后进行实际器件的物理测试即为电路验证，当得到正确的验证结果后就证明了设计的正确性。

第二章　现场可编程门阵列 FPGA

2.1　FPGA 的结构和工作原理

可编程逻辑器件(PLD)可由用户根据自己需求来构造逻辑功能，具有并行处理和在线系统编程的灵活性，已成为数字系统设计的主流平台之一，同时是实现 ASIC 逻辑的一种主要方式。PLD 由早期的低密度 PAL 和 GAL 器件发展到目前的 CPLD 和 FPGA 产品。

CPLD 采用可编程与阵列和固定或阵列结构，基于 EEPROM 编程技术，产品具有高密度、高速度、低功耗、低价格等优点；下载代码烧写到 CPLD 内部后可永久保持，即使系统掉电也可保持相应的逻辑功能，硬件电路简单；CPLD 内部逻辑的单元间的连线为连续式布线，信号延迟时间可预测。

FPGA 内部资源丰富，并可嵌入微处理器核，适用于数字信号处理及复杂逻辑控制系统。由于 FPGA 采用 SRAM 技术制造，上电后，配置代码写入 FPGA 片内 SRAM 中，配置 FPGA 内逻辑单元，实现对应的逻辑功能。掉电后，SRAM 存储数据丢失，FPGA 内已配置的逻辑关系消失。所以，需要外加一片专用代码配置存储芯片，每次上电时，FPGA 从存储芯片读取配置数据并写入片内 SRAM 中。

目前主流的 FPGA 仍是基于查找表(Look-Up Table, LUT)技术，且多采用 4 输入查找表。4 输入查找表可视为具有 4 根地址线，容量为 16×1bit 的 RAM，根据用户 HDL 代码描述，EDA 软件将 4 输入逻辑函数真值表写入 RAM，4 输入变量连接到 RAM 的 4 根地址线，当输入信号取值变化时，只需从地址对应的存储单元中读取数值，无需重构逻辑电路，即可实现任意 4 输入变量函数的逻辑功能。4 输入查找表逻辑符号如图 2.1 所示。若使用 4 输入 LUT 实现函数 F=ABCD，地址 A，B，C，D 与存储单元数据关系如表 2.1 所列，LUT 内部存储结构如图 2.2 所示。复杂逻辑函数可使用多个 4 输入查找表和多路选择器设计实现。

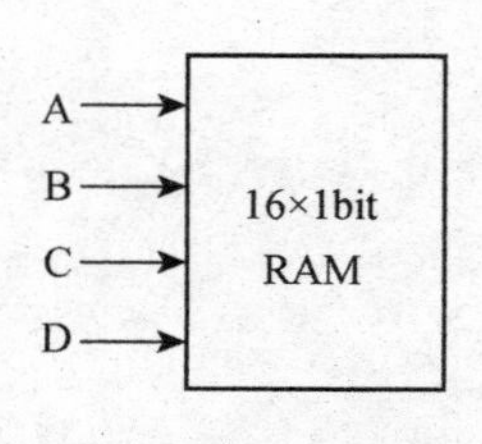

图 2.1　4 输入查找表逻辑符号

表 2.1　地址与存储单元数据关系

地址(ABCD)	RAM 存储单元数据
0 000	0
0 001	0
0 010	0
⋮	0
1 110	0
1 111	1

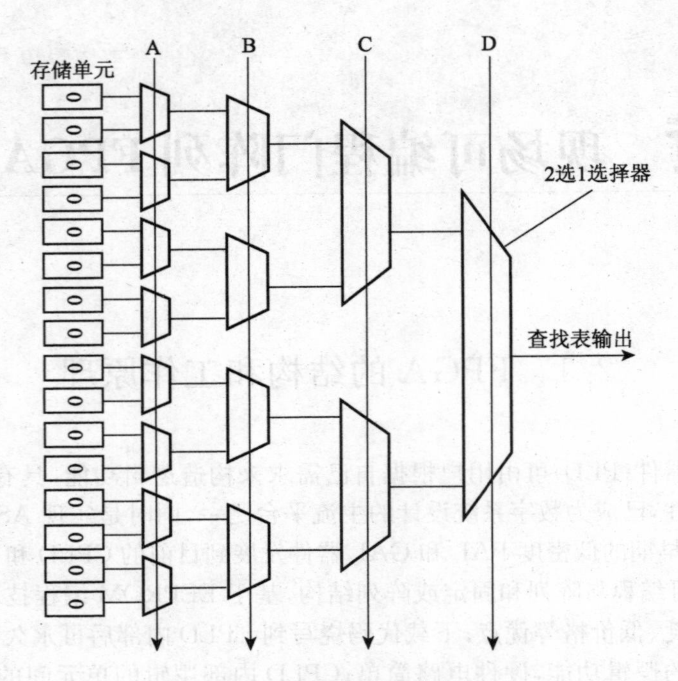

图 2.2　查找表内部结构

一般，FPGA 整合了如 DRAM、时钟管理和 DSP 等常用功能的硬核模块，其内部结构示意如图 2.3 所示。FPGA 芯片主要由 6 部分组成，分别为可编程输入输出单元（IOB）、基本可编程逻辑单元（CLB）、完整的时钟管理模块（Digital Clock Manager，DCM）、嵌入块式存储器模块（DRAM）、可编程互联资源（IR）、内嵌的底层功能单元和内嵌专用硬件模块。

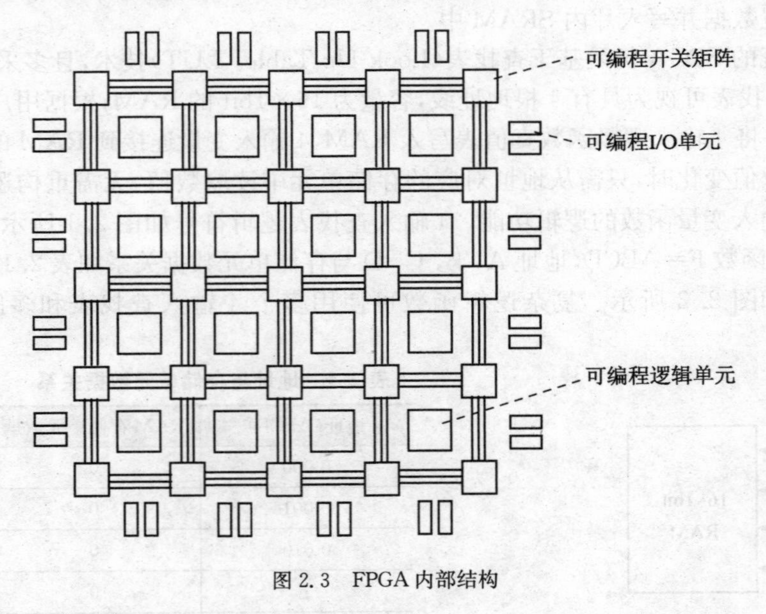

图 2.3　FPGA 内部结构

1. 基本可编程逻辑单元（CLB）

CLB 是 FPGA 内的基本逻辑单元，CLB 的实际数量和特性依器件的不同而不同。在

Xilinx 公司的 FPGA 器件中，CLB 是基于查找表结构的，每个 CLB 由多个（一般是 4 个或 2 个）相同的 Slice 和附加逻辑构成。Slice 是 Xilinx 公司定义的基本逻辑单元，一个 Slice 由两个 4 输入的函数发生器、进位逻辑、算术逻辑、存储逻辑和函数复用器组成。

4 输入函数发生器用于实现 4 输入 LUT、分布式 RAM 或 16 比特移位寄存器；存储逻辑可配置为 D 触发器或锁存器；进位逻辑由专用进位信号和函数复用器组成，用于实现快速的算术加减法操作；算术逻辑包括个异或门和一算的专用与门。

CLB 可以由开关矩阵（switch matrix）配置成组合逻辑、时序逻辑、分布式 ROM。

2. 可编程输入输出单元（IOB）

可编程输入/输出单元简称 I/O 单元，是芯片与外界电路的接口部分，完成不同电气特性下对输入/输出信号的驱动与匹配要求。FPGA 内的 I/O 按组（Bank）划分，每个 Bank 都能够独立地支持不同的 I/O 标准。同一 Bank 的 I/O 管脚输出信号电平相同，与该 Bank 内的电源管脚电压相同。通过软件的灵活配置，可适配不同的电气标准与 I/O 物理特性，可以调整驱动电流的大小，可以改变上拉、下拉电阻。目前，I/O 口的频率也越来越高，一些高端的 FPGA 通过 DDR 寄存器技术可高达 2Gbit/s 的数据速率。

外部输入信号可以通过 I/O 模块的存储单元输入到 FPGA 的内部，也可以直接输入至 FPGA 内部。但外部输入信号经过 I/O 模块的存储单元输入到 FPGA 内部时，其保持时间（hold time）的要求可以降低，通常默认为零.

3. 数字时钟管理模块（DCM）

业内大多数 FPGA 均提供数字时钟管理模块（DCM），Xilinx 公司最先进的 FPGA 提供了数字时钟管理和相位环路锁定。DCM 可实现时钟频率合成、时钟相位调整和消除时钟信号畸变三大功能。

4. 嵌入式块 RAM（BRAM）

大多数 FPGA 都具有内嵌的块 RAM，这大大拓展了 FPGA 的应用范围和灵活性。块 RAM 可被配置为单端口 RAM、双端口 RAM、内容地址存储器（CAM）FIFO 等常用存储结构。RAM、FIFO 是比较普及的概念，不再赘述。CAM 在其内部的每个存储单元中都有一个比较逻辑，写入 CAM 的数据会和内部的每一个数据进行比较，并返回与端口数据相同的所有数据的地址，因而在路由的地址交换器中有广泛的应用。除了块 RAM，还可以将 FPGA 中的 LUT 灵活地配置成 RAM、ROM 和 FIFO 等结构。

单片块 RAM 的容量为 18Kbit，即位宽为 18 位、深度为 1024。可以根据需要改变其位宽和深度，但要满足两个原则：首先，修改后的容量（位宽×深度）不能大于 18Kbit；其次，位宽最大不能超过 36 位。当然，可以将多片块 RAM 级联起来形成更大的 RAM，此时只受限于芯片内块 RAM 的数量，而不再受上面两条原则的约束。

5. 可编程互联资源（IR）

可编程互联资源连通 FPGA 内部的所有单元（如 IOB，CLB，交换矩阵，DCM，BRAM），而连线的长度和工艺决定着信号在连线上的驱动能力和传输速度。FPGA 芯片内部有着丰富的布线资源，根据工艺、长度、宽度和分布位置的不同而划分为 4 个类别。第一类是全局布线资源，用于芯片内部全局时钟和全局复位/置位的布线；第二类是长线资源，用以完成芯片 I/O Bank 间的高速信号和第二全局时钟信号的布线；第三类是短线资源，用于完成基本逻辑单元之间的逻辑互连和布线；第四类是分布式的布线资源，用于专有时钟、复位等控制信号线。

在实际中设计者不需要直接选择布线资源，布局布线器可自动地根据输入逻辑网表的拓扑结构和约束条件选择布线资源来连通各个模块单元。从本质上讲，布线资源的使用方法和设计的结果有密切、直接的关系。

6. 底层内嵌功能单元和内嵌专用硬核

内嵌功能模块主要指 DLL(Delay Locked Loop)、PLL(Phase Locked Loop)、DSP 和 CPU 等软处理核(Soft Core)。现在越来越丰富的内嵌功能单元使得单片 FPGA 成为了系统级的设计工具，并具备了软硬件联合设计的能力，逐步向 SoC 平台过渡。

内嵌专用硬核是相对底层嵌入的软核而言的，指 FPGA 处理能力强大的硬核(Hard Core)，等效于 ASIC 电路。为了提高 FPGA 性能，芯片生产商在芯片内部集成了一些专用的硬核。例如，为了提高 FPGA 的乘法速度，主流的 FPGA 中都集成了专用乘法器；为了适用通信息线与接口标准，很多高端的 FPGA 内部都集成了串并收发器(SERDES)，可以达到数 10Gbit/s 的收发速度。

Xilinx 公司的高端产品不仅集成了 PowerPC 系列 CPU，还内嵌了 DSP Core 模块，其相应的系统级设计工具是 EDK 和 Platform Studio，并依此提出了片上系统(SoC)的概念。通过 PowerPC、MicroBIaze、PicoBlaze 等平台，能够开发标准的 DSP 处理器及其相关应用，达到 SoC 的开发目的。

2.2 Xilinx 产品概述

目前 CPLD/FPGA 生产厂商有十几家，市场上的 CPLD/FPGA 产品主要来自 Altera、Xilinx 和 Lattice，其中 Xilinx 公司是全球最大的可编程逻辑器件制造商，也是 FPGA 的发明者，主要生产 CPLD、FPGA 产品。Xilinx CPLD 产品主要有 CoolRunner，XC9500 系列；Xilinx FPGA 产品主要有 Spartan 系列和 Virtex 系列。

2.2.1 Spartan 系列

Spartan 系列 FPGA 侧重于低成本应用设计，产品性价比较高，主要型号有 Spartan2、Spartan2E、Spartan3、Spartan3E、Spartan3A 和 Spartan6。

Spartan3E 系列 FPGA 采用 90nm 工艺制造，最多可提供 376 个 I/O 端口或 156 对差分端口，可提供多达 36 个 18×18 的专用乘法器，内部可配置 MicroBlaze 软核处理器，是目前 Xilinx 公司性价比最高的产品，广泛应用在消费类电子产品设计中，Spartan 3E 系列 FPGA 内部资源分配如表 2.2 所列。

表 2.2 Spartana 3E 系列 FPGA 内部资源

型　号	系统门数	CLB	Slices	分布式 RAM/Kb	块 RAM/Kb	专用乘法器	DCMs	用户 I/O	差分 I/O
XC3S100E	100k	240	960	15	72	4	2	108	40
XC3S250E	250k	612	2 446	38	216	12	4	172	68

（续表）

型　号	系统门数	CLB	Slices	分布式 RAM/Kb	块 RAM/Kb	专用乘法器	DCMs	用户 I/O	差分 I/O
XC3S500E	500k	1 164	4 656	73	360	20	4	232	92
XC3S1200E	1 200k	2 168	8 672	136	504	28	8	304	124
XC3S1600E	1 600k	2 388	14 752	231	648	36	8	376	156

注：1 个 Slice 由 2 个查找表和 2 个触发器组成。

Spartan6 系列 FPGA 是 Xilinx 公司于 2010 年推出的 FPGA 产品，Spartan6 系列基于 45nm 工艺制造，内部资源丰富：最多达 576 个用户可编程 I/O 端口，可支持 40 种 I/O 电平标准，内部包含高达 4. 8Mb 的嵌入式 Block RAM，可配置 MicroBlaze 软核处理器。Spartan6 系列 FPGA 内部资源如表 2. 3 所列。

表 2. 3　Spartana 6 系列 FPGA 内部资源

型　号	Slices	Logic Cells	CLB	分布式 RAM/Kb	块 RAM/Kb	DSP48A1	CMT	用户 I/O	差分 I/O
XC6SLX4	600	3 840	4 800	75	12	8	2	132	66
XC6SLX9	1 430	9 152	11 440	90	32	16	2	200	10
XC6SLX16	2 278	14 579	18 224	136	32	32	2	232	116
XC6SLX25	3 758	24 051	30 064	229	52	38	2	266	133
XC6SLX45	6 822	43 661	54 576	401	116	58	4	358	179
XC6SLX75	11 662	74 637	93 296	692	172	132	6	408	204
XC6SLX100	15 822	101 261	126 576	976	268	180	6	480	240
XC6SLX150	23 038	147 443	184 304	1 355	268	180	6	576	288
XC6SLX25T	3 758	24 051	30 064	229	52	38	2	250	125
XC6SLX45T	6 822	43 661	54 576	401	116	58	4	296	148
XC6SLX75T	11 662	74 637	93 296	692	172	132	6	348	174
XC6SLX100T	15 822	101 261	126 576	976	268	180	6	498	249
XC6SLX150T	23 038	147 443	184 304	1 355	268	180	6	540	270

注：1 个 CMT(Clock Management Tiles)由 2 个 DCM 和 1 个 PLL(时钟锁相环)组成；1 个 DSP48A1 单元由 1 个 18×18 的专用乘法器、1 个加法器和 1 个累加器组成；每个 RAM 为 18Kb。

2. 2. 2　Virtex 系列

Virtex 系列 FPGA 是 Xilinx 的高端产品，面向高端应用领域，主要有 Virtex-2、Virtex-2 Pro、Virtex-4、Virtex-5、Virtex-6 以及最新推出的基于 28 nm 工艺设计的 Virtex-7 系列。

Virtex-2 Pro 系列在 Virtex-2 系列基础上内嵌了 PowerPC 硬核处理器，采用 0. 13 μm 工艺制造，内核电压为 1. 5 V，工作时钟频率最高可达 420 MHz，包含多个高速 RocketIO 端口，最大可用 I/O 口达 1 164 个。Virtex-2 Pro 系列 FPGA 内部资源如表 2. 4 所列。

表 2.4 Viretex-2Pro 系列 FPGA 内部资源

型号	Slices	Logic Cells	分布式 RAM/Kb	乘法器	块 RAM/Kb	DCM	PowerPC	RocketIO 收发器	用户 I/O
XC2VP2	1 408	3 168	44	12	12	4	0	4	204
XC2VP4	3 008	6 768	96	28	28	4	1	4	348
XC2VP7	4 928	11 088	154	44	44	4	1	8	396
XC2VP20	9 288	20 880	290	88	88	8	2	8	564
XC2VPX20	9 792	22 032	306	88	88	8	1	8	552
XC2VP30	13 696	30 816	428	136	136	8	2	8	644
XC2VP40	19 392	43 632	606	192	192	8	2	8/12	804
XC2VP50	23 616	53 136	738	232	232	8	2	16	852
XC2VP70	33 088	74 448	1 034	328	328	8	2	16/20	996
XC2VPX70	33 088	74 448	1 034	308	308	8	2	20	992
XC2VP100	44 096	99 216	1 378	444	444	12	2	20	1164

注：每个 RAM 为 18 Kb。

Virtex-5 系列采用 65 nm 工艺制造，内核电压为 1.0 V，工作时钟频率最高可达 550 MHz，用户可用 I/O 口达 1 200 个。Virtex 5 系列 FPGA 内部资源如表 2.5 所列。

表 2.5 Viretex-5 系列 FPGA 内部资源

型号	Slices	CLB	分布式 RAM/Kb	块 RAM/Kb	DSP48E	CMT	PowerPC	IOBan	用户 I/O
XC5VLX30	4 800	80×30	320	64	32	2	0	13	400
XC5VLX50	7 200	120×30	480	96	48	6	0	17	560
XC5VLX85	12 960	120×54	840	192	48	6	0	17	560
XC5VLX110	17 280	160×54	1 120	256	64	6	0	23	800
XC5VLX155	24 320	160×76	1 640	384	128	6	0	23	800
XC5VLX220	34 560	160×108	2 280	384	128	6	0	23	800
XC5VLX330	51 840	240×108	3 420	576	192	6	0	33	1200
XC5VLX20T	3 120	60×26	210	52	24	1	0	7	172
XC5VLX30T	4 800	80×30	320	72	32	2	0	12	360
XC5VLX50T	7 200	120×30	480	120	48	6	0	15	480
XC5VLX85T	12 960	120×54	840	216	48	6	0	15	480
XC5VLX110T	17 280	160×54	1 120	296	64	6	0	20	680
XC5VLX155T	24 320	160×76	1 640	424	128	6	0	20	680
XC5VLX220T	34 560	160×108	2 280	424	128	6	0	20	680
XC5VLX330T	51 840	240×108	3 420	648	192	6	0	27	960
XC5VSX35T	5 440	80×34	520	168	192	2	0	12	360
XC5VSX50T	8 160	120×34	780	264	288	6	0	15	480
XC5VSX95T	14 720	160×46	1 520	488	640	6	0	19	640

（续表）

型号	Slices	CLB	分布式 RAM/Kb	块 RAM/Kb	DSP48E	CMT	PowerPC	IOBan	用户 I/O
XC5VSX240T	37 440	240×78	4 200	1 032	1 056	6	0	27	960
XC5VTX150T	23 200	200×58	1 500	456	456	6	0	20	680
XC5VTX240T	37 440	240×108	2 400	648	648	6	0	20	680
XC5VFX30T	5 120	80×38	380	136	136	2	1	12	360
XC5VFX70T	11 200	160×38	820	296	296	6	1	19	640
XC5VFX100T	16 000	160×56	1 240	456	456	6	2	20	680
XC5VFX130T	20 480	200×56	1 580	596	596	6	2	24	840
XC5VFX200T	30 720	240×68	2 280	912	912	6	2	27	960

注：一个 Slice 由 4 个查找表组成；1 个 CMT 由 2 个 DCM 和 1 个 PLL（时钟锁相环）组成；1 个 DSP48E 单元由 1 个 25×18 的专用乘法器、1 个加法器和 1 个累加器组成；每个 RAM 为 18 Kb。

2.3　FPGA 的配置

系统掉电后，基于 SRAM 技术的 FPGA 内部逻辑功能消失，所以 FPGA 每次上电都需要重新进行 FPGA 配置，常用到专用代码存储芯片。FPGA 可分为主动配置、被动配置和 JTAG 方式配置。主动配置方式由 FPGA 从外部程序存储器 EEPROM 或 Flash 中主动读取配置代码；被动配置方式由外部处理器将配置代码写入 FPGA 中；JTAG 方式由 PC 机通过载电缆将配置代码直接下载到 FPGA 内部，一般用在系统调试过程。无论何种配置方式，都需要通过 FPGA 的管脚把配置文件下载到 FPGA 内部，Xilinx FPGA 的相关配置管脚如下。

(1) CCLK：配置时钟信号，连接配置 Flash 的时钟管脚，在主动配置模式下，CCLK 由 FPGA 片内振荡器驱动输出时钟信号，从模式下，外部设备输出时钟信号到 CCLK；

(2) D_IN：串行数据输入，连接配置 Flash 的输出数据端口；

(3) DONE：配置完成信号，需外接上拉电阻；

(4) INIT_B：外接上拉电阻；

(5) PROG_B：配置逻辑复位信号，低电平有效，外接上拉电阻；

(6) M0、M1、M2：配置模式选择信号。

Xilinx FPGA 的配置模式分为 6 类：主串模式、SPI 模式、BPI 模式、从并模式、从串模式和 JTAG 模式。各模式的选择由 FPGA 的模式选择信号 M0、M1 和 M2 确定，对应关系如表 2.6 所列。

表 2.6　Viretex-2Pro 系列 FPGA 内部资源

配置模式	主串模式	SPI	BPI	从并	从串	JTAG
模式选项信号 M[2:0]	000	001	010 或 011	110	111	101

1. 主串模式

主串模式采用串行 Xilinx Platform Flash 作为配置代码存储芯片，FPGA 的 CCLK 管脚输出时钟到存储器，在时钟信号同步下从存储芯片中读取数据并发送到 FPGA 的 D_IN 管脚。Xilinx 串行 Platform Flash 有 XCF01S(存储容量 1Mb)，XCF02S(2Mb)和 XCF04S(4Mb)，存储芯片型号的选择与所配置的 FPGA 型号有关。

系统上电后，FPGA 的 CCLK 管脚输出时钟到 Platform Flash，主动从 Platform Flash 重读配置数据。主串配置模式电路原理图如图 2.4 所示。

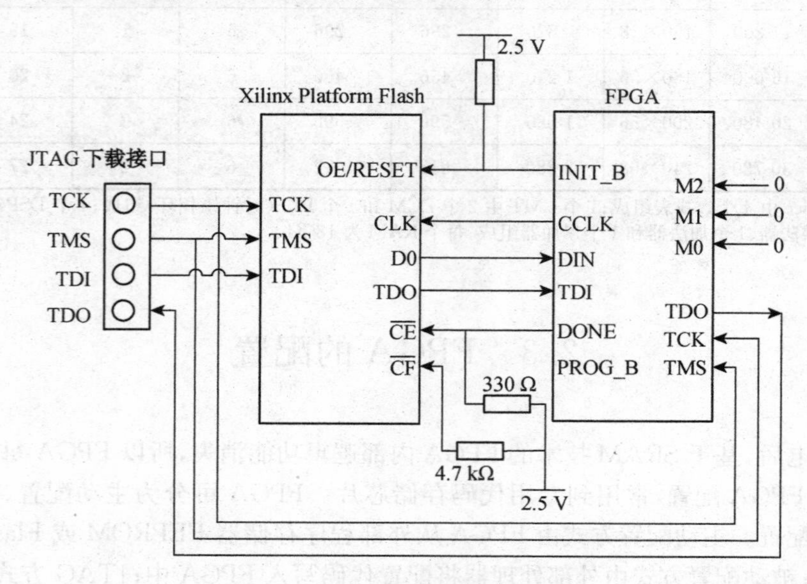

图 2.4　主串模式配置原理图

2. SPI 配置模式

SPI 配置模式使用工业标准的 SPI 接口串行 Flash 存储器作为 FPGA 配置代码存储芯片，占用管脚少，硬件电路简单。系统上电后，FPGA 由产生 CCLK 时钟输出到 SPI Flash 的时钟输入信号管脚，在 CCLK 时钟同步下，从 SPI Flash 内部以串行方式读取配置代码。

常用的 SPI Flash 主要有 STMicroelectronics(ST)公司的 M25Pxx 系列，如 M25P10(1Mb)，M25P20(2Mb)，M25P40(4Mb)，M25P80(8Mb)，M25P16(16Mb)，M25M32(32Mb)，M25P64(64Mb)，M25P128(128Mb)等。SPI 配置模式电路原理图如图 2.5 所示。

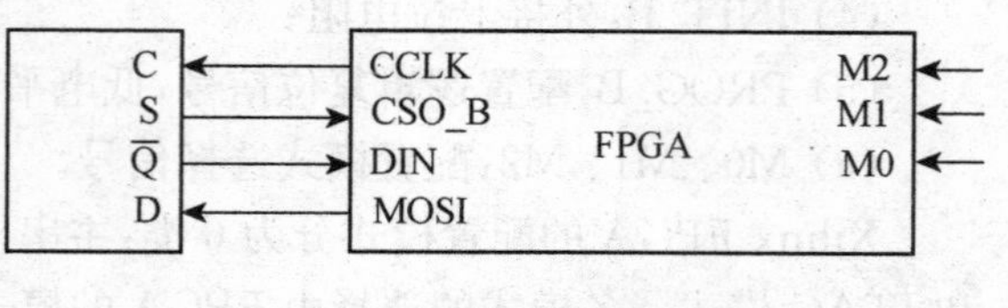

图 2.5　SPI 模式配置原理图

3. BPI 配置模式

BPI 配置模式使用 Xilinx 并行 Platform Flash 或工业标准并行 NOR Flash 存储器作为 FPGA 配置代码存储器，系统上电后，FPGA 由内部晶振产生 CCLK 时钟输出到 Flash 的时钟输入信号管脚，在 CCLK 时钟同步下，从 Flash 内部以并行方式读取配置代码。Xilinx 并行 Platform Flash 有 XCF08P(8 Mb)、XCF16P(16 Mb)和 XCF32P(32 Mb)。

4. 从并配置模式

从并配置模式一般通过外部处理器将 FPGA 配置代码以并行通信方式写入 FPGA，写入时钟由外部晶振产生，其模式选择信号 M[2:0]=3′b110。

5. 从串配置模式

从串配置模式利用外部处理器将配置代码以串行通信方式写入 FPGA，写入时钟由外部晶振产生，其模式选择信号 M[2:0]=3′b111。

6. JTAG 配置模式

JTAG 模式是在 PC 上通过下载电缆直接将配置代码下载到 FPGA，该模式配置代码易改，配置效率高，是项目设计研发阶段常用的下载方式。下载电路原理图如图 2.6 所示。

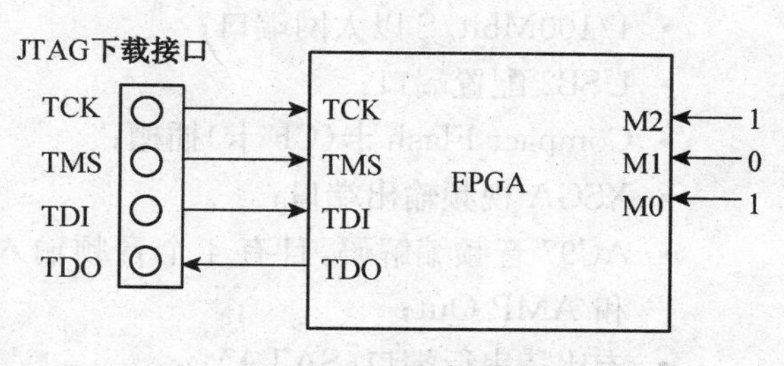

图 2.6　JTAG 模式配置原理图

2.4　实验平台的选择

本书采用 Xilinx 公司的 XUP Virtex-II Pro 开发平台作为实验硬件平台。它基于高性能的 Virtex-II Pro FPGA 芯片，由 Xilinx 的合作伙伴 Digilent 设计，是一款用途广泛的 FPGA 技术学习与科研平台。该产品主板可以被用做数字设计训练器、微处理器开发系统、嵌入式处理器芯片或者复杂数字系统的开发平台，因此 XUP Virtex-II Pro 开发系统几乎可被用于从入门课程到高级研究项目的数字系统课程的各个阶段。

XUP Virtex-II Pro 开发平台组成框图如图 2.7 所示。

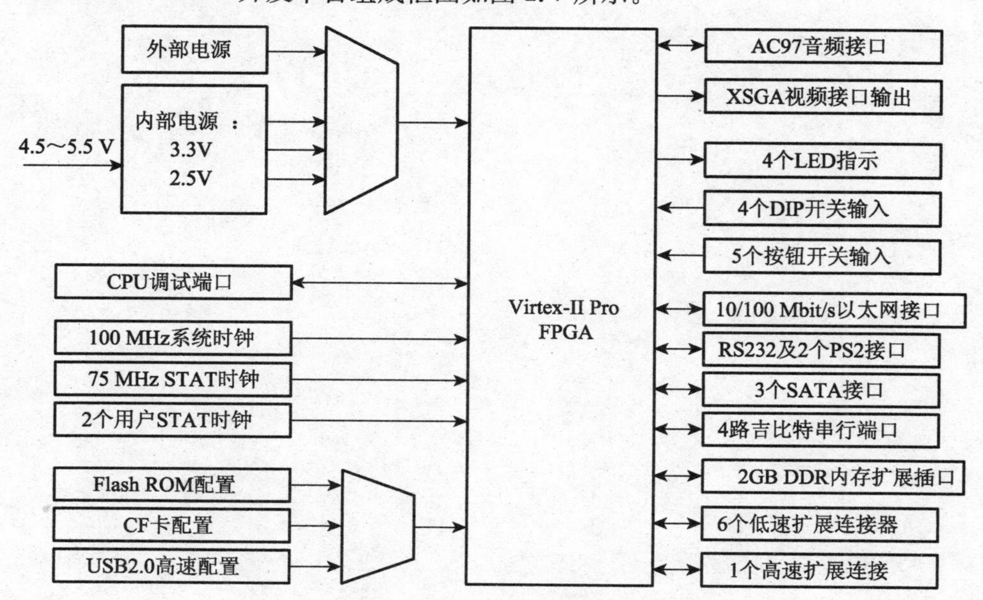

图 2.7　XUP Virtex-II Pro 开发平台组成框图

开发平台的关键特性有：

- 主芯片采用 Virtex-II Pro XC2VP30 FPGA，它拥有 30 816 个逻辑单元，136 个 18 位乘法器，2 448 Kb 块 RAM，两个 PowerPC 嵌入式处理器；
- DDR SDRAM DIMM 可以支持高达 2 GB 的 RAM；
- 1/100Mbit/S 以太网端口；
- USB2 配置端口；
- Compact Flash 卡（CF 卡）插槽；
- XSGA 视频输出端口；
- AC97 音频编解码，且有 4 个音频输入/输出端口：Line-in、Microphone-in、Line-out 和 AMP Out；
- 吉比特串行端口（SATA）；
- 1 个 RS232 端口、2 个 PS2 端口；
- 提供 4 个 DIP 开关，5 个按钮输入，4 个 LED 指示灯；
- 高速和低速的扩展连接器，用以连接 Digilent 的大量扩展板。

第三章 Xilinx ISE 开发套件

3.1 ISE 10.1 开发流程

ISE 的全称为 Integrated Software Environment，即“集成软件环境”，是 Xilinx 公司推出的硬件设计工具，支持所有先进的 Xilinx 产品。ISE 软件是一整套工具的集成，其中的每一个工具都有强大的功能，主要包含四大工具，ISE Design Tools、嵌入式设计工具 EDK、设计分析及可视化工具 PlanAhead、Xtreme DSP 设计工具 System Generator。做一般的 FPGA 逻辑设计时只需要用到 ISE Design Tools 中的设计工具。目前 Xilinx 公司 FPGA 设计软件的最新版本是 ISE 14. x 和全新的 Vivado 设计套件（详见附录一），由于 10. x 以后的版本都不支持 Virtex-II Pro，所以本文暂时以 ISE10. 1 作为以后章节的设计工具。

ISE 软件开发流程包括设计输入、综合、仿真、实现（翻译、映射和布局布线）、编程与配置步骤，图 3. 1 所示为 ISE 开发流程图，下面分别对每一步骤作简要说明。

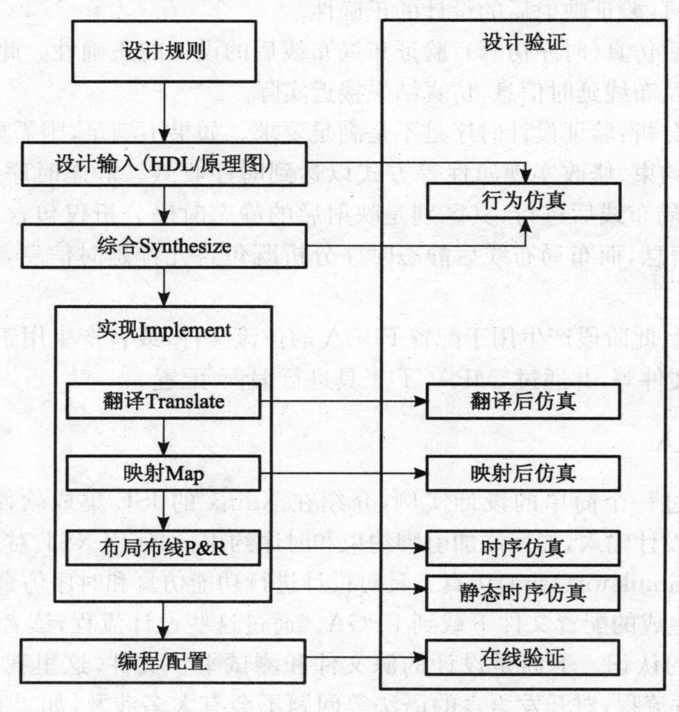

图 3. 1　Xilinx ISE 开发流程图

- 设计规划：对设计架构、成本、功能等进行规划、评估。
- 设计输入：主要包括语言和原理图两种输入方式，除此之外，还包括状态机输入、IP输入方式（CORE Generator & Architecture Wizard）等多种辅助输入方式。无论用哪种输入方式，最终是要产生 EDIF 或者 NGC 网表文件，以作为实现工具的输入。
- 行为仿真：对源代码设计或者综合后网表文件进行仿真，以验证代码级设计的正确性。
- 综合：综合工具包括第三方的 Synplify、Precision 和 Xilinx 的综合工具 XST。对于 Xilinx 的器件，因为 Xilinx 最熟悉其器件结构，因此，用 XST 也可以综合出非常好的结果。XST 综合的过程是将 HDL 设计转换为 Xilinx 专用的网表文件——NGC 文件，它包含了逻辑设计数据和约束信息，XST 工具将 NGC 网表文件置于项目目录中，并作为翻译工具 NGDBuild 的输入。而第三方工具综合工具会将 HDL 设计转换为 EDIF 文件和 NCF 约束文件。
- 实现：实现包括翻译、映射和布局布线 3 个主要过程。
- 翻译：将多个网表文件、约束文件合并后输出一个设计文件 NGD（Native Generic Database）。
- 映射：将网表中的逻辑符号转换为相应的物理元件（Slice 和 IOB）。
- 布局布线：布局、连接元件、提取时序信息到报告中。

实现的每一个阶段产生的相关文件可以被 Xilinx 其他开发工具使用，例如 P1anAhead、FPGA Editor、XPower 等工具。

- 翻译后仿真：验证翻译后的设计的正确性。
- 映射后仿真：验证映射后的设计的正确性。
- 布局布线后仿真（时序仿真）：验证布局布线后的设计的正确性。此仿真包含 FPGA 内部元件及布线延时信息，仿真结果接近实际。
- 静态时序分析：验证设计时序是不是满足要求。如果不满足，则需要通过修改代码、添加时序约束、修改实现属性等方式以达到时序收敛。静态时序分析可以在映射阶段及布局布线后进行，其区别是映射后的静态时序分析仅包含元件（门、触发器等）延时信息，而布局布线后静态时序分析既包含元件延时信息，也包含布线延时信息。
- 编程/配置：此阶段产生用于配置 FPGA 的位流文件，或者产生用于编程 FLASH 的 mcs/svf 文件等，并通过 iMPACT 工具进行编程/配置。

3.1.1 设计输入

本节主要通过一个简单的设计实例，介绍在 Xilinx 的 ISE 集成软件环境中，如何用 VHDL 语言进行设计输入，如何添加引脚约束和时序约束，如何用 XST 对设计进行综合，如何用 Xilinx ISE Simulator（Isim）仿真工具对设计进行功能仿真和时序仿真，如何实现设计，最后介绍如何将生成的配置文件下载到 FPGA。通过这些设计流程，读者可以对 ISE 设计工具有一个初步的认识。下面是设计的源文件和测试平台文件，这里我们主要介绍的是 Xilinx 工具的开发流程，对开发语言的语法等问题不会有太多涉及，如果有需要，请参考相关 VHDL 或 Verilog 书籍。

【例 3.1】 设计一个 4 位左移环形计数器，计数频率为 2 Hz(系统时钟为 100 MHz)，环形计数器的状态用实验开发系统上的 4 个 LED 灯指示。

- 输入方式：VHDL 语言输入；
- 综合/实现：Xilinx 默认工具；
- 仿真：重点介绍行为仿真和布局布线后仿真；
- 下载：生成配置文件，配置 FPGA。

```
library IEEE;
use IEEE.STD_LOGIC_1164.ALL;
use IEEE.STD_LOGIC_ARITH.ALL;
use IEEE.STD_LOGIC_UNSIGNED.ALL;

entity shifter is
PORT (
      clk: in  STD_LOGIC;  --系统时钟，100MHz
      rst: in  STD_LOGIC;  --复位信号，低电平有效
      count_out : inout  STD_LOGIC_VECTOR(3 Downto 0) );
end shifter;

architecture Behavioral of shifter is
signal clk_2Hz :std_logic:= '0';
   signal temp :STD_LOGIC_VECTOR(3 Downto 0) := "1110";
begin

div_2Hz: process(clk)        --产生 2Hz 的时钟信号
  variable count_temp: integer range 0 to 24999999;
  begin
  if(clk'event and clk ='1') then
     if(count_temp = 24999999)then
           count_temp := 0;
           clk_2Hz <= not clk_2Hz;
     else
           count_temp := count_temp+1;
       end if;
  end if;
end process;

lpshifter: process(clk_2Hz,rst)
begin
  if(clk_2Hz'event and clk_2Hz ='1') then
    if(rst ='0') then
      temp <= "1110";
    else
```

```
        case temp is            --左移功能
            when  "1110"  => temp <= "1101";
            when  "1101"  => temp <= "1011";
            when  "1011"  => temp <= "0111";
            when  "0111"  => temp <= "1110";
            when  others => temp <= "1110";
            end case;
        end if;
end if;
end process;
count_out <=  temp;
end Behavioral;
```

【测试文件】

```
LIBRARY ieee;
USE ieee.std_logic_1164.ALL;
USE ieee.std_logic_unsigned.all;
USE ieee.numeric_std.ALL;

ENTITY t2 IS
END t2;

ARCHITECTURE behavior OF t2 IS
-- Component Declaration for the Unit Under Test (UUT)

COMPONENT shifter
PORT(
        clk : IN  std_logic;
        rst : IN  std_logic;
        count_out : INOUT  std_logic_vector(3 downto 0)
        );
END COMPONENT;

   --Inputs
   signal clk : std_logic := '0';
   signal rst : std_logic := '0';

--BiDirs
   signal count_out : std_logic_vector(3 downto 0);

   -- Clock period definitions
   constant clk_period : time := 10ns;        --定义时钟周期
```

```
BEGIN
 -- Instantiate the Unit Under Test (UUT)
  uut: shifter PORT MAP (
          clk => clk,
          rst => rst,
          count_out => count_out
       );


  -- Clock process definitions
  clk_process :process
  begin
      clk <= '0';
      wait for clk_period/2;
      clk <= '1';
      wait for clk_period/2;
  end process;

  -- Stimulus process
  stim_proc: process
  begin
      -- hold reset state for 100ns.
      Wait for 100ns;
      rst <='1';
      wait;
  end process;
   END;
```

启动 Xilinx ISE10.1,软件启动后通常会自动调用上次关闭软件时的工程,如图 3.2 所示。在图中主要包括以下几个部分。

- 【Source for】窗口:用来指定对源文件进行实现操作或是仿真操作。
- 【Hierarchy】项目层次管理窗口:管理项目的所有输入文件,显示所有输入文件的层次关系。
- 【Processes】进程窗口:位于【Source】窗口正下方,设计中的大部分操作都可以在此窗口通过鼠标点击来完成。
- 【工作窗口】:为设计的主要窗口,随着用户调用不同的 ISE 工具而显示不同的内容。可以显示源程序,也可以显示报告信息(如图 3.2 所示)等。
- 【Console】信息输入控制台窗口:用户与软件的交互平台。

ISE 软件包括 XST 综合器、IP(CORE Generator & Architecture)向导、ESC 原理图编辑器、状态机编辑器、HDL 测试向量图形编辑器等工具。

下面介绍如何在 ISE 10.1 中创建工程。

(1) 选择【File】【New Project】,系统自动启用【New Project Wizard】向导功能,弹出【Create New Project】对话框,如图 3.3 所示。在图 3.3 对话框中指定项目名称、存储路径、

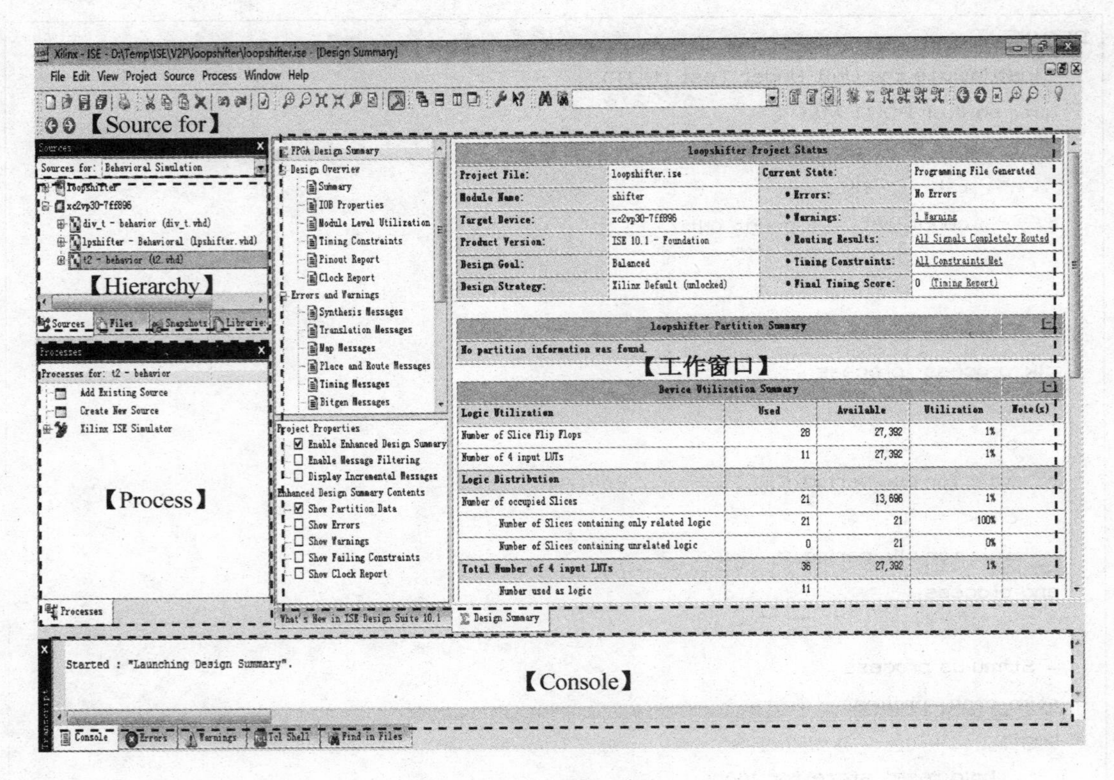

图 3.2　ISE 主界面

顶层文件类型(HDL、原理图、EDIF 或 NGC/NGO)。单击【Next】进入【Device Properties】对话框。

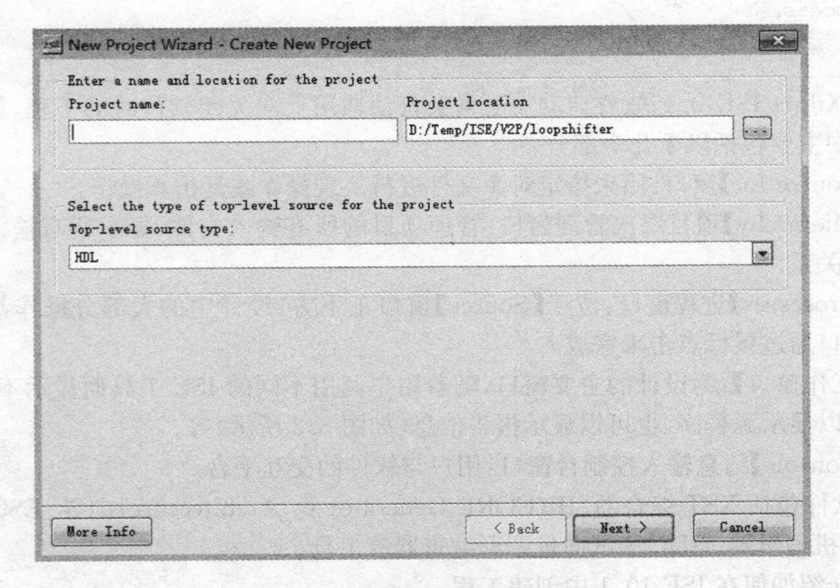

图 3.3　【New Project Wizard】向导界面

(2) 在图 3.4 所示对话框中设置器件类型、封装、速度等级、综合工具、仿真工具以及设计者最喜欢的输入语言等。要求如下：

Family：Virtex2P；

Device：XC2VP30；

Package：FF896；

Speed Grade：-7；

Synthesis Tool：XST（VHDL/Verilog HDL）。

New Project Wizard - Device Properties

Select the device and design flow for the project

Property Name	Value
Product Category	All
Family	Virtex2P
Device	XC2VP30
Package	FF896
Speed	-7
Top-Level Source Type	HDL
Synthesis Tool	XST (VHDL/Verilog)
Simulator	ISE Simulator (VHDL/Verilog)
Preferred Language	VHDL
Enable Enhanced Design Summary	☑
Enable Message Filtering	☐
Display Incremental Messages	☐

More Info　　< Back　　Next >　　Cancel

图 3.4 【Device Properties】界面

（3）填写完设备属性后，单击【Next】进入新建 VHDL 源代码页面，如图 3.5 所示。按下【New Source】按钮，就可进入【Select Source Type】子窗口，可以选择多种源文件输入方式，包括 IP、原理图、状态机、VHDL、Verilog 源文件及测试向量，还有嵌入式处理器等。

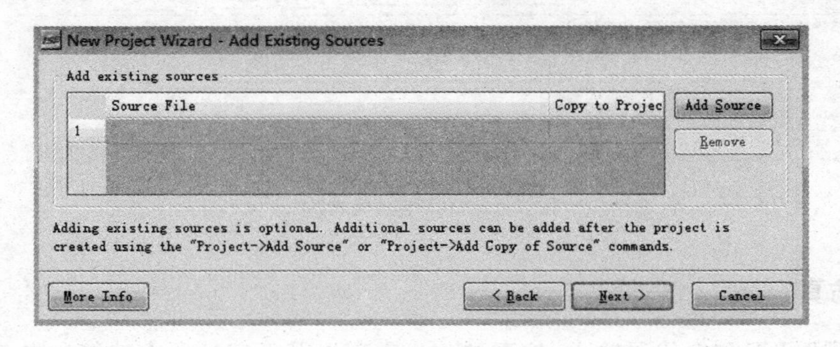

图 3.5 新建代码界面

若已在其他编辑器上编写好 VHDL 代码，则可以点击【Next】按钮进入添加 VHDL 源代码页面，如图 3.6 所示。

（4）添加完已有代码文件后，依次点击【Next】和【Finish】完成新工程的建立。完成左移环形计数器的源代码输入后，ISE 的界面如图 3.7 所示。

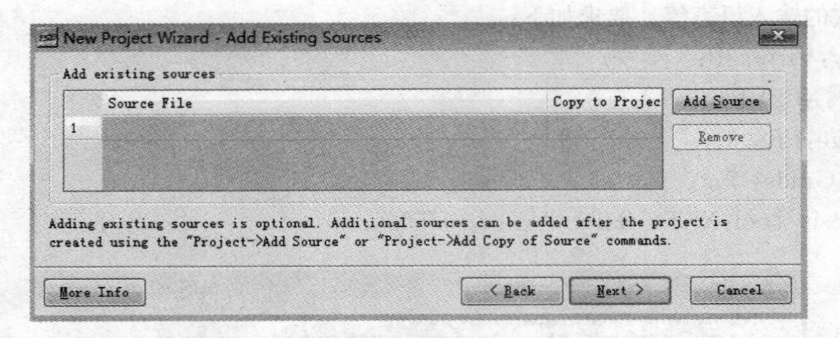

图 3.6　添加代码界面

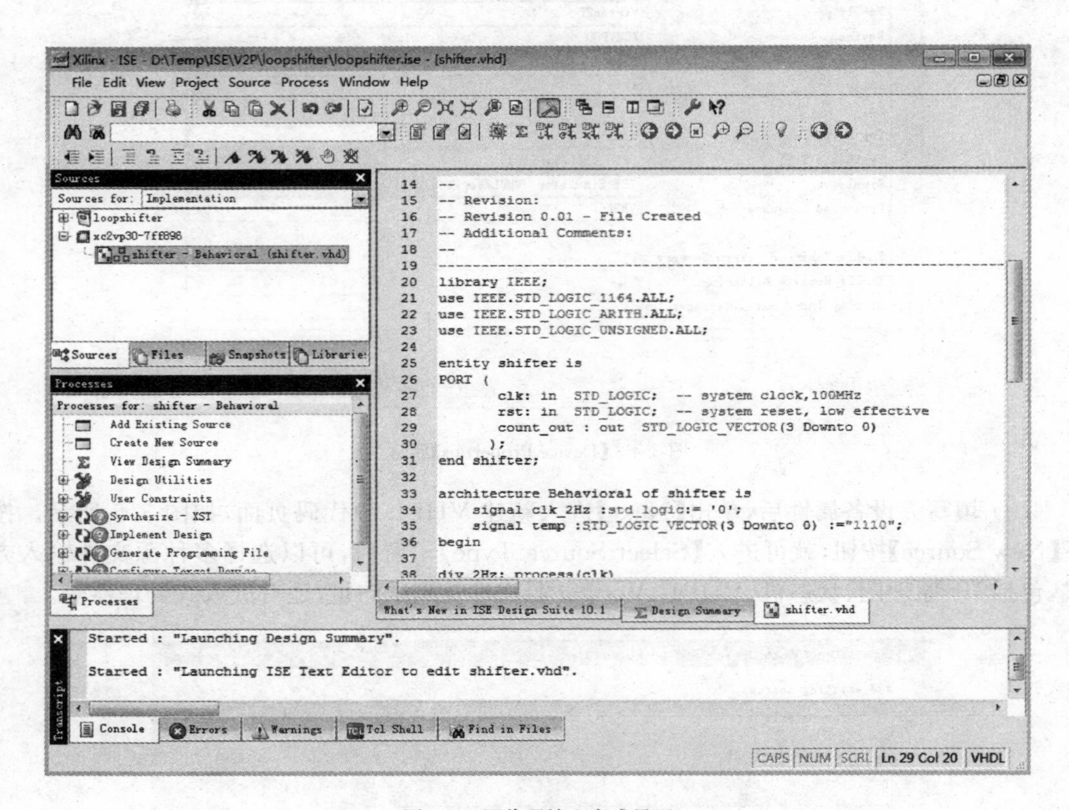

图 3.7　源代码输入完成界面

3.1.2　仿真

如前所述，ISE 包含代码输入、仿真、综合、实现以及下载的所有功能。本节主要结合 ISE 的仿真工具，用于“左移循环计算器来”的例子来演示。Xilinx 的仿真涵盖了多个设计阶段，主要有以下几个。

- 行为级仿真(Behavioral Simulation)：也称为前仿真。只是验证代码功能是不是正确，不包含时序信息。
- 翻译后仿真(Post-Translate Simulation)：即将 HDL 转换为 RTL 后的仿真。

- 映射后仿真（Post-Map Simulation）：即将设计实现到 Xilinx 的器件的 CLB、IOB、BRAM 等的仿真，包括逻辑元件延时，不包括布线延时。
- 布局布线后仿真（Post-Route Simulation）：也称为后仿真，包含各种延时，最接近实际情况的一种仿真。

其中，最重要的仿真包括行为级仿真和布局布线后仿真，也是最常用的仿真，这里主要以 Xilinx 的仿真工具 Xilinx ISE Simulator 为例介绍这两种仿真操作。

无论是行为仿真还是布局布线后仿真，都需要一个测试向量文件。测试向量文件有多种生成方式，可以像编辑 VHDL 或 Verilog 源文件一样用文本编辑器编写，也可以通过画波形图产生。当画波形图的方式比较适合较小的设计，但对于较复杂的设计难以胜任，不推荐使用。通常，用编辑 VHDL 或 Verilog 文件的方式产生测试向量文件。

1. *行为仿真*

首先在工程管理区将【Sources for】选项设置为【Behavioral Simulation】，在任意位置单击鼠标右键，并在弹出的菜单中选择【New Source】命令，然后选中【VHDL Test Bench】类型，输入文件名，【Next】进入下一页。这时，工程中所有 VHDL Module 的名称都会显示出来，设计人员需要选择要进行测试的模块。【Next】后直接单击【Finish】按钮，ISE 会在源代码编辑区自动显示测试模块的代码模板：

```
ENTITY t1 IS
END t1;

ARCHITECTURE behavior OF t1 IS
-- Component Declaration for the Unit Under Test (UUT)

    COMPONENT shifter
    PORT(
         clk : IN  std_logic;
         rst : IN  std_logic;
         count_out : OUT  std_logic_vector(3 downto 0)
        );
    END COMPONENT;

   --Inputs
   signal clk : std_logic := '0';
   signal rst : std_logic := '0';

   --Outputs
   signal count_out : std_logic_vector(3 downto 0);

   -- Clock period definitions
   constant clk_period : time := 1us;
```

```
BEGIN

-- Instantiate the Unit Under Test (UUT)
   uut: shifter PORT MAP (
           clk => clk,
           rst => rst,
           count_out => count_out
         );

   -- Clock process definitions
   clk_process :process
   begin
           clk <= '0';
           wait for clk_period/2;
           clk <= '1';
           wait for clk_period/2;
   end process;


   -- Stimulus process
   stim_proc: process
   begin
       -- hold reset state for 100ms.
       Wait for 100ms;
       wait for clk_period * 10;
       -- insert stimulus here


       wait;
   end process;
END;
```

由此可见，ISE 自动生成了测试平台的完整架构，包括所需信号、端口声明以及模块调用的完成。所需的工作就是修改相应输入时钟的周期以及在 Stimulus process 进程中的添加测试向量生成代码。添加的测试代码参考上一节所列。

在【Processes】窗口双击【Simulate Behavioral Model】开始仿真进程，ISE 会自动调用 Isim 进行仿真。仿真结束后，在 ISE 的工作区可以看到仿真结果。可发现，时钟与数据是边沿对齐的，这也说明了功能仿真不包含延时信息。

2. 时序仿真

时序仿真的操作过程与功能仿真的操作过程基本相似。在工程管理区将【Sources for】选项设置为【Post-Route Simulation】，新建或者添加测试向量文件

3.1.3 添加约束

用户约束是 FPGA 设计所不可缺少的，在 ISE 中有多种用户约束，可指定设计各个方面

的设计要求，如管脚位置约束、区域约束、时序约束以及电平约束等。其中，管脚约束将模块的端口和 FPGA 的管脚对应起来；时序约束保证了设计在高速时钟下的工作可靠性等。由于用户约束文件(UCF)操作简便且功能强大，获得了广大设计人员的青睐。所有的位置、区域以及时序约束不仅可通过约束文件完成，还可以通过管脚和区域约束器 PACE 以及时序分析器 Timing Analyzer 等图形化操作工具完成，二者的选择取决于用户的喜好。ISE 10.1 和以前版本不同的是，可以添加多个 UCF 文件，为不同层次的模块以及同一层次的模块添加不同的用户约束，极大地提高了约束的灵活性，因此各类约束图形化编辑工具也发生了很大的变化。本节主要以引脚约束和时序约束为例，介绍添加约束的操作流程。

在 ISE 中，约束的添加是在【Processes】窗口中，运行【User Constraint】下面的 3 个子功能来实现的。

【Create Timing Constraints】 建立时序约束。

【Floorplan IO - Pre-Synthesis】 综合前 IO 布局规划。指定 IO 位置、IO Banks、IO 电平标准，在 DRC (built-in design rule checks)的帮助下，建立合法的引脚约束。此操作作用于设计的顶层文件。

【Floorplan Area/IO/Logic - Post-Synthesis】 综合后 IO 布局规划。此工具具有以下三种功能：

(1) 可以对设计中的逻辑添加区域约束、指定允许/禁止布局的逻辑区域，从而减少工具布局探索时间，有利于布局布线性能的提高。

(2) 指定 IO 位置、IO Banks、IO 电平标准，指定允许/禁止的 IO 区域。

(3) 可以对全局逻辑资源添加位置约束，如 BUFG、BRAM、ML1LT、PPC405、GT、DLL 和 DCM 等。

以上关于 IO、区域、逻辑区域位置等的物理位置约束结果，最终都会被写入 UCF 约束文件，作为目标器件的布局约束，从而影响实现过程。进行布局规划需要对器件结构、器件内部延时等有较深的了解，这样布局规划约束才会有利于设计性能的提高。否则，随心所欲添加位置约束，反而会事与愿违，性能非但不会提高，反而降低。

1. 引脚约束

在 ISE 10.1 中，保留了以前版本的管脚和区域约束编辑器(Pinout and Area Constraints Editor PACE)，并添加了布局规划器(Floorplanner)，FPGA 底层编辑器(FPGA Editor)功能的部分功能，形成了新的管脚和区域约束工具 Floorplan Editor。在 ISE 10.1 中，Virtex 4、Virtex 5 以及 Spartan 3A 系列 FPGA 的管脚和区域约束都通过新的 Floorplan Editor 来完成，其余系列芯片的类似约束还是通过 PACE 来完成的。

(1) 在图 3.8 窗口中执行【Source for】→【Implementation】→【Hierarchy】→选择顶层文件(shifter.vhd)→【User Constraints】→双击【Floorplan IO - Pre-Synthesis】，以打开引脚约束编辑窗口。此时弹出一个访问窗口，提示是否创建约束文件，确认即可，ISE 软件调用 PACE 引脚约束工具，如图 3.9 所示。

(2) PACE 的用户界面主要由菜单栏、工具栏、设计浏览区、设计对象列表区、芯片管脚封装视图区、芯片结构视图区以及信息显示窗口组成。下面来看关于 PACE 用户界面的相关操作。

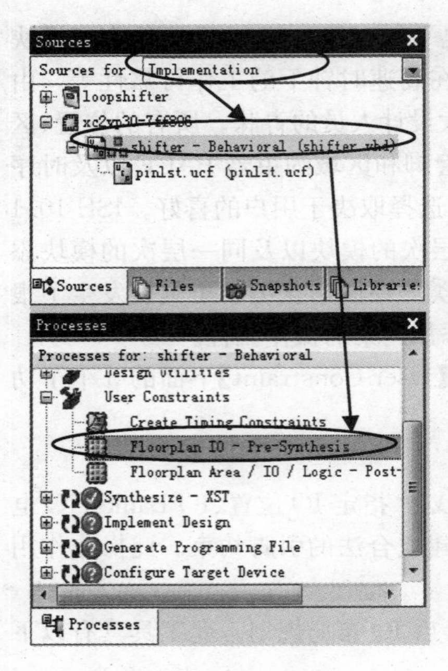

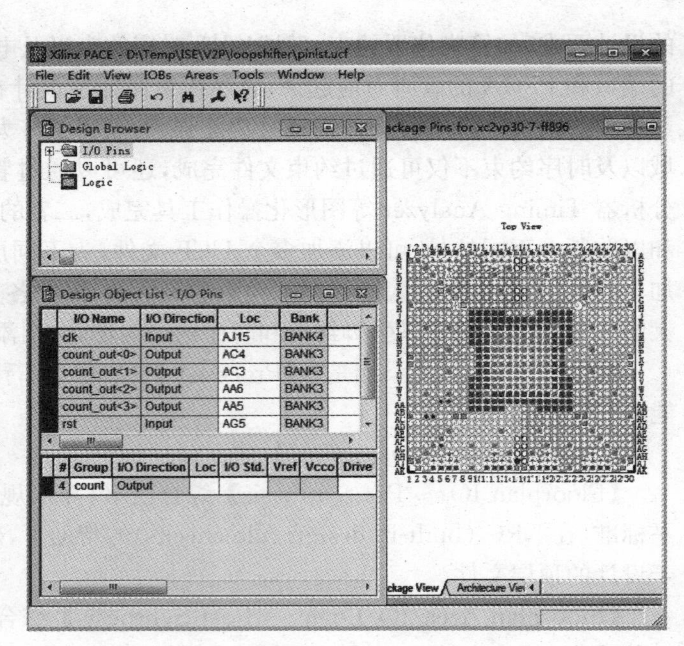

图 3.8　打开约束工具

图 3.9　PACE 用户界面

在分配管脚之前，首先需要确定芯片是否选择正确，可通过选择菜单栏【IOBs】中的【Make Pin Compatible with】命令来查看所选芯片型号，如芯片型号错误，则可重新选择。选择【IOBs】菜单中的【Prohibit Special Pins】命令来禁止不可用的输入输出管脚，弹出的对话框如图 3.10 所示。通过该菜单可完成所有复用管脚的控制，包括芯片配置管脚以及参考电压管脚。

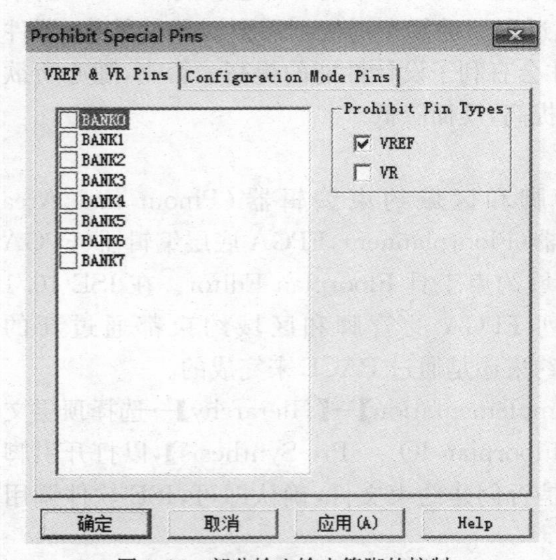

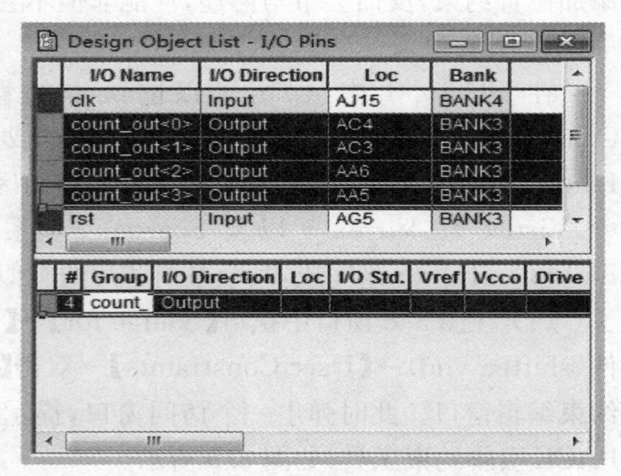

图 3.10　部分输入输出管脚的控制

图 3.11　PACE 信号合并界面

将信号分组或组成总线模式可加快管脚分配的速度。一般来讲，PACE 会自动将信号进行分组。此外，设计人员也可以手动添加信号分组，其方法为：按住 Ctrl 键，在设计浏览区选取需要组合的多个信号，然后选择 Edit 菜单中的 Group 命令，即可将所选信号合并。在过程管理区的设计对象区中选择 Group 分类，即可将所有分组显示出来，如图 3.11 所示。选中某个分组后，其包含的信号会在【Source】区的【Translated netlist】页面中高亮显示。可在相应的【Name】列修改分组名称，也可以选中分组单击鼠标右键，选择 Ungroup 命令取消所选分组。

查看差分管脚对。在 FPGA 的差分应用中，差分对是固定的，需要匹配使用，由于目前 FPGA 芯片具有大量差分管脚，为了简化差分信息的记忆难度，PACE 提供了差分对匹配示意功能。选择【IOBs】菜单下的【Show Differential IO Pairs】命令，会在芯片管脚封装视图区列出所有的差分对，如图 3.12 所示。

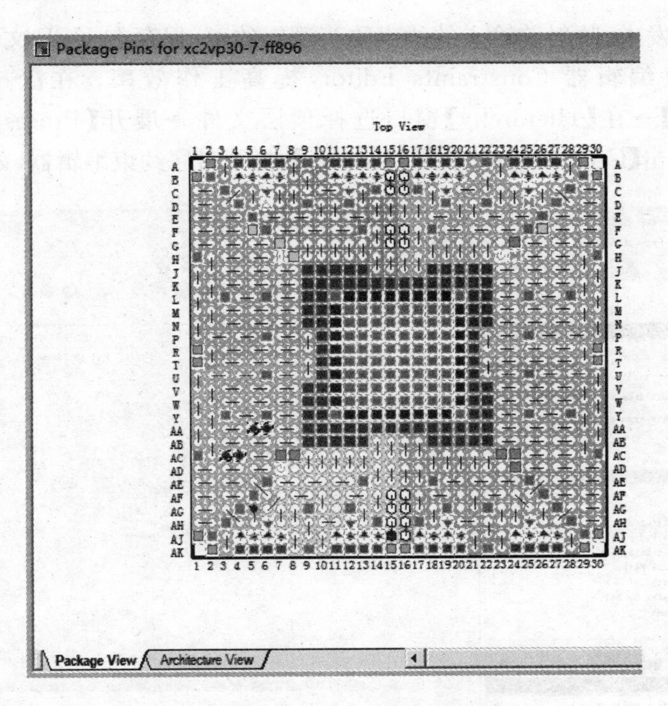

图 3.12　PACE 差分对示意图

(3)最后分配管脚。在 PACE 中有两种方法可完成管脚分配，其一就是直接将【Source】区中的管脚信号拖到芯片管脚封装视图区中；另一种方法是在设计信号列表区中，选中相应的信号，在 LOC 列所对应的表格中输入位置，如图 3.12 所示。分配完毕后，单击工具“保存”按钮即可。

表 3.1　循环左移计算器对应引脚

I/O 名称	I/O	引脚编号	说　明
clk	Input	AJ15	系统 100MHz 主时钟信号
rst		AG5	Enter 按钮
count_out[0]	Output	AC4	LED0 指示灯
count_out[1]		AC3	LED1 指示灯
count_out[2]		AA6	LED2 指示灯
count_out[3]		AA5	LED3 指示灯

2. 时序约束

时序约束主要包括周期约束、偏移约束和静态路径约束3种。时序约束文件可通知布局布线器调整映射和布局布线过程使设计尽量达到时序要求。一般的约束策略是先添加全局约束，再根据链路速率添加专门的局部约束。时序约束只是通知实现工具在映射和布局布线时做出优化调整，具备一定的调整功能，但更多的是验证功能，检查电路是否满足实际需求。因此读者需要明白的是：时序是设计出来的，而不是通过约束得到的；时序分析本质上只是一种检查手段，辅助用户快速、优质地完成设计。

Constraints Editor 简介

在FPGA开发中，映射前输入的约束称为逻辑约束，保存在UCF文件中。Xilinx提供了图形化的约束编辑器Constraints Editor，提高工作效率。在【Source for】中选择【Implementation】→在【Hierarchy】窗口选择顶层文件→展开【Processes】窗口中【User Constraints】→双击【Create Timing Constraints】，打开时序约束编辑器，如图3.13所示。

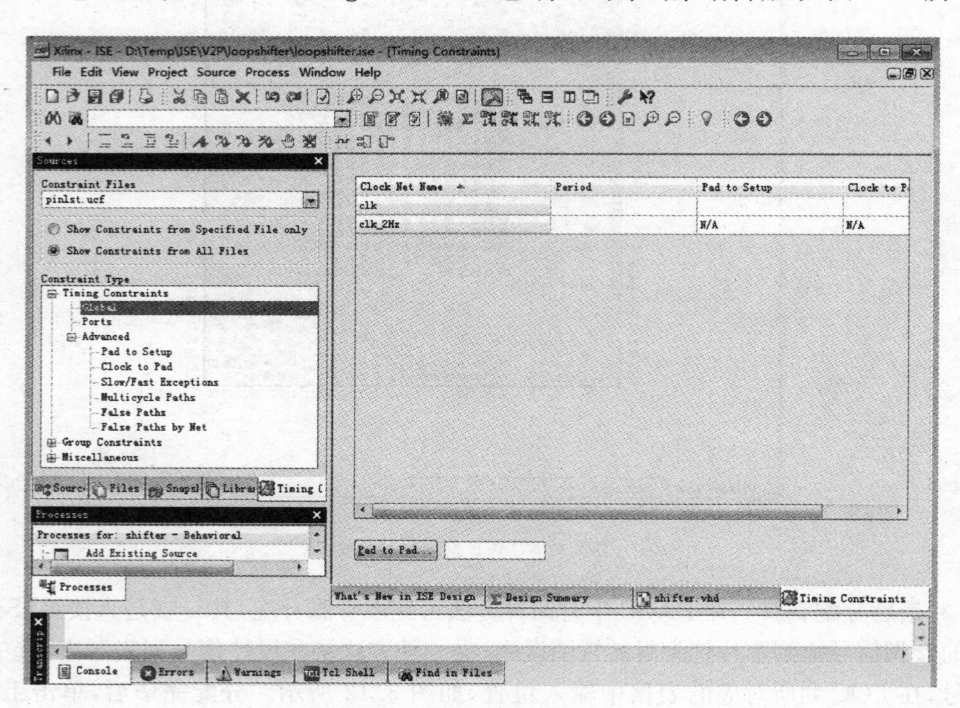

图3.13 Constraints Editor界面

Constraints Editor约束编辑器的用户操作界面主要集中在工程管理区的【Timing Constraints】页面，从图3.13中可以看出，分为【Constraint Files】和【Constraint Type】两大类；而源文件编辑区的【Timing Constraints】页面会根据【Constraint Type】的选择列出相应的编辑界面。

【Constraint Type】区域用于选择不同的约束类型，有Timing Constraints、Group Constraints和Miscellaneous 3大类。单击3类之前的"+"号，可以看到各类约束的详细列表。

- 时序约束分为Global、Ports以及Advanced 3类。Advanced类又可分为Pad to Setup、Clock to Pad、Slow/Fast Exceptions、Multicycle Paths、False Paths以及

False Paths by Net 6 个子类。其中 Global 类设置的全局时钟指标是 FPGA 设计的重要性能之一。

- 分组约束分为 By Nets、By Instance Name、By Hierarchy、By Element Type、By Clock Edge、Through Points 以及 By DCM Output 等 7 类。
- 混合约束分为 Great Area Groups from Time Groups、Nets to Use Low Skew Resources、Asynchronous Registers、Registers to be Placed in IOB、Memory Init、Temperature、Voltage 以及 Feedback 8 类。其中，Memory Init 又分为 Block RAM Init、Distributed RAM/ROM Init、Shift register Init 和 FFS Init 4 个子类。

3. 添加约束

约束编辑器的操作主要集中在主窗口，分别在不同的页面完成不同类型的配置。

(1) 全局约束

全局约束主要针对全局时钟网络。在约束类型区域单击【Global】选项，即可切换到全局时钟配置页面，用户编辑页面如图 3.14 所示，可分别附加周期、输入与输出延迟约束。

Clock Net Name ▲	Period	Pad to Setup	Clock to Pad
clk			
clk_2Hz		N/A	N/A

图 3.14　全局时钟的时序参数编辑界面

由于全局时钟是 FPGA 设计的心脏，所有的操作都必须在时钟的控制下完成，因此时钟的特征，如周期、占空比、输入延迟和输出延迟等就是设计中最关键的指标。

① 周期约束

用户可在图 3.14 中 clk 行双击【Period】栏，弹出设置对话框，如图 3.15 所示。其中，【TIMESPEC Name】文本框中输入"TS_signalname"格式的时序规范名；【Clock Net Name】文本框用于输入需要约束的信号名；【Clock Signal Definition】栏【SpecificyTime】选项的【Time】文本框中输入约束周期的具体数值，单位在【Units】下拉列表中选择；【Time HIGH】文本框用于设定占空比；【Input Jitter】文本框用于设定时钟抖动；【Comment】文本框为该周期约束的注释部分，可添加所附加数值的原因等，便于以后检查。完成如图 3.15 所示的配置后，可在 ucf 文件看到添加了下述语句：

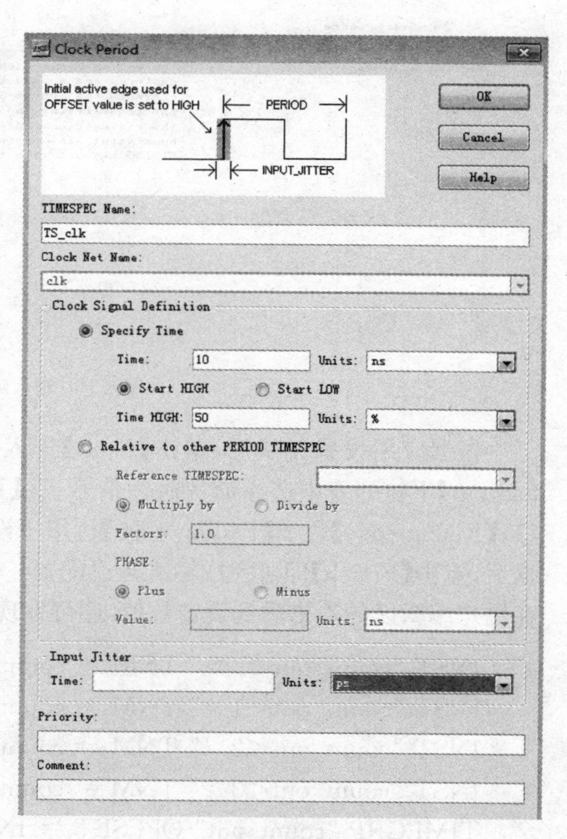

图 3.15　周期约束设置窗口

```
NET "clk" TNM_NET = clk;
TIMESPEC TS_clk = PERIOD "clk"
```

10 ns HIGH 50%；

② 延迟约束

双击 clk 行【Pad to Setup】列表格，即可弹出输入延迟约束配置对话框，如图 3.16 所示。可以看出，【Pad to Setup】表明了时钟和数据到达的相对先后关系。

图 3.16 分为【Interface type】、【Data rate】、【Clock edge】3 个配置区域。【Interface type】栏有【System synchronous(系统同步)】和【Source synchronous(源同步)】两个选项，二者的区别在于，前者时钟和数据同时变化，而后者时钟在数据稳定时变化。【Data Rate】栏有【Single data rate(SDR)】和【Double data rate(DDR)】两个选项，前者只利用一个时钟沿(上升沿或下降沿)在一个时钟周期采样一个数据，而后者同时利用上升沿和下降沿采样，可在一个周期采样两个数据。【Clock edge】区域包括 Center aligned、Edge aligned、Rising edge、Falling edge 以及 All edges5 个选项，前两个用于源同步模式，后 3 个用于系统同步模式。

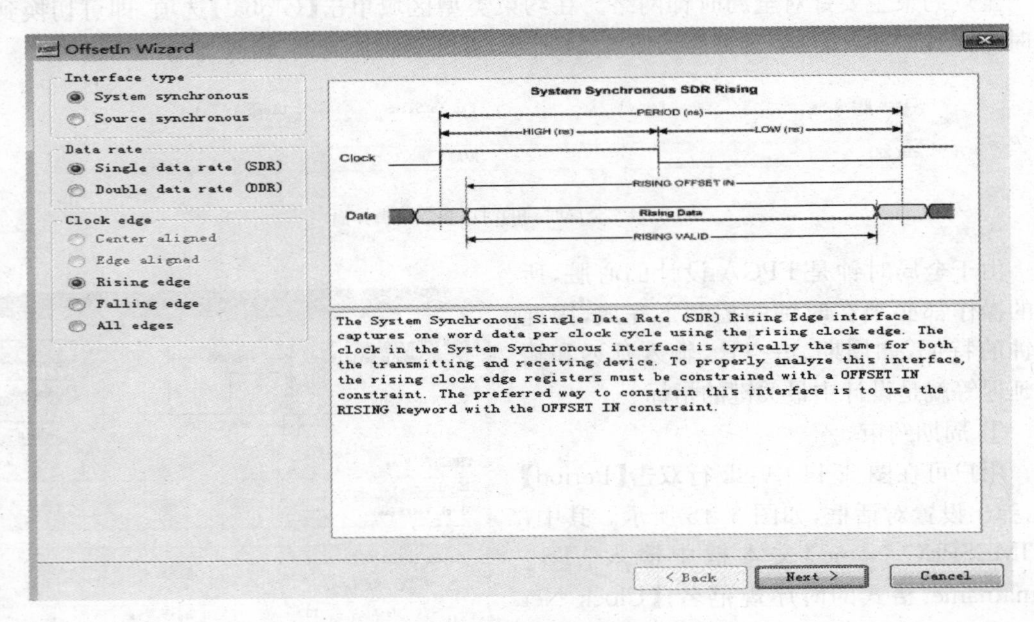

图 3.16 输入延迟约束设置界面

根据应用设置完毕后，单击【Next】进入下一页，如图 3.17 所示。在【Capturing clock pad net】下拉列表中选择铺货时钟信号；在【Input pad group】下拉列表中选择输入分组端口；【Rising edge】栏和【Failing edge】栏用于设定输入管脚的偏移和数据稳定时间。输入数据后，点击【Finish】即可完成输入延迟配置。例如，按照图 3.17 添加输入延迟后，不仅可以在用户编辑区的表格看到设定数值，还可发现在 ucf 文件中添加了下列语句：

```
INST "count_out<0>" TNM = count_out;
INST "count_out<1>" TNM = count_out;
INST "count_out<2>" TNM = count_out;
INST "count_out<3>" TNM = count_out;
TIMEGRP "count_out" OFFSET = IN 9 ns VALID 8 ns BEFORE "clk" RISING;
```

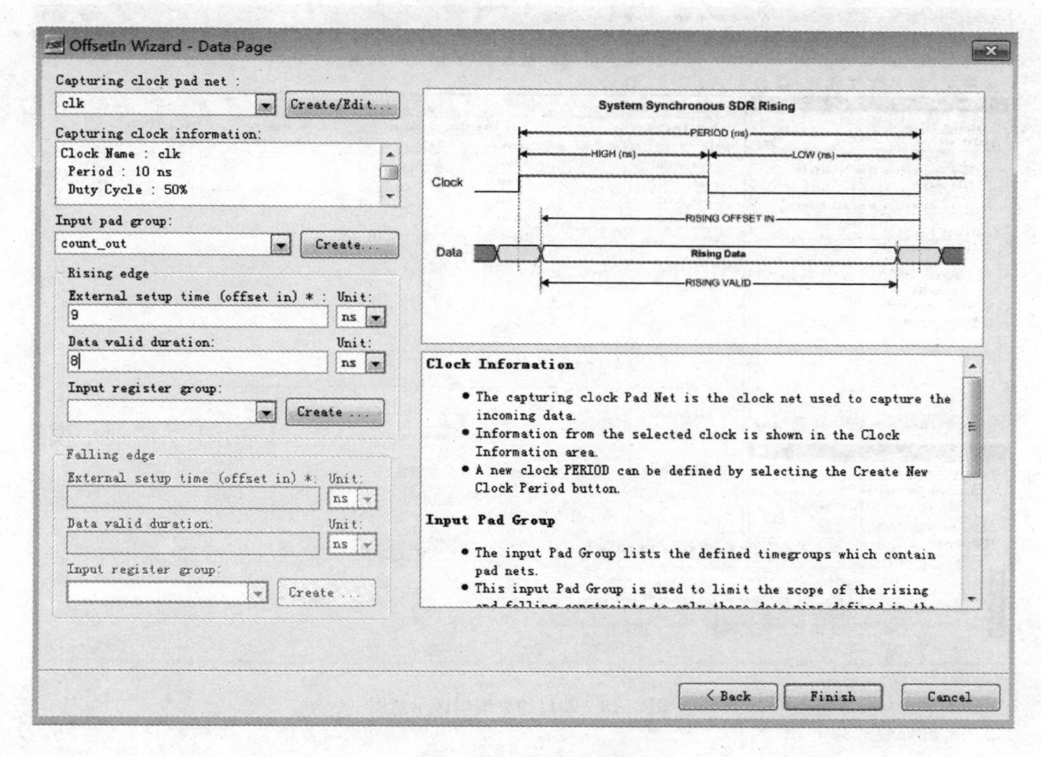

图 3.17　输入延迟约束设置

③ 输出延迟约束

由于全局时钟为输入信号，因此不存在输出延迟约束。

(2) 端口约束

全局约束只能添加时钟信号的约束，而其端口信号的输入延迟约束和输出延迟约束只能通过端口约束来实现。在以前的低版本 ISE 中还可以添加位置约束和分组约束，现在则只能完成分组端口的输入延迟约束与输出延迟约束。

在约束类型中选择【Port】，其相应的用户编辑界面如图 3.18 所示。在【Port Name】列会列出所有的输入、输出管脚，包括时钟管脚；【Port Direction】列给出了所有管脚的输入、输出方向属性，只能查看，不能修改；【Location】列给出了端口信号的管脚约束，同样只能查看，不能修改；【Pad to Setup】列用于设定输入延迟，仅对输入信号有效；【Clock to Pad】列用于设定输出延迟，仅对输出信号有效。

① 输入延迟约束

输入延迟约束添加方法和全局时钟信号的添加方法是一样的，这里不再介绍。

② 输出延迟约束

在图 3.18 中输出信号行的【Clock to Pad】列双击，Constraints Editor 会自动弹出设置项丰富的设置对话框，如图 3.19 所示。其中各项参数的意义和输入延迟配置界面的参数一样。完成如图 3.19 所示的设置后，不仅可在用户编辑区的表格看到设定数值，还发现在 ucf 约束文件中添加了下列语句：

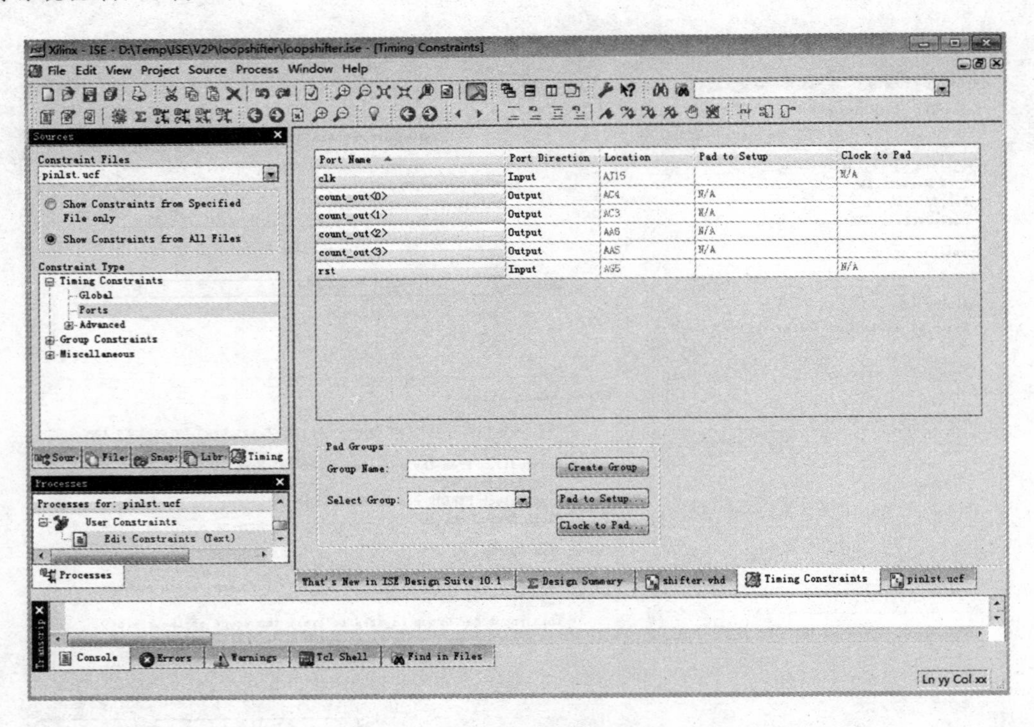

图 3.18　端口约束编辑区示意图

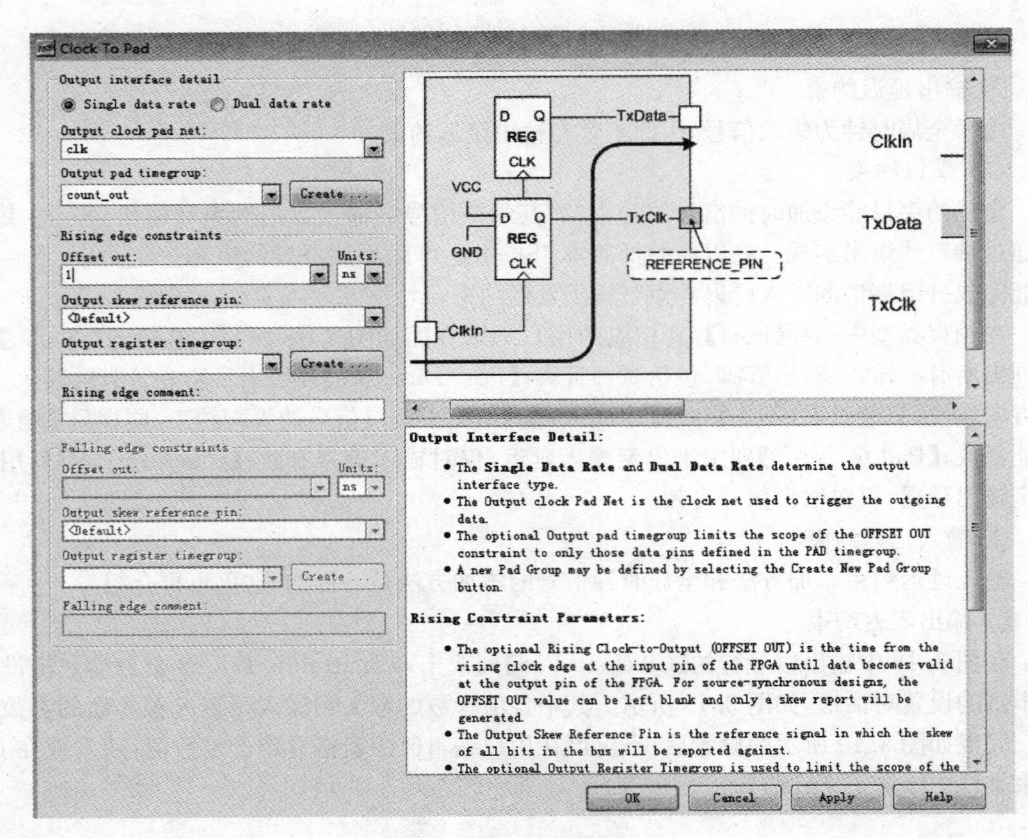

图 3.19　输出延迟约束设置

```
INST "count_out<0>" TNM = count_out;
INST "count_out<1>" TNM = count_out;
INST "count_out<2>" TNM = count_out;
INST "count_out<3>" TNM = count_out;
TIMEGRP "count_out" OFFSET = OUT 1 ns AFTER "clk";
```

③ 高级约束

高级约束包括 Pad to Setup、Clock to Pad、Slow/Fast Exceptions、Multicycle Paths、False Paths 以及 False Paths by Net 6 类。前两种已在上文介绍过，这里主要介绍后 4 类，其中 Slow/Fast Exceptions、Multicycle Paths 和 False Paths 约束本质上都是 FROM/THRU/TO 约束。在约束类型区域单击 Advanced，即可查阅各类高级约束。

(a) FROM/THRU/TO 约束

单击【Advanced】条目下的 Slow/Fast Exceptions，Multicycle Paths 或 False Paths 都可进入如图 3.20 所示的编辑页面，分别对应着【Type】栏的【Explicit】、【Relative to other path】、【Mark as false path】3 类操作。TIMESPEC Name 文本框用于输入约束信号分组，必须在信号名之前添加“TS”前缀。在【Group】区域的【From Group】下拉列表中选择起始分组，在【To Group】下拉列表中选择结束分组，可以是 ISE 已有的分组(All Flip Flops、All RAMS、All Pads、All Latches、All CPUs、All DSPs)，也可以是用户自定义的分组。

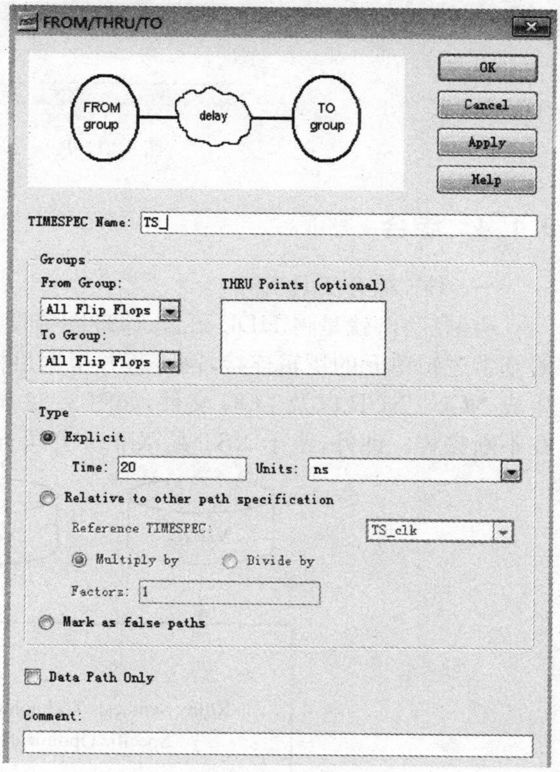

图 3.20 FROM/THRU/TO 约束设置

上述 3 类约束依次对应的 ucf 语句格式如下：

```
TIMESPEC TS_信号 = FROM " " TO " " 数值 ns;
TIMESPEC TS_信号1 = FROM " " TO " " TS_信号2;
TIMESPEC TS_信号 = FROM " " TO " " TIG;
```

(b) False Paths by Net 约束

False Paths by Net 约束本质上是 TIG 约束的一种，用于指定设计中需要忽略时序分析的路径。其界面如图 3.21 所示。完成 False Paths by Net 约束后，在 UCF 文件中可看到以下内容：

```
NET " " TIG;
```

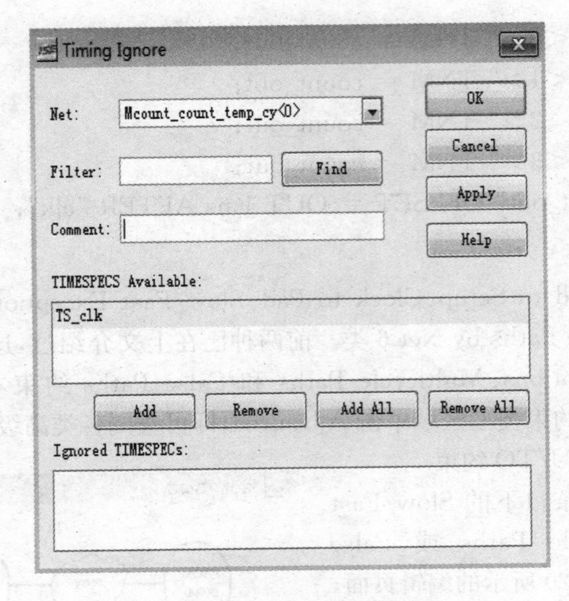

图 3.21　False Paths by Net 约束

3.1.4　综合

一、ISE 综合工具 XST

所谓综合，就是将 HDL 语言、原理图等设计输入翻译成由与、或、非门和 RAM、触发器等基本逻辑单元的逻辑连接（网表），并根据目标和要求（约束条件）优化所生成的逻辑连接，生成 NGC、NCR 以及 LOG 文件，如图 3.22 所示。XST 内嵌在 ISE 3 以后的版本中，并且在不断完善。此外，由于 XST 是 Xilinx 公司自己的综合工具，对于部分 Xilinx 芯片独有的

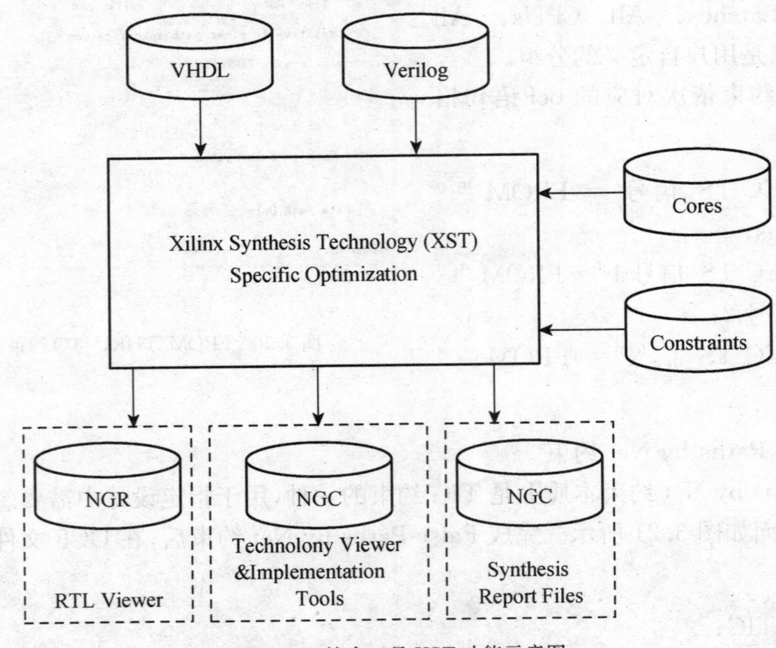

图 3.22　综合工具 XST 功能示意图

结构具有更好的融合性。

完成了输入和仿真后就可以进行综合了。在过程管理区双击【Synthesize-XST】即可开始综合过程，如图3.23所示。此外，在ISE 10.1中，管脚分配可以在综合之前完成，也可以在综合之后完成，一般使用差异不大，取决于用户选择；在大规模或高速设计中，建议先使用区域约束，然后根据约束情况再来分配管脚。

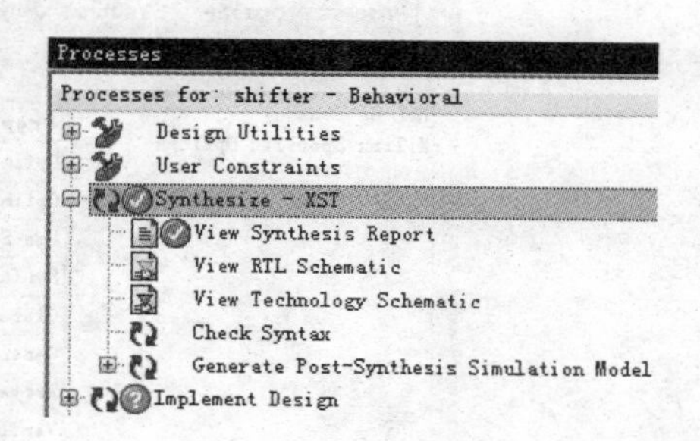

图 3.23　综合操作界面

综合可能有3种结果：如果综合后完全正确，则在Synthesize-XST前面会显示一个打钩的绿色小圈圈；如果有警告，则显示一个带感叹号的黄色小圆圈；如果有错误，则显示一个带叉的红色小圈圈。如果综合步骤没有语法错误，XST能够给出初步的资源消耗情况，单击过程管理区的【View Design Summary】，即可查看，如图3.24所示。

Project File:	loopshifter.ise	Current State:	Translated
Module Name:	shifter	• Errors:	No Errors
Target Device:	xc2vp30-7ff896	• Warnings:	No Warnings
Product Version:	ISE 10.1 - Foundation	• Routing Results:	
Design Goal:	Balanced	• Timing Constraints:	
Design Strategy:	Xilinx Default (unlocked)	• Final Timing Score:	

loopshifter Partition Summary [-]
No partition information was found.

Device Utilization Summary (estimated values)			[-]
Logic Utilization	Used	Available	Utilization
Number of Slices	19	13696	0%
Number of Slice Flip Flops	28	27392	0%
Number of 4 input LUTs	39	27392	0%
Number of bonded IOBs	6	556	1%
Number of GCLKs	1	16	6%

图 3.24　综合结果报告

综合完成之后，可以通过双击【View RTL Schematics】来查看综合结构是否按照设计意图来实现电路，ISE会自动调用原理图编辑器ECS来浏览RTL结构。

二、基于策略的综合设置

基于策略的综合是ISE 10.1的新特性，旨在通过快速、简易的方式帮助用户提高设计性能，包括最高工作时钟、设计所占面积以及编译时间等。在图3.23中的【Synthesis-XST】上单击鼠标右键，选择【Design Goals & Strategies】命令，即可打开策略配置界面。

三、XST 的详细设置参数

一般在使用XST时，所有的属性都采用默认值。其实XST对不同的逻辑设计可提供丰富、灵活的属性配置。下面对ISE 10.1中内嵌的XST属性进行说明。打开ISE中的设计工程，在过程管理区选中【Synthesis － XST】并单击鼠标右键选择【Properties】，弹出的界面如图3.25所示。

由图3.25可以看出，XST设置页面分为综合选项【Synthesis Options】、HDL语言选项【HDL Options】以及Xilinx特殊选项【Xilinx Specific Options】3大类，分别用于设置综合的

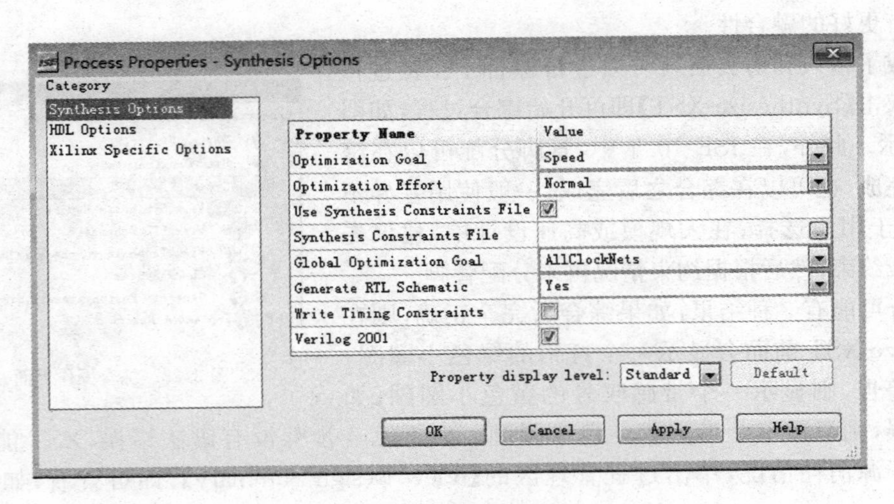

图 3.25 XST 设置界面

全局目标和整体策略、HDL 硬件语法规则以及 Xilinx 特有的结构属性。

1. 综合选项

【Optimization Goal】优化的目标。该参数决定了综合工具对设计进行优化时，是以面积还是以速度作为优先原则。面积优先原则可以节省器件内部的逻辑资源，即尽可能地采用串行逻辑结构，但这是以牺牲速度为代价的。而速度优先原则保证了器件的整体工作速度，即尽可能地采用并行逻辑结构，但这样将会浪费器件内部大量的逻辑资源，因此，它是以牺牲逻辑资源为代价的。

【Optimization Effort】优化器努力程度。这里有 Normal 和 High 两种选择方式。对于【Normal】，优化器对逻辑设计仅仅进行普通的优化处理，其结果可能并不是最好的，但是综合和优化流程执行得较快。如果选择 High，优化器对逻辑设计进行反复的优化处理和分析，并能生成最理想的综合和优化结果，在对高性能和最终的设计中通常采用这种模式；当然在综合和优化时，需要的时间较长。

【Use Synthesis Constraints File】使用综合约束文件。如果选择了该选项，那么综合约束文件 XCF 有效。

【Synthesis Constraints File】综合约束文件。该选项用于指定 XST 综合约束文件 XCF 的路径。

【Global Optimization Goal】全局优化目标。可以选择的属性包括有 AllClockNets、Inpad To Outpad、Offest In Before、Offest Out After、Maximm Delay。该参数仅对 FPGA 器件有效，可用于选择所设定的寄存器之间、输入引脚到寄存器之间、寄存器到输出引脚之间，或者是输入引脚到输出引脚之间逻辑的优化策略。

【Generate RTL Schematic】生成寄存器传输级视图文件。该参数用于将综合结果生成 RTL 视图。

【Write Timing Constraints】写时序约束。该参数仅对 FPGA 有效，用来设置是否将 HDL 源代码中用于控制综合的时序约束传给 NGC 网表文件，该文件用于布局和布线。

【Verilog 2001】选择是否支持 Verilog 2001 版本。

2. HDL 语言选项

HDL 语言选项的设置界面如图 3.26 所示，包括 16 个选项，具体如下所列。

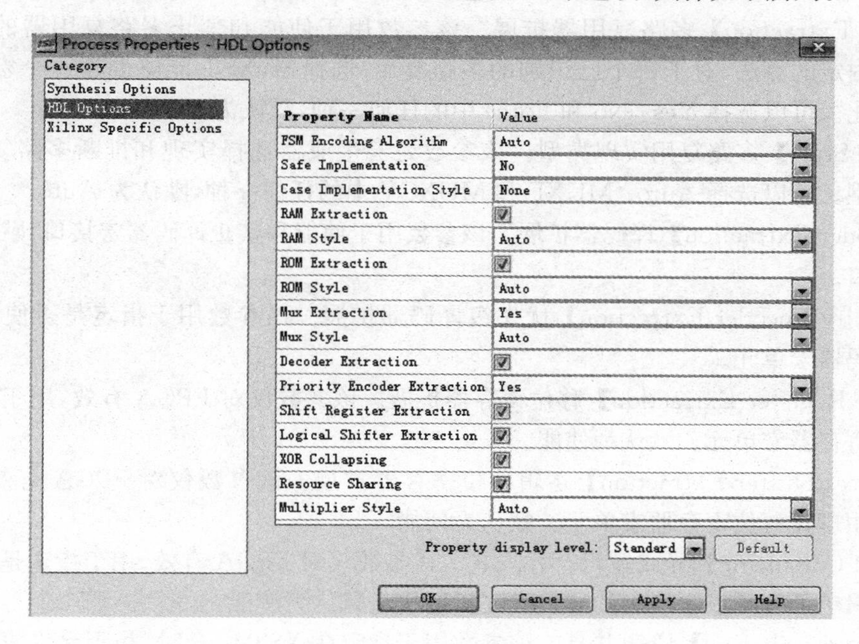

图 3.26　HDL 语言选项设置

【FSM Encoding Algorithm】有限状态机编码算法。该参数用于指定有限状态机的编码方式。选项有 Auto、One-Hot、Compact、Sequential、Gray、Johnson、User、Speed 1、None 编码方式，默认为 Auto 编码方式。

【Safe Implementation】将添加安全模式约束来实现有限状态机，添加额外的逻辑，使状态机从无效状态调转到有效状态，否则只能复位来实现，有 Yes、No 两种选择，默认为 No。

【Case Implementation Style】条件语句实现类型。该参数用于控制 XST 综合工具解释和推论 Verilog 的条件语句。其中选项有 None、Full、Parallel、Full-Parallel，默认为 None。对于这 4 种选项，区别如下：

- None：XST 将保留程序中条件语句的原型，不进行任何处理；
- Full：XST 认为条件语句是完整的，避免锁存器的产生；
- Parallel：XST 认为在条件语句中不能产生分支，并且不使用优先级编码器；
- Full-Parallel：XST 认为条件语句是完整的，并且在内部没有分支，不使用锁存器和优先级编码器。

【RAM Extraction】存储器扩展。该参数仅对 FPGA 有效，用于使能和禁止 RAM 宏接口。默认为允许使用 RAM 宏接口。

【RAM Style】RAM 实现类型。该参数仅对 FPGA 有效，用于选择是采用块 RAM 还是分布式 RAM 来作为 RAM 的实现类型。默认为 Auto。

【ROM Extraction】只读存储器扩展。该参数仅对 FPGA 有效，用于使能和禁止只读存储器 ROM 宏接口。默认为允许使用 ROM 宏接口。

【ROM Style】ROM 实现类型。该参数仅对 FPGA 有效，用于选择是采用块 RAM 还是分布式 RAM 来作为 ROM 的实现和推断类型。默认为 Auto。

【Mux Extraction】多路复用器扩展。该参数用于使能和禁止多路复用器的宏接口。根据某些内定的算法，对于每个已识别的多路复用/选择器，XST 能够创建一个宏，并进行逻辑的优化。可以选择 Yes、No 和 Force 中的任何一种，默认为 Yes。

【Mux Style】多路复用实现类型。该参数为宏生成器选择实现和推断多路复用/选择器的宏类型。可以选择 Auto、MUXF 和 MUXCY 中的任何一种，默认为 Auto。

【Decoder Extraction】译码器扩展。该参数用于使能和禁止译码器宏接口，默认为允许使用该接口。

【Priority Encoder Extraction】优先级译码器扩展。该参数用于指定是否使用带有优先级的编码器宏单元。

【Shift Register Extraction】移位寄存器扩展。该参数仅对 FPGA 有效，用于指定是否使用移位寄存器宏单元。默认为使能。

【Logical Shifter Extraction】逻辑移位寄存器扩展。该参数仅对 FPGA 有效，用于指定是否使用逻辑移位寄存器宏单元。默认为使能。

【XOR Collapsing】异或逻辑合并方式。该参数仅对 FPGA 有效，用于指定是否将级联的异或逻辑单元合并成一个大的异或宏逻辑结构。默认为使能。

【Resource Sharing】资源共享。该参数用于指定在 XST 综合时，是否允许复用一些运算处理模块，如加法器、减法器、加/减法器和乘法器。默认为使能。如果综合工具的选择是以速度为优先原则的，那么就不考虑资源共享。

【Use DSP48】乘法器实现类型。该参数仅对 FPGA 有效，用于指定宏生成器使用乘法器宏单元的方式，有 Auto，Yes 以及 No 3 个选项。默认为 Auto。选择的乘法器实现类型和所选择的器件有关。

3. Xilinx 特殊选项

Xilinx 特殊选项用于将用户逻辑适配到 Xilinx 芯片的特殊结构中，不仅能节省资源，还能提高设计的工作频率，其设置界面如图 3.27 所示，包括 10 个配置选项，具体如下所列。

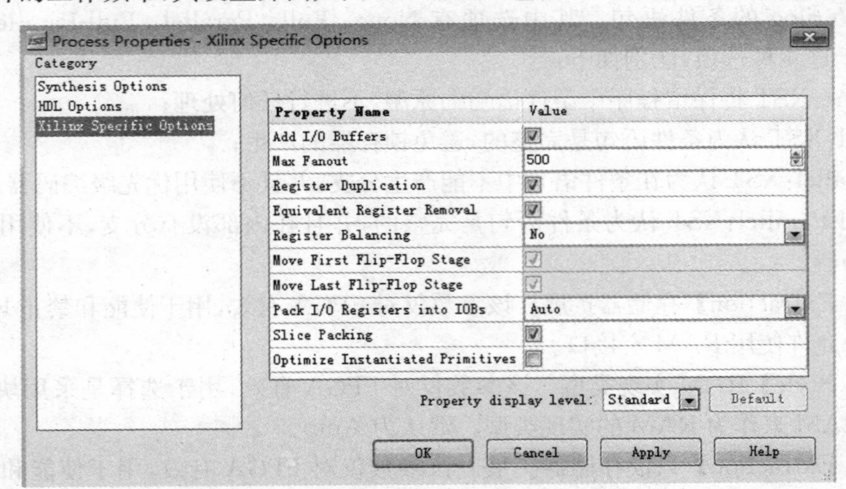

图 3.27　Xilinx 特殊选项设置

【Add I/O Buffers】插入 I/O 缓冲器。该参数用于控制对所综合的模块是否自动插入 I/O 缓冲器。默认为自动插入。

【Max Fanout】最大扇出数。该参数用于指定信号和网线的最大扇出数。这里扇出数的选择与设计的性能有直接的关系，需要用户合理选择。

【Register Duplication】寄存器复制。该参数用于控制是否允许寄存器的复制。对于高扇出和时序不能满足要求的寄存器进行复制，可以减少缓冲器输出的数目以及逻辑级数，改变时序的某些特性，提高设计的工作频率。默认为允许寄存器复制。

【Equivalent Register Removal】等效寄存器删除。该参数用于指定是否把寄存器传输给功能等效的寄存器删除，这样可以减少寄存器资源的使用。如果某个寄存器是用 Xilinx 的硬件原语指定的，那么就不会被删除。默认为使能。

【Register Balancing】寄存器配平。该参数仅对 FPGA 有效，用于指定是否允许平衡寄存器。可选项有 No、Yes、Forward 和 Backward。采用寄存器配平技术，可以改善某些设计的时序条件。其中，Forward 为前移寄存器配平，Backward 为后移寄存器配平。采用寄存器配平后，所用到的寄存器数就会相应地增减。默认为寄存器不配平。

【Move First Flip-Flop Stage】移动前级寄存器。该参数仅对 FPGA 有效，用于控制在进行寄存器配平时，是否允许移动前级寄存器。如果【Register Balancing】的设置为 No，那么该参数的设置无效。

【Move Last Flip-Flop Stage】移动后级寄存器。该参数仅对 FPGA 有效，用于控制在进行寄存器配平时，是否允许移动后级寄存器。如果【Register Balancing】的设置为 No，那么该参数的设置无效。

【Pack I/O Registers into IOBs】I/O 寄存器置于输入输出块。该参数仅对 FPGA 有效，用于控制是否将逻辑设计中的寄存器用 IOB 内部寄存器实现。在 Xilinx 系列 FPGA 的 IOB 分别有输入和输出寄存器。如果将设计中的第一级寄存器或最后一级寄存器用 IOB 内部寄存器实现，那么就可以缩短 IO 管脚到寄存器之间的路径，这通常可以缩短 1～2 ns 的传输时延。默认为 Auto。

【Slice Packing】优化 Slice 结构。该参数仅对 FPGA 有效，用于控制是否将关键路径的查找表逻辑尽量配置在同一个 Slice 或者 CLB 模块中，由此来缩短 LUT 之间的布线。这一功能对于提高设计的工作频率、改善时序特性是非常有用的。默认为允许优化 Slice 结构。

【Optimize Instantiated Primitives】优化已例化的原语。该参数控制是否需要优化在 HDL 代码中已例化的原语。默认为不优化。

3.1.5　实现

1. ISE 实现工具

所谓实现（Implement）是将综合输出的逻辑网表翻译成所选器件的底层模块与硬件原语，将设计映射到器件结构上，进行布局布线，达到在选定器件上实现设计的目的。实现主要分为 3 个步骤，即翻译（Translate）逻辑网表、映射（Map）到器件单元以及布局布线（Place & Route）。在 ISE 中，执行实现过程，会自动执行翻译、映射和布局布线过程；也可以单独执行。

翻译的主要作用是将综合输出的逻辑网表翻译为 Xilinx 特定器件的底层结构和硬件原语。映射的主要作用是将设计映射到具体型号的器件上(LUT、FF、Carry 等)。布局布线步骤调用 Xilinx 布局布线器,根据用户约束和物理约束,对设计模块进行实际的布局,并根据设计连接,对布局后的模块进行布线,产生 FPGA/CPLD 配置文件。

在 ISE 中,实现的 3 个步骤都可以设置用户策略,方法也是类似的,在过程管理区相应步骤的操作处单击鼠标右键选择【Design Goals & Strategies】命令即可进入相应步骤的策略配置界面。

2. 翻译过程

在翻译过程中,设计文件和约束文件将被合并生成 NGD(原始类型数据库)输出文件和 BLD 文件,其中 NGD 文件包含了当前设计的全部逻辑描述,BLD 文件是转换的运行和结果报告。实现工具可以导入 EDN、EDF、EDIF、SEDIF 格式的设计文件,以及 UCF(用户约束文件)、NCF(网表约束文件)、NMC(物理宏库文件)、NGC(含有约束信息的网表)格式的约束文件。

ISE 10.1 中的翻译操作界面如图 3.28 所示,双击【Translate】选项即可开始翻译过程。翻译操作中包括以下 3 个命令:

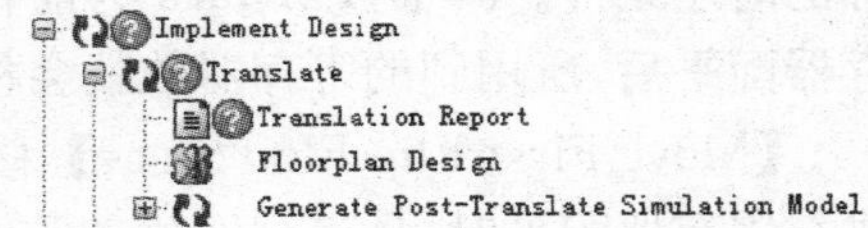

图 3.28 翻译操作界面

【Translation Report】用以显示翻译步骤的报告;

【Floorplan Design】用以启动 Xilinx 布局规划器(Floorplanner)进行手动布局,提高布局器效率;

【Generate Post-Translate Simulation Model】用以产生翻译步骤后仿真模型,由于该仿真模型不包含实际布线时延,因此有时省略此仿真步骤。

3. 映射过程

在映射过程中,由转换流程生成的 NGD 文件将被映射为目标器件的特定物理逻辑单元,并保存在 NCD(展开的物理设计数据库)文件中。映射的输入文件包括 NGD、NMC、NCD 和 MFP(映射布局规划器)文件,输出文件包括 NCD、PCF(物理约束文件)、NGM 和 MRP9 映射报告)文件。其中,MRP 文件是通过 Floorplanner 生成的布局约束文件;NCD 文件包含当前设计的物理映射信息;PCF 文件包含当前设计的物理约束信息;NGM 文件与当前设计的静态时序分析有关;MRP 文件是映射的运行报告,主要包括映射的命令行参数、目标设计占用的逻辑资源、映射过程中出现的错误和告警、优化过程中删除的逻辑等内容。

在 ISE 10.1 中,映射操作界面如图 3.29 所示,双击【Map】按钮即可开始映射过程。映射项目包括以下 4 个命令。

- 【Map Report】用以显示映射步骤的报告;
- 【Generate Post-Map Static Timing】产生映射静态时序分析报告,启动时序分析器(Timing Analyzer)分析映射后静态时序;
- 【Manually Place&Route(FPGA Editor)】用以启动 FPGA 底层编辑器进行手动布局布线,指导 Xilinx 自动布局布线器,解决布局布线异常,提高布局布线效率;
- 【Generate Post-Map Simulation Model】用以产生映射步骤后仿真模型,由于该仿真模型不包含实际布线时延,因此有时也省略此仿真步骤。

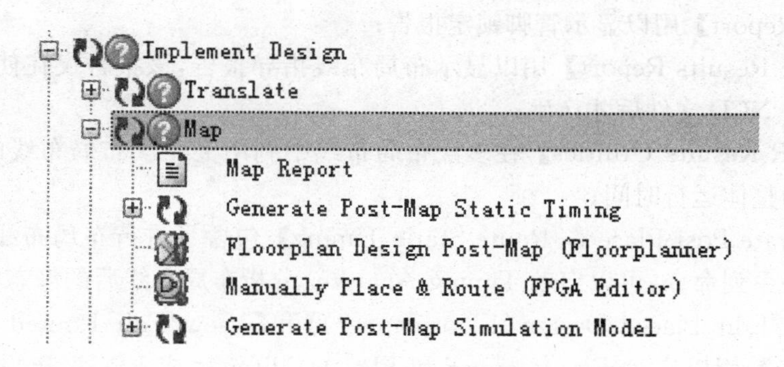

图 3.29　映射操作界面

4. *布局和布线过程*

布局和布线(Place & Route)：通过读取当前设计的 NCD 文件，布局布线将映射后生成的物理逻辑单元在目标系统中放置和连线，并提取相应的时间参数。布局布线的输入文件包括 NCD 和 PCF 模板文件，输出文件包括 NCD、DLY(延时文件)、PAD 和 PAR 文件。在布局布线的输出文件中，NCD 包含当前设计的全部物理实现信息，DLY 文件包含当前设计的网络延时信息，PAD 文件包含当前设计的输入输出(I/O)管脚配置信息，PAR 文件主要包括布局布线的命令行参数、布局布线中出现的错误和告警、目标占用的资源、未布网线络、网络时序信息等内容。

在 ISE10.1 中，布局布线操作界面如图 3.30 所示，双击【Place & Route】按键即可开始布局布线过程。布局布线步骤包括以下 14 个命令：

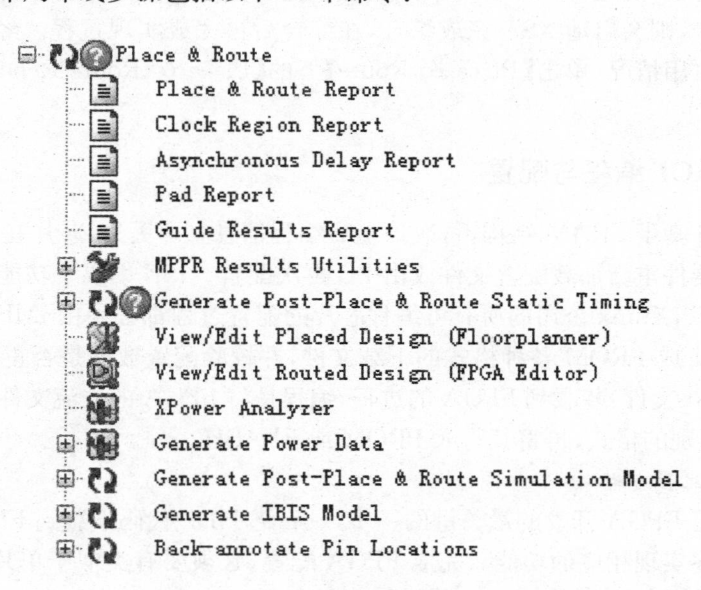

图 3.30　布局布线操作界面

- 【Pace & Route Report】用以显示布局布线报告；
- 【Clock Region Report】用以查看时钟区域报告；
- 【Asynchronous Delay Report】用以显示异步时延报告；

- 【Pad Report】用以显示管脚锁定报告；
- 【Guide Results Report】用以显示布局布线指导报告，该报告仅在使用布局布线指导文件 NCD 文件后才产生；
- 【MPPR Results Utilities】在多次布局布线中利用上一次布局布线的结果，可节省设计的整体运行时间；
- 【Generate Post-Place & Route Static Timing】包含了进行布局布线后静态时序分析的一系列命令，可以启动 Timing Analyzer 分析布局布线后的静态时序；
- 【View/Edit Placed Design（Floorplanner）】和【View/Edit Routed Design（FPGA Editor）】用以启动 Floorplanner 和 FPGA Editor 完成 FPGA 布局布线的结果分析、编辑，手动更改布局布线结果，产生布局布线指导与约束文件，辅助 Xilinx 自动布局布线器，提高布局布线效率并解决布局布线中的问题；
- 【XPower Analyzer】用以启动功耗仿真器分析设计功耗；
- 【Generate Power Data】用于产生功耗分析数据；
- 【Generate Post-Place & Route Simulation Model】用以产生布局布线后仿真模型，该仿真模型包含的时延信息最全，不仅包含门延时，还包含了实际布线延时。该仿真步骤必须进行，以确保设计功能与 FPGA 实际运行结果一致；
- 【Generate IBIS Model】用以产生 IBIS 仿真模型，辅助 PCB 布板的仿真与设计；
- 【Back-annotate Pin Locations】用以反标管脚锁定信息。

5. 基于 ISE 的实现

在过程管理区双击【Implement Design】选项，就可以自动完成实现的 3 个步骤。如果设计没有经过综合，则会启动 XST 完成综合，在综合后再完成实现过程。经过实现后能够得到精确的资源占用情况，单击【Place & Route】下的【Place & Route Report】即可查阅最终的资源报告。

3.1.6 iMPACT 编程与配置

FPGA 器件基于 SRAM 结构，每次掉电后编程信息立即丢失，芯片在每次加电时，都必须从非易失性器件重新加载配置文件或由 PC 再次配置。ISE 集成了功能强大的 FPGA 配置工具 iMPACT，Xilinx 公司的所有可编程芯片的配置过程都必须由 iMPACT 完成。此外 iMPACT 还能生成 PROM 各种格式的下载文件，并校验配置数据是否正确。通常，配置是将位流文件(.bit 文件)装载到 FPGA 的过程，编程是将 FPGA 的位流文件转化为 PROM 或 FLASH 可以识别的格式，再将其写入 PROM 或 FLASH。

1. FPGA 配置电路

硬件配置是 FPGA 开发的最关键的一步，只有将 HDL 代码下载到 FPGA 芯片中，才能进而调试并最终实现相应的功能。完成 FPGA 配置，必须要有类似于单片机仿真器的下载电缆才能完成。

在 FPGA 配置系统中，编程软件由 FPGA 提供商提供，设计人员要掌握其操作方法；下载电缆是固定的 JTAG 电路，只要将其连接在 PC 上以及目标板上即可；只有目标板上的配置电路需要设计人员设计。其中，JTAG 链路是器件编程的关键传输枢纽。因此 JTAG 链路的工作原理、FPGA 的各种配置电路以及编程软件的操作是本节的重点内容。

将配置数据从 PC 上加载到 Xilinx FPGA 芯片中的整个配置过程，可分为以下几个步骤：

(1) 初始化

通上电后，如果 FPGA 满足以下条件：Bank2 的 I/O 输出驱动电压 V_{CCO_2} 大于 1V，器件内部的供电电压 V_{CCINT} 为 2.5 V，器件便会自动进行初始化。在系统上电的情况下，通过对 PROG 引脚置低电平，便可以对 FPGA 进行重新配置。初始化过程完成后，DONE 信号将会变低。

(2) 清空配置存储器

在完成初始化过程后，器件会将 INIT 信号置低电平，同时开始清空配置存储器。在清空完配置存储器后，INIT 信号将会重新被置为高电平。用户可以通过将 PROG 或 INIT 信号(INIT 为双向信号)置为低电平，从而达到延长清空配置存储器的时间，以确保存储器被清空的目的。

(3) 加载配置数据

配置存储器的清空完成后，器件对配置模式脚 M2、M1、M0 进行采样，以确定用何种方式来加载配置数据。

(4) CRC 错误检查

器件在加载配置数据的同时，会根据一定的算法产生一个 CRC 值，这个值将会和配置文件中内置的 CRC 值进行比较，如果二者不一致，则说明加载发生错误，INIT 引脚将会被置低电平，加载过程被中断。此时若要进行重新配置，只需将 PROG 置为低电平即可。

(5) START UP

START—UP 阶段是 FPGA 由配置状态过渡到用户状态的过程。在 START UP 完成后，FPGA 便可实现用户编程的功能。在 START—UP 阶段中，FPGA 会进行以下操作：

ⅰ. 将 DONE 信号置高电平，若 DONE 信号没有置高，则说明数据加载过程失败；

ⅱ. 在配置过程中，器件的所有 I/O 引脚均为三态，此时，全局三态信号 GTS 置低电平，这些 I/O 脚将会从三态切换到用户设置的状态；

ⅲ. 全局复位信号 GSR 置低电平，所有触发器进入工作状态；

ⅳ. 全局写允许信号 GWE 置低电一平，所有内部 RAM 有效。

整个过程需要 8 个时钟周期 C0—C7。在默认的情况下，这些操作都和配置时钟 CCLK 同步。在 DONE 信号置高电平之前，GTS、GSR、GWE 都保持高电平。如果选用 JTAG 配置电路则所有操作都和 JTAG 电路的 TCK 保持同步。

2. iMPAC 参数设置

在过程窗口中，选中【Generate Programming File】并单击鼠标右键，选择【Process Properties】命令，在弹出的对话框中可完成对各类编程参数的选择和配置。

(1) 功通用参数设置窗口

通用参数设置窗口如图 3.31 所示，主要选择配置文件的格式以及各种校验规则。相应的选项说明如下：

【Run Design Rules Checker (DRC)】运行设计规则校验。建议使用该功能，在位流文件生成中进行规则校验，这样可对 NCD 文件进行评估。其默认值为选中。

【Create Bit File】创建位流文件。用于指示在实现后生成可配置的比特文件。其默认

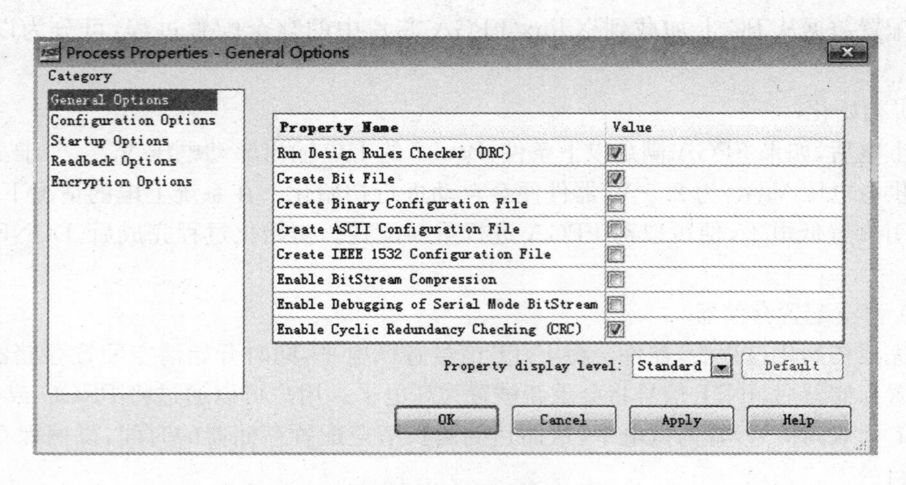

图 3.31 通用参数设置界面

值为选中。

【Create Binary Configuration File】创建二进制配置文件。其默认值为不选中。

【Create ASCII Configuration File】创建 ASCII 配置文件。其默认值为不选中。

【Create IEEE 1532 Configuration File】创建符合 IEEE 1532 标准的配置文件，仅与 Virtex 系列芯片有关。其默认值为不选中。

【Create BitStream Compression】使能比特文件压缩功能，可节约 PROM 的存储空间。其默认值为不选中。

【Enable Debugging of Serial Mode BitStream】使能比特文件的调试功能。其默认值为不选中。

【Enable Cyclic Redundancy Checking(CRC)】使能循环冗余校验，在配置数据中添加 4 位校验码。其默认值为不选中。

(2) 配置参数设置窗口

配置参数设置窗口如图 3.32 所示，主要完成配置电路所用管脚内部电阻的选择。相应的选项说明如下：

【Configuration Rate】配置数据速率。其默认值为 4Mbit/s。

【Configuration Calk (Configuration Pins)】用于选择配置时钟管脚 CCLK 内部是否使用上拉电阻，有 Pull Up 和 Float 两种选择。选择上拉电阻可以减小时钟信号线上的干扰信号，默认为选择内部上拉。

【Configuration Pin M0】用于选择模式控制管脚 M0 的内部电阻阻值，有 Pull Up、Float 和 Pull Down 3 种选择，分别对应着上拉、悬空和下拉，其电阻值的范围为 50～100 kΩ，上拉和下拉能在一定程度上减小干扰。默认为选择内部上拉。

【Configuration Pin M1】用于选择模式控制管脚 M1 的内部电阻阻值。同 M0 的说明。

【Configuration Pin M2】用于选择模式控制管脚 M2 的内部电阻阻值。同 M0 的说明。

【Configuration Pin Program】用于选择编程控制管脚 PROG 的内部电阻阻值，有 Pull Up、Float 和 Pull Down 3 种选择，分别对应着上拉、悬空和下拉，上拉和下拉能在一定程度上减小干扰，避免非法操作。默认为选择内部上拉。

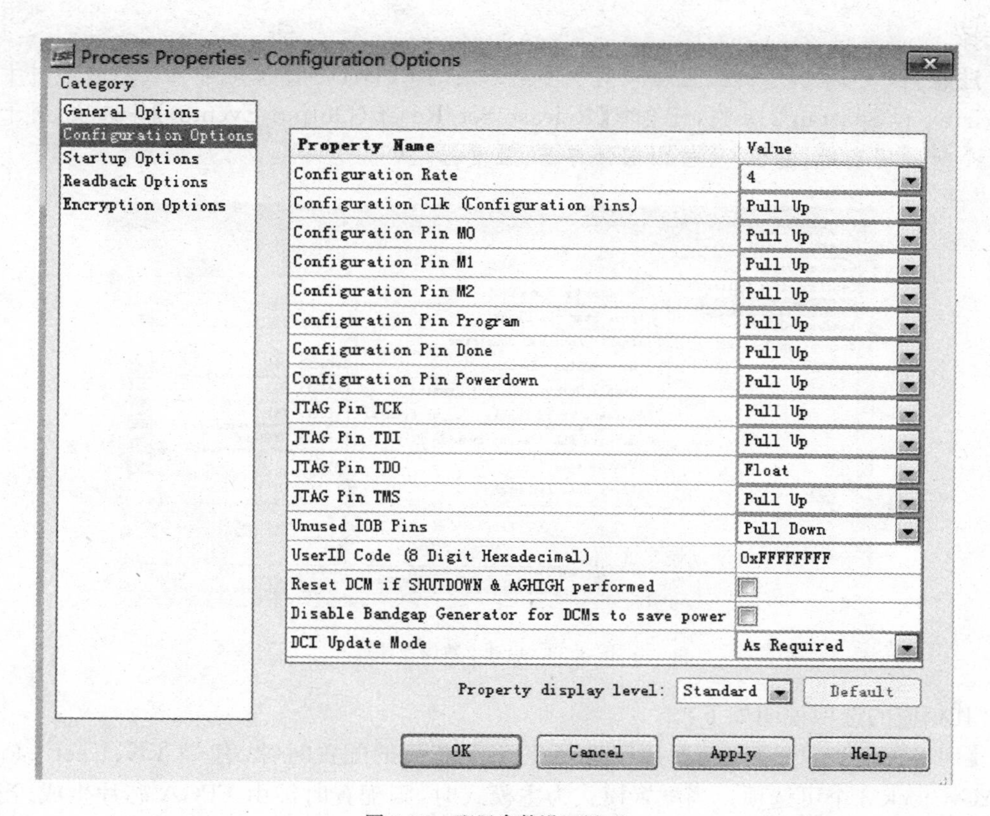

图 3.32 配置参数设置界面

【Configuration Pin Done】用于选择 DONE 管脚的内部电阻阻值，有 Pull Up、Float 和 Pull Down 3 钟选择，分别对应着上拉、悬空和下拉，其电阻值的范围为 2～18 kΩ。由于 DONE 信号为集电极开路输出，必须有终端电阻才能正常工作，如果外部电路中没有上拉电阻，则必须选择 Pull Up；同样，在选择 Float 时，要保证外部电路中已有上拉电阻。

【Configuration Pin Init/CS/DIn/Busy/RdWr】用于选择 Init/CS/DIn/Busy/RdWr 管脚的内部电阻阻值，有 Pull Up、Float 和 Pull Down3 种选择，分别对应着上拉、悬空和下拉，默认为 Pull Up。

【JTAG PinTCK/TDI/TDO/TMS】用于选择 JTAG 时钟管脚 TCK/TDI/TDO/TMS 的内部电阻阻值，有 Pull Up、Float 和 Pull Down 3 种选择，分别对应着上拉、悬空和下拉，建议选择内部上拉。默认为选择内部上拉。

【Unused IOB Pins】用于选择未用管脚的内部电阻，同 TCK 的说明。默认值为 OxFFFFFFFF。

【UserID Code (8 Digit Hexadecimal) 】用户码身份输入，其格式为 8 位十六进制数。

【DCI Update Mode】用于选择设计 DCI 进行阻抗调整的模式，有 As Required、Continuous 和 Quiet(Off)3 种选择，分别对应着仅在需要时调整阻抗、连续调整阻抗以及达到初始后便不再调整阻抗的 3 种模式。默认为 As Required。

(3) 配置启动参数设置窗口

配置启动参数设置窗口如图 3.33 所示，主要完成配置电路时钟信号以及时钟驱动方案的选择。

注意：图 3.33 所示的配置窗口对于不同系列的 FPGA 芯片一是略有区别的。对于早期的 Virtex 和 Spartan 2 系列，还会有【Release Set/Reset (Output Events)】等选项，用于设置多少个时钟周期后，复位/置位内部锁存器、触发器。

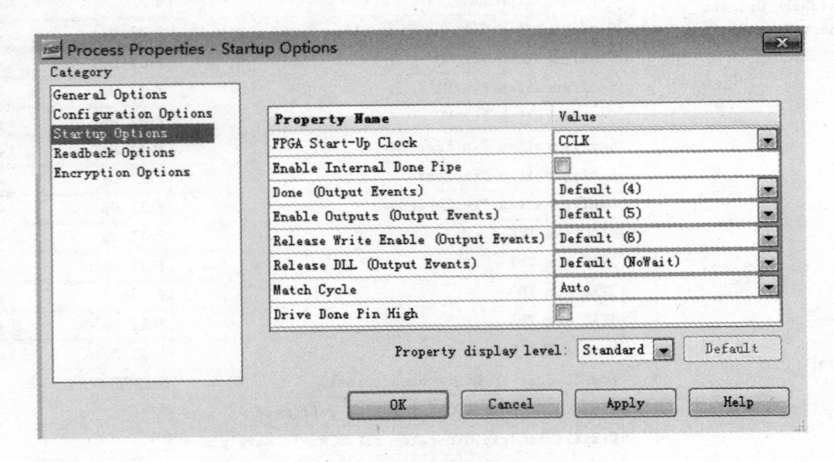

图 3.33　启动参数设置界面

其相应的选项说明如下：

【FPGA Start-Up Clock】用于选择 FPGA 芯片的配置时钟，有 CCLK、User Clock 和 JTAG Clock 3 个可选项。当配置模式为主模式时，则配置时钟由 FPGA 芯片生成；当配置模式为从模式时，则配置时钟由外部提供；当配置 PROM 器件时，必须选择 CCLK 时钟；当选择 JTAG 模式的配置时钟，该时钟由 JTAG 接口 TCK 信号提供。对于用户自定义的配置时钟 User Clock，目前很少使用。默认为 CCLK。

【Enable Internal Done Pipe】用于选择是否等待插入的延迟信号 CFG_DONE 后，DONE 管脚有效，对于高速配置方案非常有效。默认为不选择。

【Done(Output Events)】用于设置多少个 CFG_DONE 周期后，使 DONE 信号有效。默认值为 4。

【Enable Outputs(Output Events)】用于设置多少个时钟周期后，将输入、输出管脚从三态条件释放到实际的输入、输出结构。默认值为 5。

【Release Write Enable(Output Events)】用于设置多少个时钟周期后，释放全局写信号到触发器和存储器。如果选择 Done 参数，表示当 Done 脚为高时，释放写使能信号；选择 Keep，用于保持当前的写使能信号。默认值为 6。

【Release DLL(Output Events)】用于设置等待多少个时钟周期后，DLL 输出有效。默认为 No Wait。

【Match Cycle】用于设置是否等到 DCI 匹配后，再进入启动周期。默认为 No Wait。

【Drive Done Pin High】用于设置是否将 Done 置高。默认为不选中。

(4) 回读方式参数设置窗口

回读方式参数设置窗口如图 3.34 所示，主要用于回读文件格式和回读模式的设置。其相应的选项说明如下：

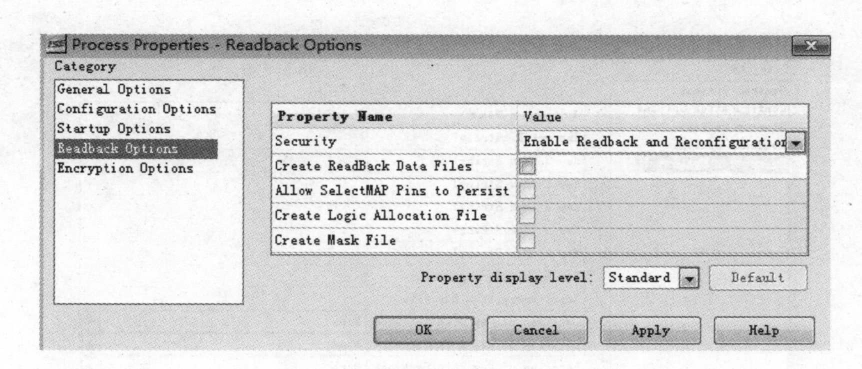

图 3.34 回读方式参数设置界面

【Security】用于设置是否在回读和重新配置数据时设置保护模式，有 Enable Readback and Reconfiguration，Disable Readback 和 Disable Readback and Reconfiguration 3 个选项，分别对应着使能回读和重新配置数据、禁止回读以及禁止回读和重新配置数据。其中，禁止回读和重新配置数据是出于对设计保护考虑的；回读执行时，需要由 M0/RTRIG 脚产生一个上升沿来启动，需要一个外部的逻辑电路驱动 CCLK 时钟，以回读 RDATA 管脚的每一位数据。

【Create ReadBack Data Files】用于创建回读文件。默认为不选中。

【Allow SelectMAP Pins to Persist】用于配置完成后是否保留 SelectMAP 配置模式的配置管脚。使能时，可利用其完成数据的回读，否则当配置完成后，配置管脚将被释放，变成用户管脚。默认为不保留配置管脚。

【Create Logic Allocation File】用于配置是否建立一个逻辑定位文件。该文件包含了锁存器、触发器、输入输出管脚的位流位置和块存储器的位流位置。默认为不选中。

【Create Mask File】用于配置是否选择建立屏蔽文件，用于确定位流文件中的一些位。默认为不选择。

(5) 加密参数设置窗口

加密参数设置窗口如图 3.35 所示，主要完成配置文件加密选项的设置。相应的选项说明如下：

【Encrypt Bitstream】对比特流文件编码加密；

【Key 0 (Hex String)】用于输入十六进制加密的字符串 Key 0；

【Input Encryption Key File】用于加载加密文件。

3. 配置 FPGA 器件

位流文件(. bit 文件)用于配置 FPGA，在设计实现之后，就可以运行【Generate Programming File】生成 FPGA 的配置文件。

在【Processes】窗口可以看到【Generate Programming File】工具，用于生成编程文件。双击生成. bit 文件。在报告的末尾会看到生成的位流文件 shifter. bit，此文件用于配置 FPGA，如图 3.36 所示。

到此，只剩下完成设计的最后一步——下载。双击过程管理区的【Configure Target Device】栏目下的【Manage Configure Project (iMPACT)】，然后在弹出的 IMPACT 配置对

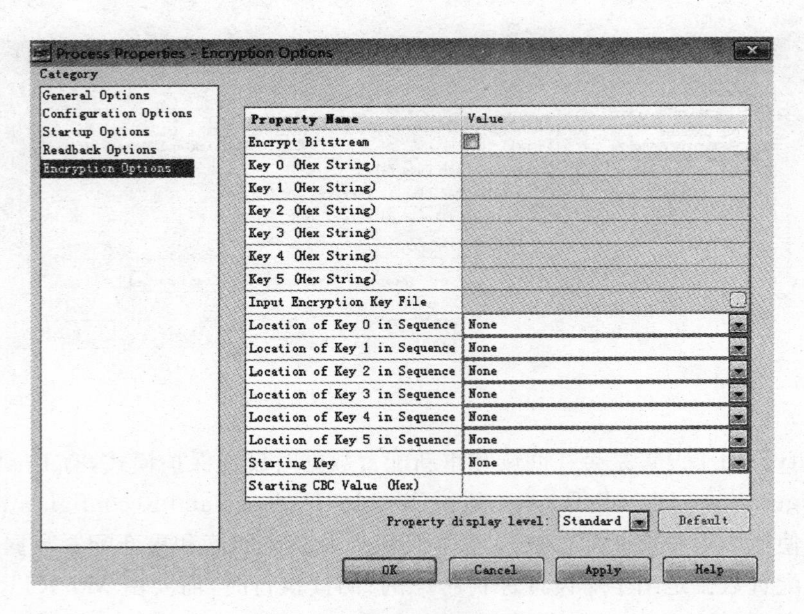

图 3.35　加密参数设置界面

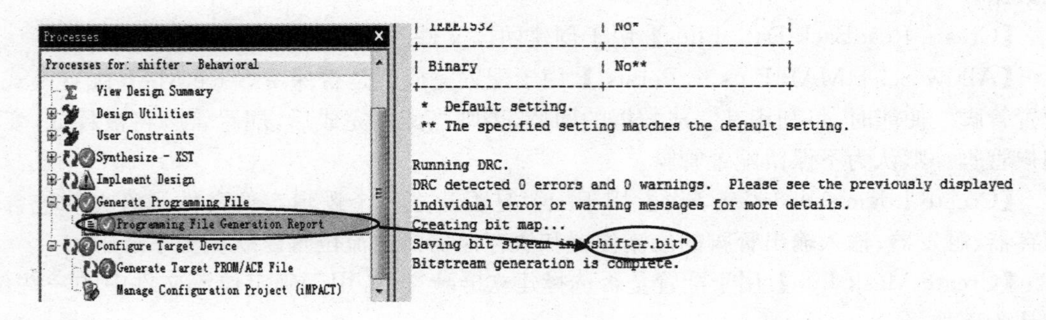

图 3.36　生成位流文件

话框中选中【Configure devices using Boundary-Scan(JTAG)】。单击 OK 按钮后，ISE 会自动连接 FPGA 设备。成功检测到设备后，会显示出 JTAG 链上所有芯片，其典型示意图如图 3.37 所示。从图 3.37 中可以看出，链上的所有芯片构成了一个 TDI 到 TDO 的完整回路，这是电路设计时必须要保证的。

在 FPGA 芯片的图标上双击，或单击鼠标右键，在弹出的菜单中选择【Assign New Configuration File】会弹出如图 3.38 所示的对话框，让用户选择后缀为“.bit”的二进制比特流文件，然后单击【Open】按钮，则在 iMPACT 的主界面会出现一个芯片模型以及位流文件的标志。

在 FPGA 芯片标志上单击鼠标右键，在弹出的菜单中选择【Program】命令，就可以对 FPGA 设备进行编程。配置成功后，会弹出配置成功“Program Succeeded”的界面。

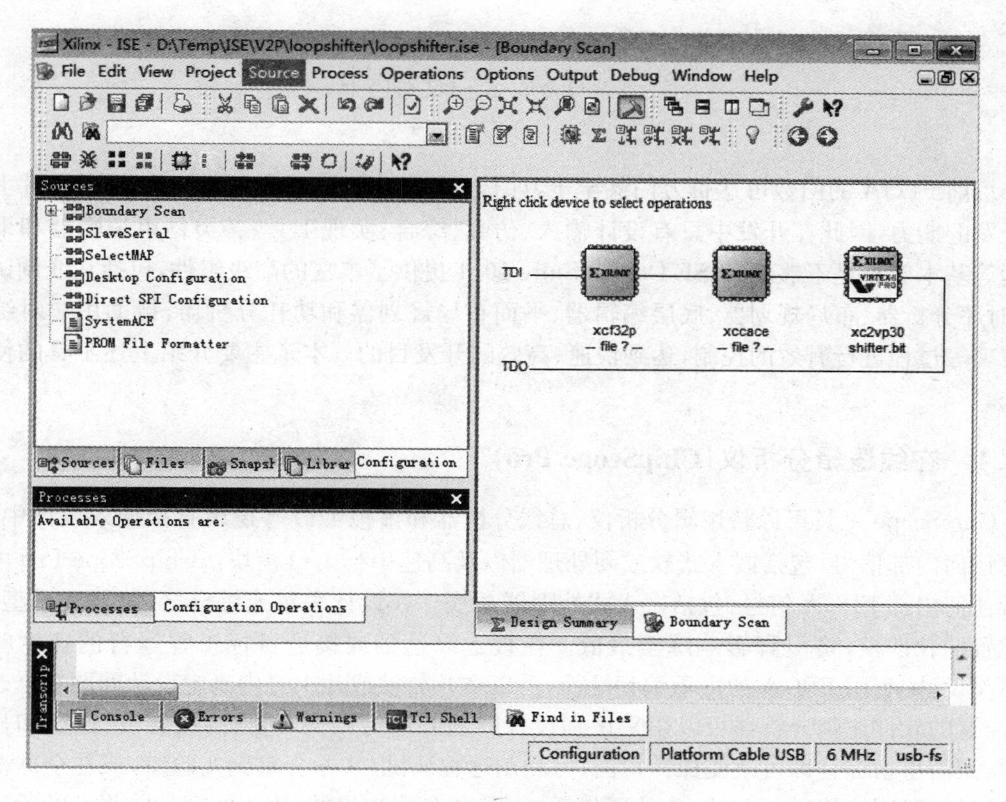

图 3.37　JTAG 链边界扫描结果示意图

图 3.38　选择位流文件

3.2 ISE 高级组件

目前 FPGA 的门数可达百万门甚至千万门，运行频率也高达数百兆赫兹，已具备片上系统开发的能力，因此在开发中只有设计输入、仿真、综合、实现工具、各类约束编辑器和下载工具等基本工具是不够的。ISE Design Suite 10.1 提供了丰富的高级组件，包括在线调试工具、时序分析器、布局规划器、底层编辑器、平面布局规划器和功耗分析器，帮助用户对综合和实现等过程进行有效的控制，达到快速、高效的开发目的。本章主要介绍上述工具的使用方法。

3.2.1 在线逻辑分析仪(ChipScope Pro)

ChipScope 工具可以将逻辑分析仪、总线分析器和虚拟 I/O 等逻辑直接插入设计中，可查看任何内部信号，包括嵌入式软或硬处理器以及高速串行 I/O 模块。ChipScope Pro 可以分析任何内部 FPGA 信号，包括嵌入式处理器总线。在设计采集或综合之后，插入小型的、可配置的软件核，将引脚影响降至最低。在板上以达到或接近目标工程运行的速度验证 FPGA 设计：利用 FPGA 的可重编程性能，可以在几分钟或几小时内确定设计问题并修改设计；内置的软件逻辑分析器可以用来识别设计问题并进行调试，包括高级触发、过滤和显示选项，无需重新综合即可改变探针指向；可利用远程调试(从办公室到实验室，或在全球范围内)通过互联网连接进行调试；此外还包括 Agilent 公司推出的、用于实现功能强大的验证功能的逻辑分析器可选配件，可以探测包括从 FPGA 内部到板上任何地方的交叉互联信号。其典型的工作模式如图 3.39 所示。

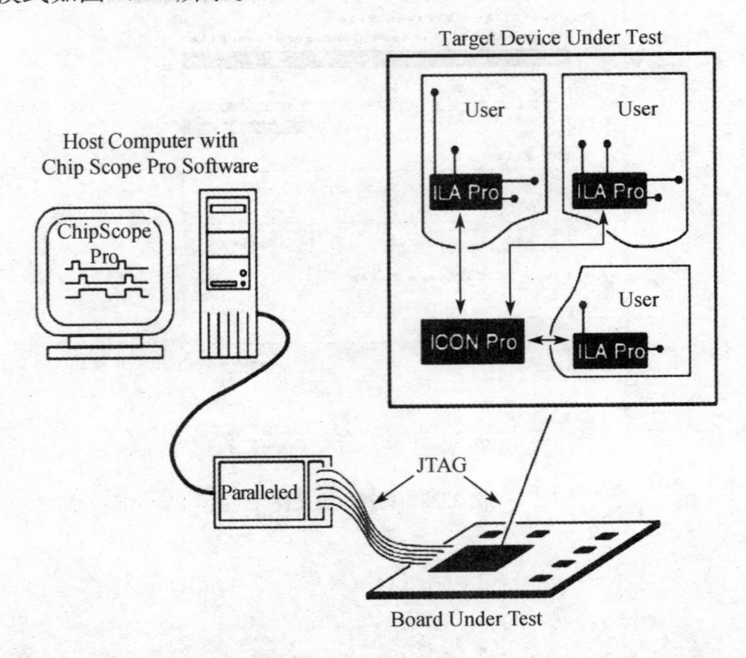

图 3.39 ChipScope Pro 工作模式

ChipScope Pro为用户提供方便和稳定的逻辑分析解决方案，支持Spartan和Virtex全系列FPGA芯片，但对PC和芯片之间的JTAG通信电缆有一定的要求，目前支持下面3类：

- Platform Cable USB；
- Parallel Cable IV；
- MultiPRO(JTAG mode only)。

ChipScope Pro软件由ChipScope Pro核生成器（ChipScope Pro Core Generator），ChipScopePro核插入器（ChipScope Pro Core Inserter），ChipScope Pro分析仪（ChipScope Pro Analyzer）以及ChipScope TcI脚本接口（ChipScope Tcl Scripting Interface）4个组件组成，支持普通FPGA设计以及基于FPGA的嵌入式、SoC系统，其具体功能如表3.2所示。

表3.2 ChipScope组件

组件名称	功能描述
核生成器	提供下列网表和实例文件： • 集成控制核（Integrated controller Pro core，ICON）； • 集成逻辑分析仪核（Integrated Logic Analyzer Pro core，ILA）； • 适用于处理器外设总线的集成总线（On-Chip Peripheral Bus core，OPB/IBA） • 使用于处理器本地总线的集成总线分析核（Processor Local Bus core，PLB/IBA）； • 虚拟输入、输出核（Virtual Input Output core，VIO）； • 安捷伦跟踪核（Agilent Trace Core 2，ATC2）； • 集成的误比特率测试核（Integrated Bit Error Ratio Tester core，IBERT）
核插入器	自动将ICON，ILA以及ATC2等核插入到用户经过综合的设计中
分析仪	完成ILA，IBA/OPB，IBA/PLB，VIO以及IBER等核的芯片配置、触发设置以及跟踪显示等功能。其中不同的核提供不同的触发、控制以及跟踪捕获能力，例如ICON核就能完成和专用边界扫描管脚的通信
Tcl脚本接口	通过Tcl脚本语言和JTAG链，完成与芯片的交互通信

在使用时，直接将ICON、ILA以及ATC2等核插入到设计的综合网表中，然后通过实现工具完成布局布线，将生成的比特文件下载到芯片中，从而实现在线逻辑分析器。

在Xilinx软件设计工具中，ISE可集成Xilinx公司的所有工具和程序。ChipScope Pro也不例外，在ISE中将其作为一类源文件，和HDL源文件、IP Cope以及嵌入式系统的地位是等同的。

3.2.2 平面布局规划器(PlanAhead)

在大型系统设计中，调试过程冗长繁琐，通常需要对设计进行不断的修改验证。在传统的扁平设计流程中，每个设计更改都意味着要对整个设计进行重新综合和重新实现。对于要在几百万门的器件上实现的复杂设计来说，即使是一个微小的更改也会导致长时间的、令人无法接受的布局布线（PAR）运行，其本身就常常导致不一致的结果，更不要说典型设计中从RTL到PAR的反复操作所导致的时间耗费。很少有设计团队能够容忍这么长时间的设计，更不要提随之而来的挫折感和压力。此外，这可能还意味着较低的FPGA利用率，甚至错过产品面市机会。

针对上述问题，Xilinx公司推出了PlanAhead设计分析工具，该工具简化了综合与布局和布线之间的设计步骤，使得用户能够将大型设计划分成较小的、更易于管理的模块，并集中精力优化各个模块。这种方法极大地提升了平面布局规划器PlanAhead功能强大，本节主要介绍 PlanAhead 设计的基本流程。

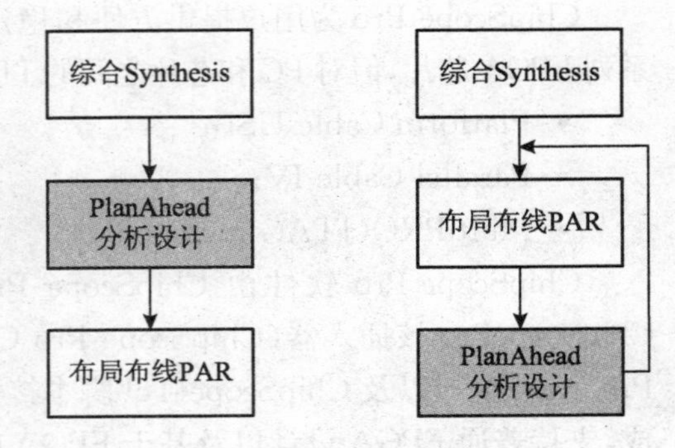

图 3.40　PlanAhead 设计流程

在传统设计中，PlanAhead 工具常用在 FPGA 设计环节的综合之后，如图 3.40 的左图所示。基于对网表文件的分析和平面规划，PlanAhead 添加对该设计的物理约束，从而控制 PAR 布局布线等操作。同时 ExploreAhead 允许用户指定多种开发实现策略，执行多个实现操作，对比分析。整个设计的性能和质量。

随着 PlanAhead 升级版本的提高，PlanAhead 也被用在 FPGA 设计环节的布局布线(PAR)之后，如图 3.40 中的右图所示，在 PAR 后分析该设计的布局布线和时钟约束，用户可以实施不同策略增强系统性能。

可见，PlanAhead 既可用在 FPGA 设计综合之后，也可以用在 PAR 布局布线之后，故综合后的网表文件(比如 EDIF/NGC/NGO 等)、物理和时钟约束文件(UCF)、布局布线后的文件(比如 XDL/TWR 等)都可以导入 PlanAhead 进行相应分析，同时得到各种分析报告结果，如图 3.41 所示。

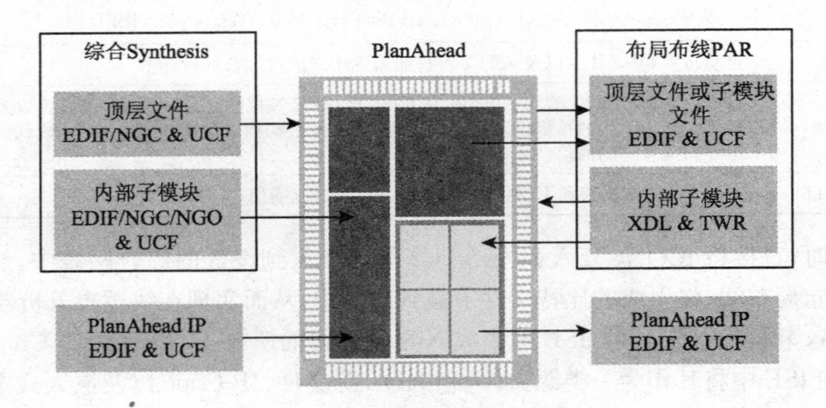

图 3.41　PlanAhead 输入输出文件

PlanAhead 中的 PinAhead 技术能将 I/O 端口分配到物理封装引脚上，在 FPGA 设计环节中多次循环使用，比如设计前指定 I/O 端口、逻辑综合后分析约束 I/O 端口、布局布线后修改 I/O 端口等，故其输入输出文件不同于 PlanAhead 的一般文件。

不同的是，PinAhead 输入文件包括 CSV(Comma Separated Values)格式的 I/O 端口描述，还包括 HDL 文件描述的 I/O 端口格式。

3.2.3　时序分析器(Timing Analyzer)

工作频率对数字电路而言至关重要，因为高的工作频率意味着更加强大的处理能力，但也带来了时序瓶颈，主要表现在两个方面：时序冲突的概率变大以及电路的稳定性降低。ISE 具有一定的时序自动优化能力，对于一般的低速设计(处理时钟不超过 50 MHz)，基本上不需要时序方面的任何手动分析和处理；但对于高速和大规模设计，仅依赖 ISE 是不现实的，而需要设计人员自行添加时序方面的控制和处理，并根据反馈结果修改设计，直到满足要求为止。本节主要介绍时序分析、时序约束的原理以及 ISE 中时序约束编辑器和时序分析工具。

一、时序分析基础

时序分析贯穿于整个 FPGA 开发流程，在映射(Map)、布局(Place)和布线(Router)后都可以进行时序分析。任何阶段的时序分析不能满足，都需要重新修改源代码或者调整时序约束。

在以往的小规模 FPGA 设计中，验证环节通常只需要进行动态的门级时序仿真，就可同时完成对被测试设计(Device Under Test，DUT)的逻辑功能验证和时序验证。随着 FPGA 设计规模和速度的不断提高，要得到较高的测试覆盖率，就必须编写大量的测试向量，这使得完成一次门级时序仿真的时间越来越长。为了提高验证效率，有必要将 DUT 的逻辑功能验证和时序验证分开，分别采用不同的验证手段加以验证。

首先，电路逻辑功能的正确性，可以由 RTL 或门级的功能仿真来保证；其次，电路时序是否满足，则通过静态时序分析(Static Timing Analysis，STA)得到。两种验证手段相辅相成，确保验证工作高效可靠地完成。时序分析的主要作用就是查看 FPGA 内部逻辑和布线的延时，验证其是否满足设计者的约束。在工程实践中，主要体现在以下 4 点。

(1) 确定芯片最高工作频率

更高的工作频率意味着更强的处理能力，通过时序分析可以控制工程的综合、映射、布局布线等关键环节，减少逻辑和布线延迟，从而尽可能提高工作频率。一般情况下，当处理时钟高于 100MHz 时，必须添加合理的时序约束文件以通过相应的时序分析。

(2) 检查时序约束是否满足

可以通过时序分析来查看目标模块是否满足约束，如果不能满足，则可以通过时序分析器来定位程序中不满足约束的部分，并给出具体原因。然后，设计人员依此修改程序，直到满足时序约束为止。

(3) 分析时钟质量

时钟是数字系统的动力系统，但存在抖动、偏移和占空比失真等 3 大类不可避免的缺陷。要验证其对目标模块的影响有多大，必须通过时序分析。当采用了全局时钟等优质资源后，如果仍然是时钟造成目标模块不满足约束，则需要降低所约束的时钟频率。

(4) 确定分配管脚特性

FPGA 的可编程特性使电路板设计加工和 FPGA 设计可以同时进行，而不必等 FPGA 引脚位置完全确定后再进行，从而节省了系统开发时间。通过时序分析可以指定 I/O 引脚所支持的接口标准、接口速率和其他电气特性。

二、静态时序分析原理

早期的电路设计通常采用动态时序验证的方法来测试设计的正确性。但是随着 FPGA 工艺向着深亚微米技术的发展，动态时序验证所需要的输入向量将随着规模增大以指数增长，导致验证时间占据整个芯片开发周期的比重很大。此外，动态验证还会忽略测试向量没有覆盖的逻辑电路。因此静态时序分析(Static Timing Analysis，STA)应运而生，它不需要测试向量，即使没有仿真条件也能快速地分析电路中的所有时序路径是否满足约束要求。STA 的目的就是要保证 DUT 中所有路径满足内部时序单元对建立时间和保持时间的要求。信号可以及时地从任一时序路径的起点传递到终点，同时要求在电路正常工作所需的时间内保持恒定。整体上讲，静态时序分析具有不需要外部测试激励、效率高和全覆盖的优点，但其精确度不高。

STA是通过穷举法抽取整个设计电路的所有时序路径，按照约束条件分析电路中是否有违反设计规则的问题，并计算出设计的最高频率。和动态时序分析不同，STA仅着重于时序性能的分析，并不涉及逻辑功能。STA是基于时序路径的，它将DUT分解为4种主要的时序路径，如图3.42所示。每条路径包含一个起点和一个终点，时序路径的起点只能是设计的基本输入端口或内部寄存器的时钟输入端，终点则只能是内部寄存器的数据输入端或设计的基本输出端口。

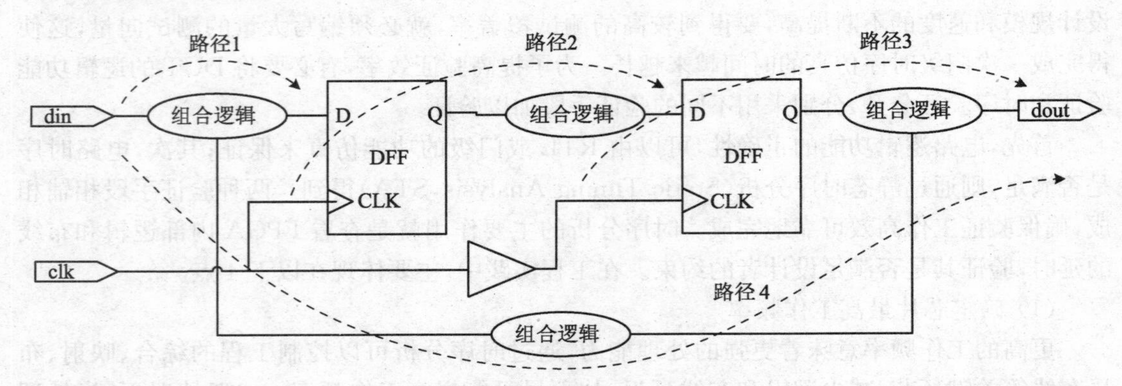

图3.42　静态时序分析的基本路径

STA的4类基本时序电路如下：

- 从输入端口到触发器的数据D端；
- 从触发器的时钟CLK端到触发器的数据D端；
- 从触发器的时钟CLK端到输出端口；
- 从输入端口到输出端口。

静态时序分析在分析过程中计算时序路径上数据信号的到达时间和要求时间的差值，以判断是否存在违反设计规则的错误。数据的到达时间是指数据沿路从起点到终点经过的所有器件和连线延迟时间之和。要求时间是根据约束条件（包括工艺库和STA过程中设置的设计约束）计算出的从起点到达终点的理论时间，默认的参考值是一个时钟周期。如果数据能够在要求时间内到达终点，那么可以说这条路径是符合设计规则的。其计算公式为：

$$Slack = T_{\text{require\_time}} - T_{\text{arrival\_time}} \tag{3.1}$$

其中，$T_{\text{require_time}}$为约束时长；$T_{\text{arrival_time}}$为实际时延；Slack为时序裕量标志，正值表示满足时序，负值表示不满足时序。STA把式(3.1)作为理论依据，分析设计电路中的所有时序路径。如果得到的STA报告中*Slack*为负值，那么此时序路径存在时序问题，是一条影响整个设计电路工作性能的关键路径。在逻辑综合、整体规划、时钟树插入、布局布线等阶段进行静态时序分析，就能及时发现并修改关键路径上存在的时序问题，达到修正错误、优化设计的目的。

三、时序分析的基础知识

下面主要介绍时序分析的基础知识，重点说明时钟抖动、时钟建立时间、保持时间以及基本时序路径等基本概念。

时钟的时序特性主要分为偏移（Skew）、抖动（Jitter）和占空比失真（Duty Cycle Distortion）这3点。对于低速设计，基本上不用考虑这些特征，但随着高速设计时代的到来，由于时钟本身所造成的时序问题的现象越来越普遍，因此有必要关注高速时钟本身的时序特性。

(1) 时钟偏移。由于时钟信号要提供给整个电路的时序单元，从而导致时钟线非常长，并构成分布式RC网络。它的延时与时钟线的长度及被时钟线驱动的时序单元的负载电容、个数有关，由于时钟线长度及负载不同，会导致时钟信号到达相邻两个时序单元的时间不同，于是产生所谓的时钟偏移（Skew）。时钟偏移指的是同一个时钟信号到达两个不同的寄存器之间的时间差值，根据差值的正负可以分为正偏移和负偏移。时钟偏移是永远存在的，当其大到一定程度时，会严重影响电路时序性能。

(2) 时钟抖动。抖动是时钟的一个重要参数，如图3.43所示。对于抖动有多种定义，两个最常用的抖动参数称为周期抖动和周期间抖动。周期抖动一般比较大也比较确定，常由于第三方原因造成，如干扰、电源、噪声等。周期间抖动由环境因素造成，具有不确定性，满足高斯分布，一般难以跟踪。时钟抖动是永远存在的，当其大到可以和时钟周期相比拟时，必然会影响到设计时序。

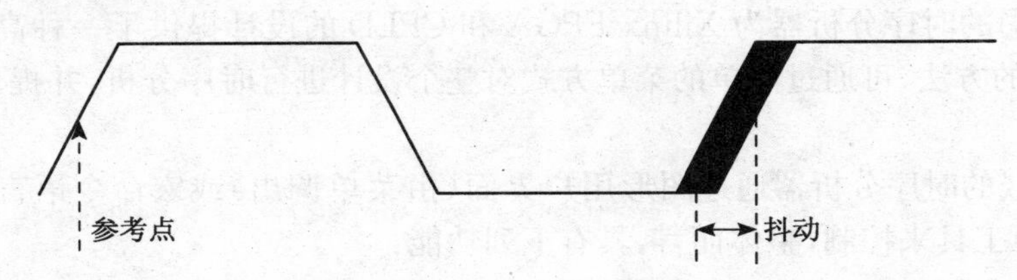

图 3.43　时钟抖动的示意图

(3) 时钟占空比失真。时钟占空比失真（Duty Cycle Distortion，DCD）即时钟不对称性，指信号在传输过程中由于变形、时延等原因脉冲宽度所发生的变化，该变化使有脉冲和无脉冲持续时间的比例发生改变，如图3.44所示。DCD通常是由信号的上升沿和下降沿之间时序不同而造成的。如果非平衡系统中存在地电位漂移、差分输入之间存在电压偏移、信号的上升和下降时间出现变化等，也可能造成这种失真。

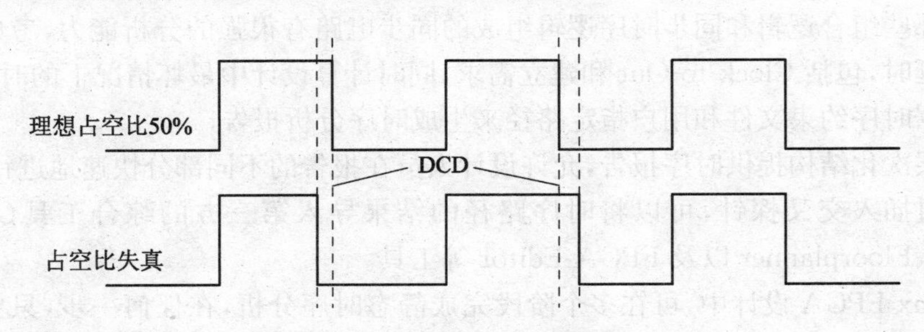

图 3.44　时钟占空比失真示意图

(4) 时钟建立、保持时间。建立时间(Setup Time)是指在触发器的时钟信号上升沿到来以前,数据稳定不变的时间,常用 t_{su} 表示。如果建立时间不够,数据将不能在这个时钟上升沿被打入触发器。保持时间(Hold Time)是指在触发器的时钟信号上升沿到来以后,数据稳定不变的时间,常用 t_H 表示。如果保持时间不够,数据同样不能被打入触发器。建立时间和保持时间的示意图如图 3.45 所示。数据稳定传输必须满足建立时间和保持时间的要求。

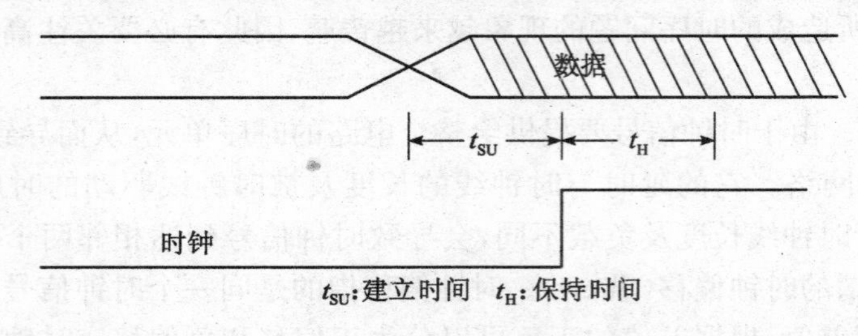

图 3.45　时钟建立、保持时间示意图

在图 3.45 所示的电路中,时钟的 t_{su},t_H 计算公式分别为

$$t_{su} = Data\_Delay - Clock\_delay + Micro\_t_{su} \tag{3.2}$$

$$t_H = Clock\_delay - Data\_Delay + Micro\_t_H \tag{3.3}$$

四、ISE 时序分析器 Timing Analyzer

Xilinx 公司的时序分析器为 Xilinx FPGA 和 CPLD 的设计提供了一种高效、灵活进行静态时序分析的方法,可通过简单的菜单方式对整个设计进行时序分析,并提供目录树结构的时序报告。

ISE 中内嵌的时序分析器通过图形用户界面(由菜单调出)或宏命令语言(在控制台命令窗口中输入)工具来控制,整体而言,具有下列功能:

- 能够完成 FPGA/CPLD 设计的静态时序分析;
- 可以在映射(Mapping)、布局(Placing)或者布线(Routing)等任一阶段后立刻执行不同层次的静态时序分析;
- 可通过用户图形界面(GUI)、批处理文件或者宏命令语言来交互运行时序分析器;
- 可以查看任一给定路径的延迟,报告其在指定约束下的时序裕量,能够以树形结构管理和显示分析结果,可以指出电路的关键路径、最高运行时钟、指定路径的延迟以及具有最大延迟的路径;
- 对那些组合逻辑和同步时序逻辑组成的同步电路有很强的分析能力,考虑所有的路径延时,包括 Clock-to-Out 和建立需求,同时计算设计中最坏情况下的时序结果;
- 根据时序约束文件和用户指定路径来生成时序分析报告;
- 以层次化结构提供时序报告,允许设计人员在报告的不同部分快速地进行切换;
- 通过插入交叉探针,可以将时序路径的结果导入第三方的综合工具(如 Synplify 等)、Floorplanner 以及 FPGA Editor 等工具。

在 Xilinx FPGA 设计中,可在多个阶段完成静态时序分析,在任何一步,只要时序分析不满足条件,就需要重新修改设计。无论时序分析是否通过,ISE 时序分析器都输出反馈信息,为用户设计的修改和优化提供一定的指导。

时序分析器的文件类型可以分为输入和输出两大类，输入文件以物理设计和约束文件为主，输出文件包括各类时序报告。

（1）输入文件类型

- FPGA 的物理设计文件的后缀为. ncd，物理约束文件的后缀为. pcf。
- NCD 文件是 FPGA 设计数据库文件，在映射和布局布线阶段生成，包含了目标器件中物理资源和逻辑之间的映射信息以及布局布线信息。
- PCF 文件包含了设计中的所有约束，时序约束是其中的一部分，在映射阶段，根据 UCF 文件自动生成。

（2）输出文件类型

输出文件类型较多，主要包含以下几类。

- 时序向导 XML 报告（TWX），其文件后缀为. twx，包含所有时序分析结果，且只能在时序分析器中打开。
- 时序向导 XML 报告（TWR），其文件后缀为. twr，内容和 TWX 一样，以通用的 ASCII 码编码，可被其他软件打开。
- 时序分析宏文件（XTM），其文件后缀为. xtm，是时序分析器中唯一能由用户直接编辑的文档。运行 XTM 文件相当于将其内容在 ISE 命令控制台一一执行。

在操作中，时序分析报告是根据时序约束和用户指定的时序路径而产生的，采用层次结构管理，可方便地浏览和查找。

3.2.4 布局规划器（Floorplanner）

布局是 FPGA 实现过程中不可缺少的一步，实现工具会根据用户的约束和策略设定自动完成。在某些特殊的场合下，设计人员需要查看实现工具的布局结果或通过手动布局获得更高的设计性能，因此，Xilinx 提供了布局规划器 Floorplanner。

1. Floorplanner 简介

Floorplanner 是 ISE 中用来查看和编辑设计物理位置约束的图形化交互程序，可以用人工或自动的方式完成布局，并能与时序分析器配合完成时序交互探查，从而获得更详细的关键路径信息。手工布局是改进自动布局布线设计性能的一个有效方法，特别对于结构化设计和数据路径设计，Floorplanner 可以给出设计的最佳布局方案，如：可以将数据路径固定在链路中期望的位置上。由于在 ISE 10.1 版本中，NCD 文件不再是启动 Floorplanner 的必要条件（通过 UCF 文件也可以），因此 Floorplanner 也可以在映射和布局布线等过程之前使用。最常用的方法是通过 NCD 文件来启动 Floorplanner，所有的操作都会反映在 UCF 文件中，如布局约束等。

Floorplanner 的主要操作可分为两大类：芯片底层的详细布局规划（Detailed-Level Floorplanning）和迭代布局规划（Iterative Floorplanning），前者一般指通过对各逻辑块的手动布局达到最佳时序性能，工作量较大；后者则通过对关键部分进行手工布局，其余仍采用自动布局，通过多次交互式达到最佳性能。从整体看来，Floorplanner 的主要特点如下：

- 可自动/手动对逻辑单元进行分配；
- 可以加载 NGD、NCD、FNF 和 UCF 等文件；
- 可提供 FPGA 底层单元的布局，如 IOB、功能发生器、三态缓存、触发器和 RAM/

ROM 等底层单元的位置；

- 可产生 RPM 核供其余设计使用；
- 支持时序分析器和布局规划器的交叉探查，可在时序分析器中打开 Floorplanner；
- 通过网表和逻辑的名称和连接关系来定位底层单元；
- 可用不同颜色显示不同 Bank 的 I/O 管脚，并允许在管脚视图中完成管脚分配。

2. Floorplanner 的作用

Floorplanner 的主要作用就是提高布局布线的性能，对于模块化设计而言，是一个良好的辅助工具。其主要应用包括以下 4 类：

(1) 面向区域的布局规划

在该工作模式下，可以将设计按照功能分为几个相对独立的部分，每一部分的设计都通过布局规划限制在一定的区域内。面向区域的主要目的就是将相关模块的逻辑约束在同一区域中，从而减少互相连线上的信号延迟。

(2) 面向底层的布局规划

在该工作模式下，设计人员可以从最底层的 Slice 出发对设计进行布局，可以说是完全取代了 ISE 自动布局的功能，虽然可以得到高效的时序，但是开发效率非常低下，常用于某些关键模块的布局。

(3) 迭代布局规划

在该工作模式下，设计人员可在布局规划和布局布线之间反复操作，根据布局布线报告对设计进行多次修改，并在布局布线后观察是否满足设计要求。

(4) 增量布局规划

在该工作模式下，设计人员首先将最复杂的关键部分布局在 FPGA 中，占用最好的资源，然后将其固定下来，再布局其他简单模块，最终完成所有设计的布局，可最大限度地提高设计效率。

无论哪种 Floorplanner 应用模式，都是直接在 FPGA 芯片的结构中操作，所以设计人员必须明白怎样布局才能提高设计性能，并且需要多次反复布局规划才能超越自动布局布线的性能。

3.2.5 功耗分析工具(XPower)

减少 FPGA 功耗可带来诸多好处，如提高可靠性、降低冷却成本、简化电源和供电方式以及延长便携系统的电池寿命等。其中，准确地分析功耗是降低设计功耗的必备条件。设计人员需要在不同设计阶段获取相应的功耗分析结果来动态调整设计。本节主要介绍 Xilinx FPGA 功耗分析工具。

1. FPGA 的功耗

FPGA 的功耗由两部分组成，即静态功耗和动态功耗，前者是由静态电流引起的；后者是电路工作时消耗的功率。

(1) 静态功耗

静态功耗和 FPGA 设计无关，静态功耗主要由晶体管的泄漏电流引起，即晶体管在逻辑上被关断时，从源极“泄漏”到漏极或通过栅氧“泄漏”的小电流。总的静态功耗是各晶体管漏电功耗及 FPGA 中所有偏置电流之和。在 FPGA 制造工艺在深亚微米(250 nm)以前时，静态功耗可以忽略。但随着 FPGA 制造工艺的不断提高，目前已达到 65 nm，为了保证高性能，必须使用更高的静态电流来实现快速的单元模块，同时也带来了非常大的静态功耗，并和系统的最大动态功耗处于同一数量级上，也就意味着即使大型 FPGA 芯片不工作，也将产生数瓦的功耗。

在 90 nm 工艺的 Virtex 4 系列和 65 nm 工艺的 Virtex 5 系列芯片中，Xilinx 公司使用了三栅极氧化层的工艺技术，有效地阻止了晶体管漏电。简单地说，三栅极氧化层指增加一种中间厚度栅氧的晶体管，它的漏电比薄栅氧的核心晶体管要小得多。中间栅氧的晶体管用在器件核心外围非关键性能的电路(如设置存储器)或不需要对变化的栅压进行快速开关响应的电路(如传输门)中。薄栅氧、漏电最大的晶体管只保留在需要快速开关速度的路径部分。这样，不仅总的器件漏电被大大减小，还能有效提高性能。

总地来讲，静态功耗是芯片固有的，是设计人员在项目立项阶段所需要考虑的，与后续的 FPGA 设计无关。

(2) 动态功耗

动态功耗是电路工作功耗，是当电路中的电压由于激励信号发生变化时消耗的功率，可分为两部分，即翻转功耗和内部功耗。翻转功耗是指一个驱动元件在对负载电容进行充放电时消耗的功率，电路电压翻转越频繁，功耗就越大；内部功耗是在芯片内部晶体管电压发生翻转时由于瞬间导通而产生的功率，对于翻转率较慢的电路，这部分功耗会很显著。

动态功耗估算的基本方法是：首先，计算每个设计单元的功耗；其次，累加各个设计单元的功耗，常用以下计算公式，即：

$$P = \sum C \times V^2 \times E \times f \times 1\,000$$

式中，P 表示功耗，单位是 mW；C 表示电容，单位是 F；V 表示电压，单位是 V；E 表示翻转频率，指每个时钟周期的翻转次数；f 表示工作频率单位是 Hz。

2. Xilinx 的功耗分析解决方案

功耗估计是低功耗设计中的一个关键步骤。虽然确定 FPGA 功耗的最准确方法是硬件测量，但功耗估计有助于确认高功耗模块，可用于在设计阶段早期制定功耗预算。针对不同开发阶段的需求，Xilinx 公司提供了不同的分析工具：XPower 估计器用于项目立项初期的 FPGA 功耗估算，以简洁的分析表格来实现，当然分析结果只是一个具有指导意义的模糊值；XPower 分析器应用于项目实现阶段，通过对逻辑代码的评估和操作，得到准确且详细的功耗分析。

利用 XPower 分析器完成功耗分析时，主要涉及 NCD 文件、CTX 文件、PCF 文件、VCD 文件和 PWR 文件。其中 NCD 文件是经过实现的 FPGA 设计文件；CTX 文件是经过物理实现(FIT)的 CPLD 设计文件；PCF 文件是物理设计约束文件，该文件包含当前设计的时钟频率、电压等特性参数；PWR 文件是 XPower 的功耗分析报告；VCD 文件是对当前设计进行仿真后生成的文件，该文件包含了每个设计单元的翻转频率。

3. 功耗分析在 FPGA 设计流程中的地位

在确定了芯片型号后，其静态功耗也就确定了，因此设计流程的功耗分析主要用于分析动态功耗，整体流程如图 3.46 所示。首先完成代码设计、功能仿真、综合和实现，生成 NCD 文件；然后通过 XPower 读入设计的 NCD 文件，并根据需求选择是否读入 VCD 文件和 XML 文件，并对工作频率、工作电压、环境温度、输入信号的频率、输出负载电容和驱动电

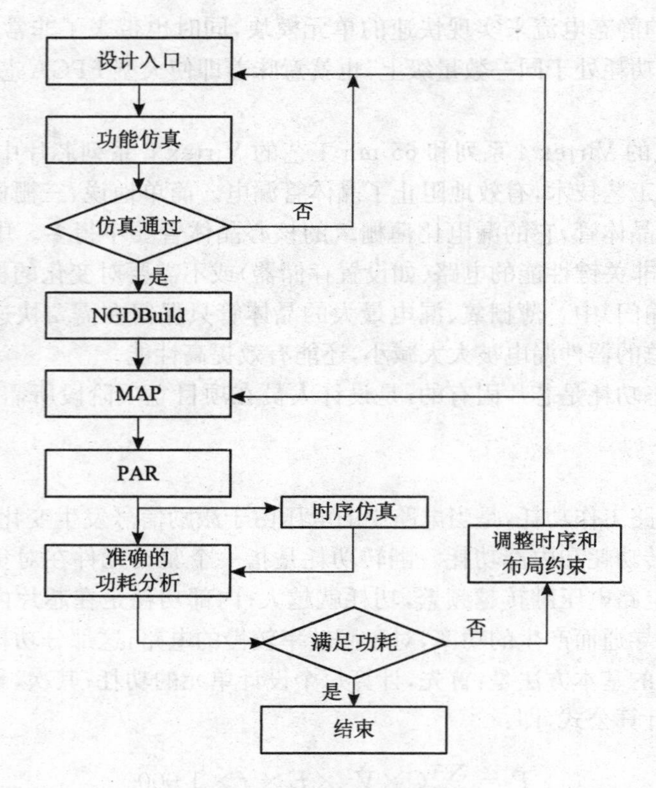

图 3.46　功耗分析操作流程示

流、内部信号的翻转率进行设置；第三，设置完成后，完成功耗分析，并查看结果是否满足需求，如果满足则完成设计，否则可首先通过调整布局布线工具设置，将功耗最后设置为全局目标；如果还不能达到功耗需求，则需要重新修改设计，这是最坏的后果。

因此设计人员在设计初始阶段就要明确设计的各个目标，从代码风格以及低功耗设计技巧等方面出发来完成设计。

4. XPower 分析器

业界研究表明，随着 FPGA 几何尺寸的不断缩小和设计规模的急剧上涨，满足功耗预算是 FPGA 设计人员面临的一项越来越大的挑战。ISE 10.1 中的功耗分析器 XPower 组件作为 Xilinx 的第二代功耗分析软件，不仅能在设计过程中分析功耗需求，还能在设计过程中优化动态功率，同时大幅度提高了准确度。

XPower 分析器是一种设计后工具，用于分析实际器件利用率，并结合实际的适配后(Post-Fit)仿真数据(VCD 文件格式)，给出实际功耗数据，是业界第一款用于计算可编程逻辑器件功耗的分析软件。利用 XPower，用户可以在完全不接触芯片的情况下分析设计改变对总功耗的影响。XPower 分析器支持 Xilinx 公司的所有 FPGA 芯片和 CPLD 芯片，可分析全局以及特定网线的功耗。利用 XPower 来准确地分析功耗，关键是确定信号的工作频率、信号翻转率以及输出负载等参数。XPower 允许设计人员任意修改工作频率、信号翻转以及负载等参数，以便观察某一参数对功耗的影响。此外，XPower 支持 VCD 文件格式，可得到最全面的信号翻转信息，减少手工输入信号翻转信息的繁琐操作，提高功耗分析的效率和正确性。

【设计实践】

3-1　ChipScope Pro 的逻辑分析实验

FPGA 项目的开发可划分为设计、设计实现、验证和调试等阶段。随着设计复杂度的增加，用于验证和调试的时间越来越多。为了加快产品上市，改进测试工具和方法，缩短验证和调试的时间很有必要。

传统的测试工具为示波器和逻辑分析仪，只能从 FPGA 外部去观察信号，整个过程可观性非常差，故障的复现、定位、验证非常困难，严重影响开发进度。ChipScope Pro 可以很方便地克服传统测试带来的困难，如图 3.47 所示，ChipScope Pro 相当于在 FPGA 内部插入集成逻辑分析仪的 IP 核。其基本原理是利用 FPGA 中尚未使用的逻辑资源和块 RAM 资源，根据用户设定的触发条件，采集需要的内部信号并保存到块 RAM，然后通过 JTAG 口传送到计算机，最后在计算机屏幕上显示出时序波形。ChipScope Pro 使 FPGA 不再是黑匣子，可以观察 FPGA 内部信号，对 FPGA 的内部调试非常方便，因此得到了广泛应用。

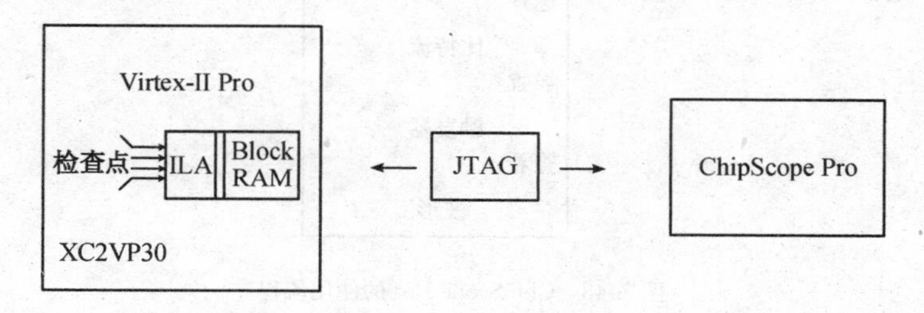

图 3.47　ChipScope Pro 的应用框图

ChipScope Pro 提供 7 类不同的核资源，其中 ICON 核、ILA 核、VIO 核和 ATC2 核获得了广泛应用，下面对这 4 类核进行简要说明。

(1) ICON 核

所有的 ChipScope Pro 核都需要通过 JTAG 电缆完成计算机与芯片的通信，在 ChipScope Pro 中，只有 ICON 核具备与 JTAG 边界扫描端口通信的能力，因此 ICON 核是 ChipScope Pro 应用必不可缺的关键核。

(2) ILA 核

ILA 核提供触发和跟踪功能，根据用户设置的触发条件捕获数据，然后在 ICON 核的控制下，通过边界扫描端口将数据上传给计算机，最后在分析仪中显示出信号波形。

(3) VIO 核

虚拟输入、输出核用于实时监控和驱动 FPGA 内部的信号，可以观测 FPGA 设计中任意信号的输出结果。VIO 核可以添加虚拟输入，如 DIP 开关、按键等，且不占用块 RAM。

(4) ATC2 核

ATC2 核由 Xilinx 和 Aglient 合作开发，适配于 Agilient 最新一代的逻辑分析仪，联合完成调试捕获，允许逻辑分析仪访问 FPGA 内部设计中任何一点的网表，提供更深的捕获深度、更复杂的触发设置,还支持网络远程调试,功能十分强大。图 3.48 所示为 ChipScope Pro 使用流程的两种方法。

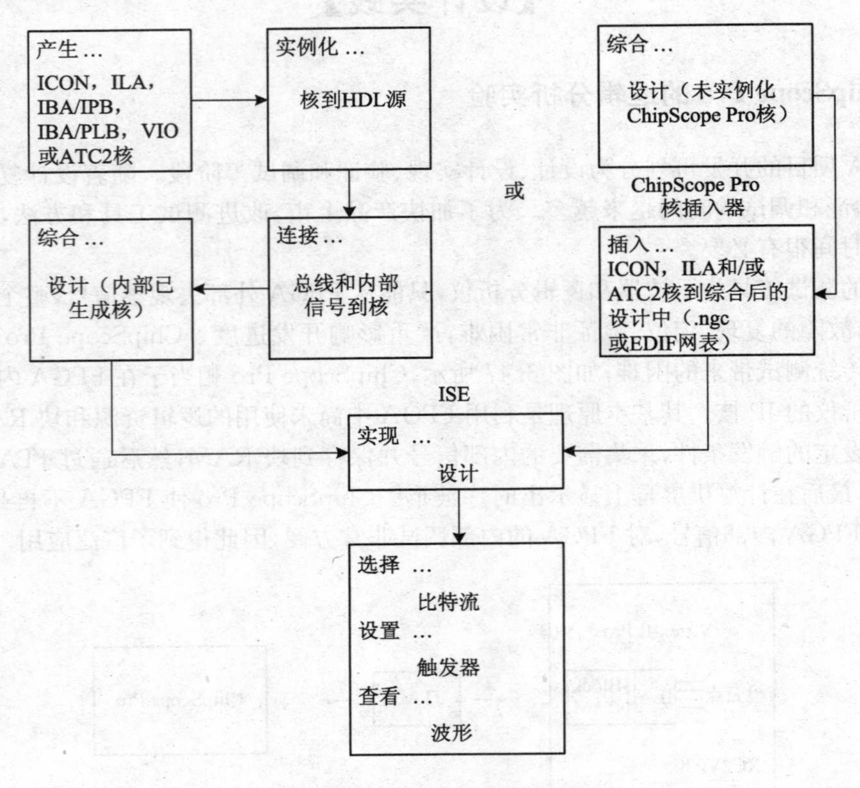

图 3.48 ChipScope Pro 的使用流程

第一种方法采用 ChipScope Pro 核生成器的流程。首先使用 ChipScope Pro Core Generator 生成所需要的 IP 核,接着将 IP 核实例化到自己设计中,同时把需要观察的信号连接到 IP 核的端口,然后进行综合、实现、下载等操作,FPGA 运行后就可以在 ChipScope Pro Analyzer 上观察波形。

第二种方法采用 ChipScope Pro 核插入器的流程。在设计代码综合后,使用 ChipScope ProCore Inserter 插入所需的 IP 核,然后进行综合、实现、下载等操作,FPGA 运行后就可以在 ChipScope Pro Analyzer 上观察波形。

本实验将在 Xilinx XUP Virtex-II Pro 开发板上实现一个双向环形计数器模块,基于该模块详细介绍如何在 ISE 中新建 ChipScope Pro 应用,以及观察、分析数据等操作。由于篇幅限制,本实验只介绍核插入器的流程方法。核生成器的流程方法将在实验 4-3 介绍。

实验步骤

(1) 将光盘中的 experiment3-1\ChipScopeExam 文件夹复制到硬盘,启动 ISE 软件,打开 ChipScopeExam. ISE 工程,并对工程进行综合。

(2) 新建设计。在【Processes】窗口单击【Create New Source】选项,弹出新建文件向导窗口中选择"ChipScope Definition and Connection File"类型,并在 File name 文本框输入 ChipScope 设计名称(如 TestChipScope),在【Location】文本框选择存储路径,存储路径应和

ISE 工程的路径一致。

单击 Next 按钮，进入测试模块选择界面。这里会将该文件夹里所有的 HDL 设计、原理图设计都罗列出来（包括顶层模块和全部底层模块），本例选择顶层模块 counter。完成后可看到 ISE 的【Sources】窗口多了一个 TestChipScope. cdc 子模块，如图 3. 49 所示。双击 TestChipScope. cdc 等待自动打开 ChipScope Pro Core Insterser 软件。

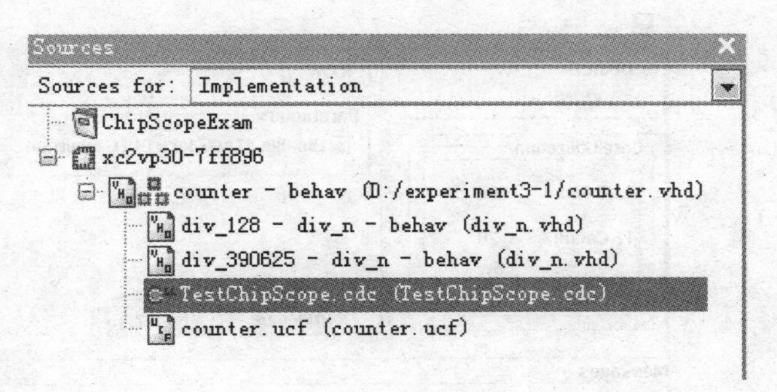

图 3. 49　ISE 中启动核插入器

(3) ChipScope Pro 工程参数配置。如图 3. 50 所示，因为在 ISE 中启动核插入器，所以输入和输出文件夹、FPGA 器件类型等工程参数是 ISE 自动设置的，直接单击 Next 按钮进入图 3. 51 所示的 ICON 核配置界面。在该窗口中，如果选中“Disable JTAG Clock BUFG Insertion”选项，则实现工具在对 JTAG 时钟布线时选用普通布线资源，默认情况下 ChipScope Pro 是选用全局时钟资源的。注意在全局时钟资源不紧张时，尽量使用全局时钟以保证时钟偏移最小化，从而保证时序稳定。单击【Next】进入图 3. 52 所示的 ILA 核配置界面。

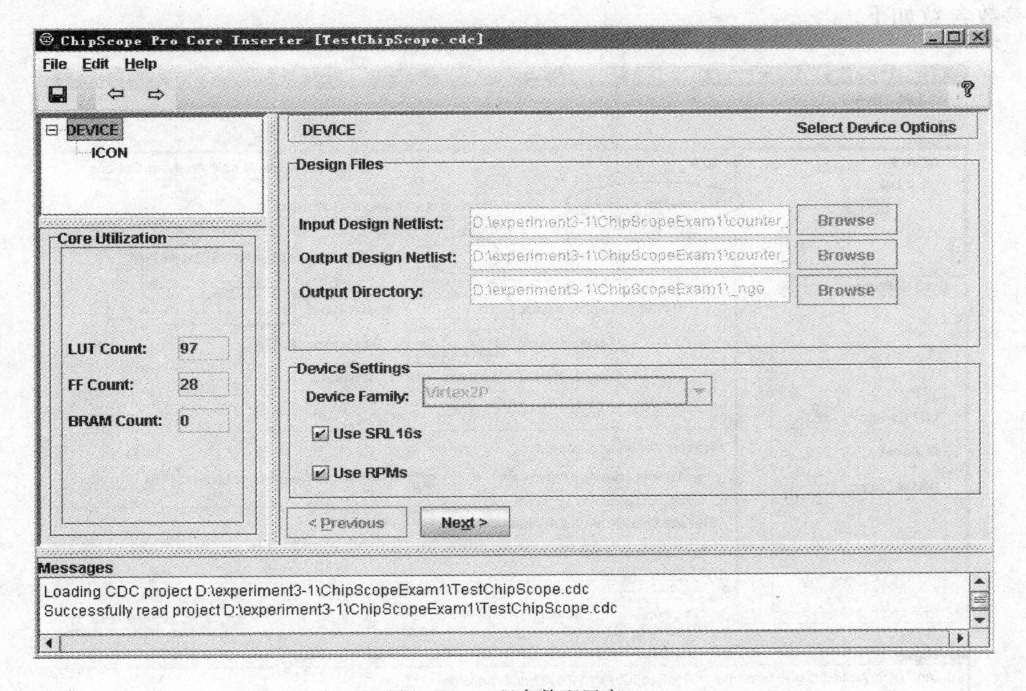

图 3. 50　工程参数配置窗口

(4) ILA 核配置。在进行 ILA 核配置之前，先介绍 ILA 核的三种输入信号：数据、时钟和触发信号。数据是需要分析的信号；时钟是 ILA 核采样数据的同步信号，可设置为上升沿或下降沿触发；逻辑分析仪一般在某一触发条件满足时才开始采集数据，用来设定触发条

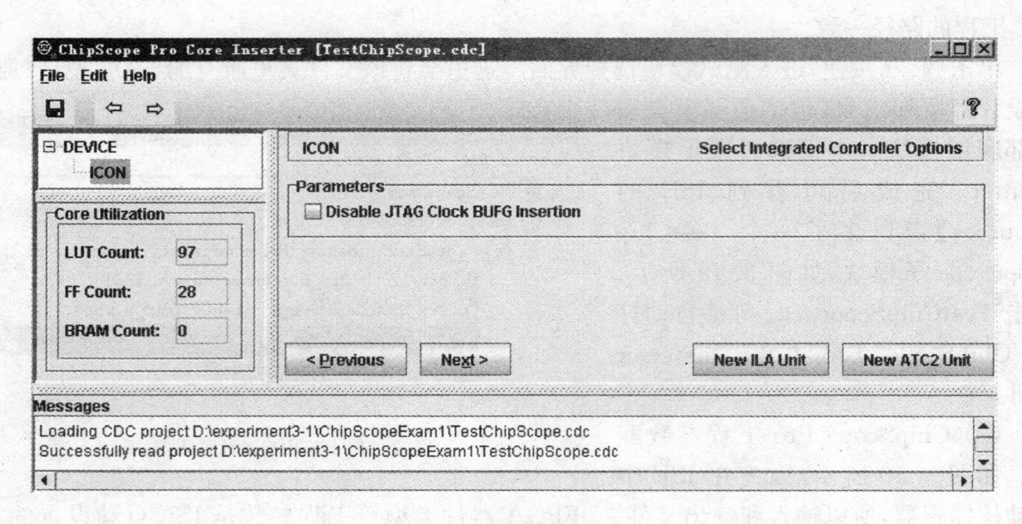

图 3.51 ICON 核配置窗口

件的触发信号一般是数据信号或数据信号的一部分。

ILA 核配置分为 3 个部分：核触发条件配置、核捕获条件参数配置和网表连接配置。

① ILA 核触发条件的配置

如图 3.52 所示，单击【Trigger Parameters】选项卡，即可进行 ILA 核触发条件的配置，各参数含意如下。

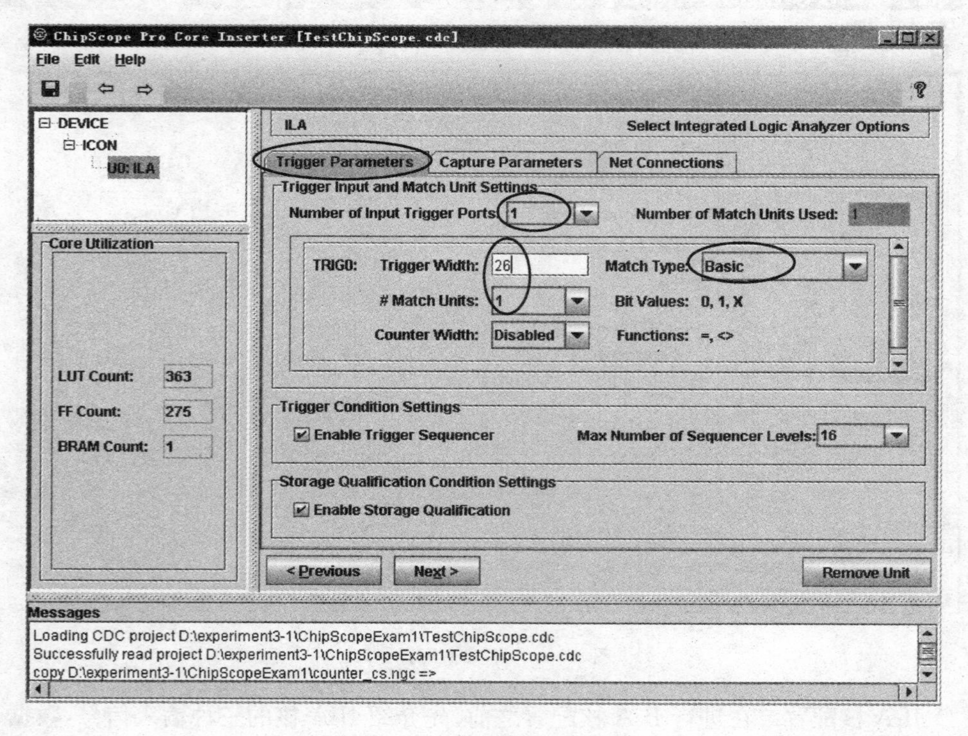

图 3.52 ILA 核配置窗口

【Number of Input Trigger Ports】输入触发端口数，最多有16个端口，并以 TRIG n 命名各个触发端口，n 的范围为 0～15。如果选择某数 N，则下面只会出现 TRIG0～TRIG(N-1)的配置栏。本例选择了默认值1，则只有 TRIG0 的配置栏。

【Trigger Width】触发端口位宽，即触发端口的信号线总数，本例输入26。

【＃Match Units】触发单元的级联级数，最多可设置16级，本例选择1。

【Counter Width】选择 Disable 选项，以节省资源。

【Match Type】触发条件类型。有6类触发条件类型：Basic、Basic w/edges，Extended、Extended w/edges、Range 和 Range w/edges。w/edges 表明可以使用时钟的上升沿或下降沿来采样数据。大部分情况下选择 Basic，本例也不例外。

其余选项可选择默认值。配置完毕后，单击【Capture Parameters】选项卡，进入数据端口配置界面，如图3.53所示。

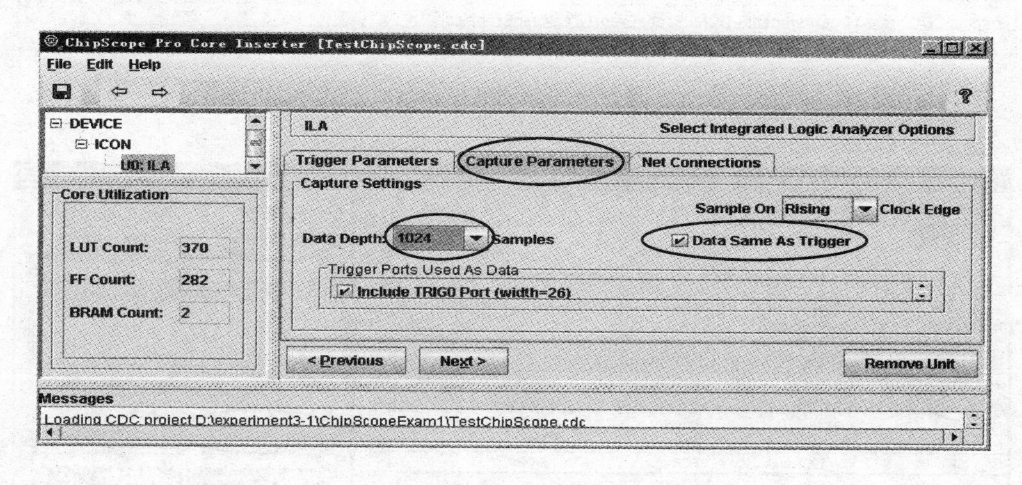

图3.53　数据端口配置窗口

② 数据端口配置

ILA 核的数据端口设置界面比较简单，只需选择采集深度和数据位宽。这里采集深度选1 024。本例数据与触发信号相同，选择【Data Same As Trigge】选项，可节省逻辑资源和布局布线的使用。单击【Net Connections】选项卡进入图3.54所示的网表连接提示界面。

③ 网表连接配置

若用户定义的触发和时钟信号线有未连接的情况，则图3.54中 UNIT、CLOCK PORT 和 TRIGGER PORTS 等字样以红色显示，完成连接后则变成黑色。单击【Modify Connections】按钮，进入图3.55所示的时钟信号网表连接界面。

进行时钟网表连接。在【Net Selections】栏选择【Clock Signals】选项卡，时钟信号的连接如图3.55所示，在【Clock Signals】选项卡中选中 ILA 核信号“CH：0”；然后在左侧信号列表中找出期望连接的时钟信号“clk_BUFGP”，最后单击右下角的【Make Connections】按钮，即可完成时钟信号的连接。

需要注意的是，ChipScope Pro 只能分析 FPGA 设计的内部信号，不能直接连接输入信号的网表，所以输入信号网表全部以灰色显示。如果要采样输入信号，那么可通过连接其输

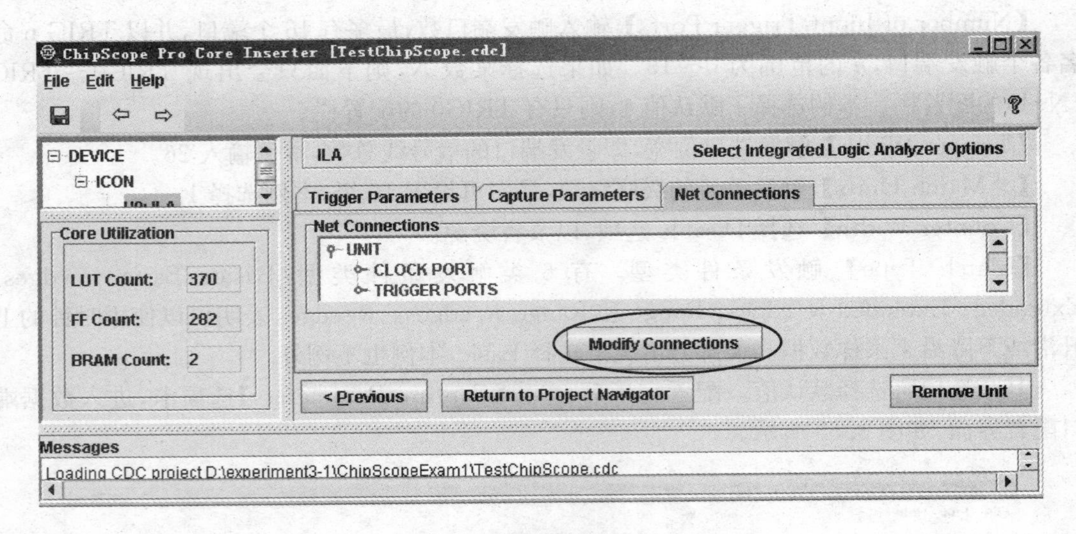

图 3.54　网表连接提示窗口

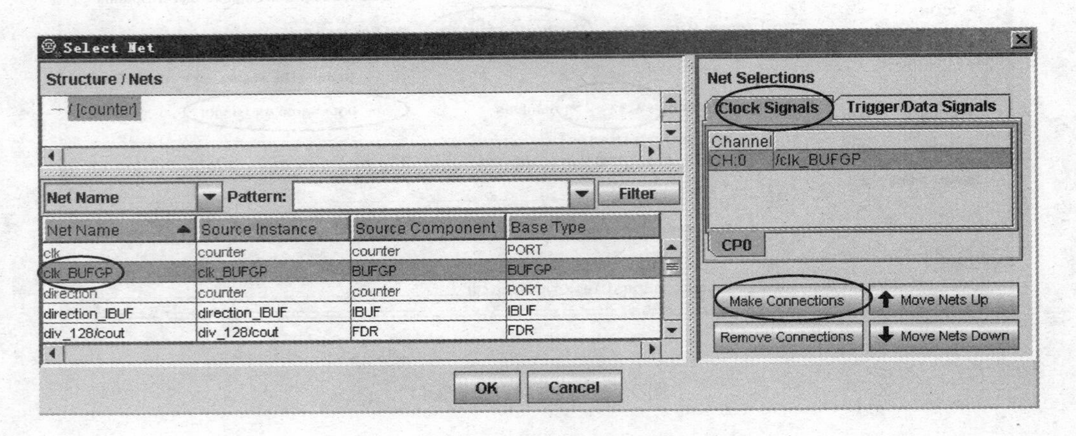

图 3.55　时钟信号网表连接窗口

入缓冲信号来实现，时钟信号选择相应的 BGFGP，普通信号选择相应的 IBUF。如图 3.55 所示，选择采样时钟时，只能选择“clk_BUFGP”。

进行数据连接。在【Net Selections】栏选择【Trigger/Data Signals】选项卡，数据的连接如图 3.56 所示，在【Trigger/Data Signals】选项卡中选中相应的 ILA 核信号，然后在左侧信号列表中找出期望连接的数据信号，最后单击右下角的【Make Connections】按钮，即可完成一个信号连接。本例将 128 分频器模块 div_128 的 qout[6:0]连接 CH:6～CH:0；将 39 062 分频器模块 div_39 062 的 qout[18:0]连接到 CH:25～CH:7。

注意：只有将 ChipScope Pro 核中所有信号都连接了相应的网表，设计才能被正确实现。

连接完成后，单击【OK】返回图 3.54 所示的连接提示界面。若发现所有提示字符 UNIT、CLOCK PORT 和 TRIGGER PORTS 没有是红色的，则单击【Return to Project Navigator】按钮，退出 ChipScope Pro，返回到 ISE 中。否则，需要再次单击【Modify Connections】按钮重新连接。

(5) 打开 ChipScope Pro Analyzer 软件。在 ISE 软件下完成设计实现并下载至 XUP

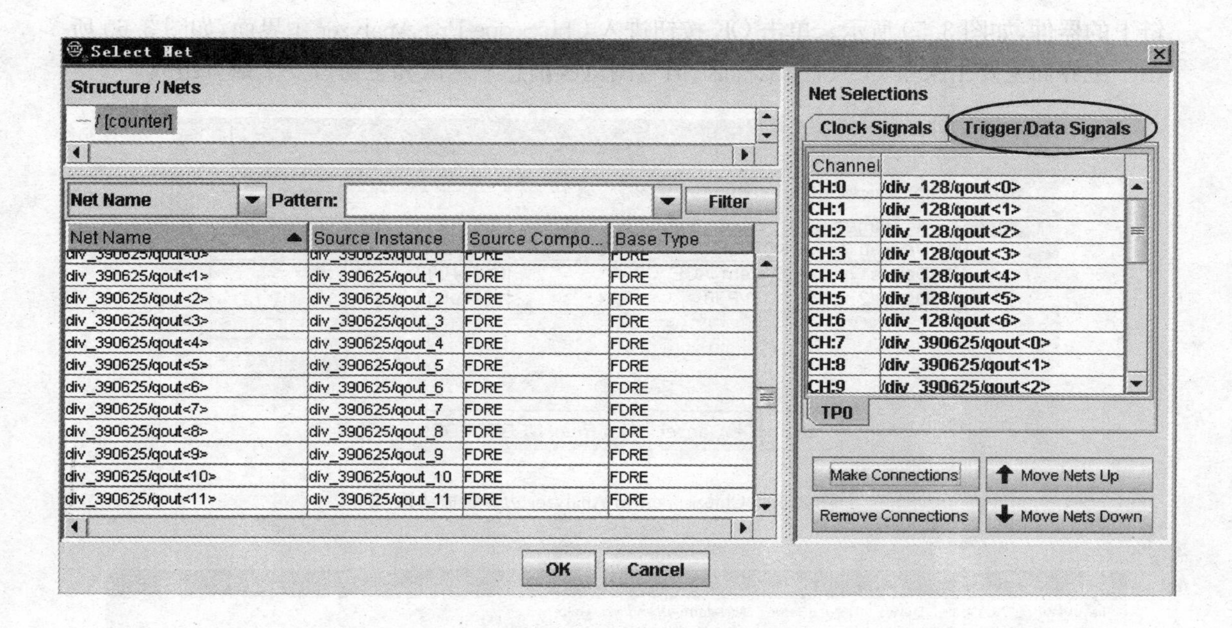

图 3.56　触发/数据信号网表连接窗口

Virtex-II Pro 开发板中，然后双击图 3.57 所示【Processes】窗口中的【Analyze Design Using Chipscope】选项，可自动打开 ChipScope Pro Analyzer 软件，如图 3.58 所示。

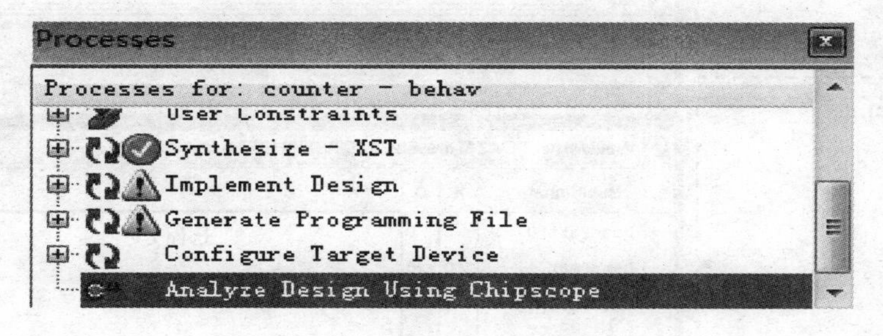

图 3.57　启动 ChipScope Pro Analyzer

图 3.58　ChipScope Pro Analyzer 初始界面

(6) 寻找 JATG 链。在图 3.58 所示的 ChipScope Pro Analyzer 用户界面上，单击工具栏上“寻找 JATG 链”图标，初始化边界扫描链。成功完成扫描后，项目浏览器会列出 JTAG

链上的器件，如图 3.59 所示。单击 OK 按钮进入 ChipScope Pro Analyzer 主界面，如图 3.60 所示。主界面主要由菜单、工具栏、工程区、信号浏览区信息显示区和主窗口 6 个部分组成。

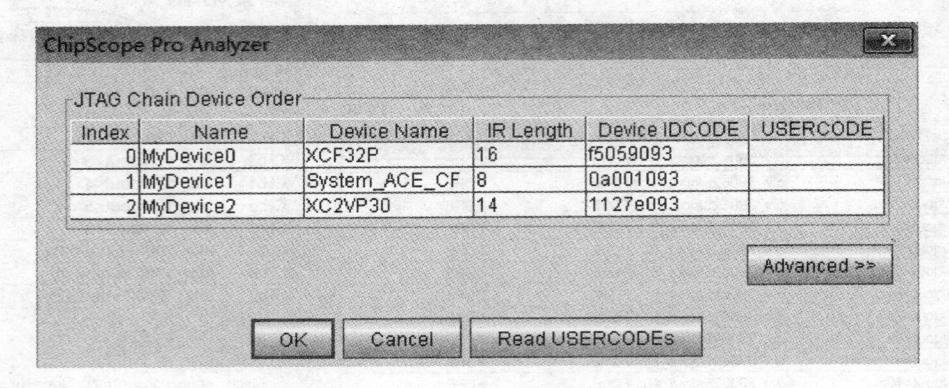

图 3.59　ChipScope Pro Analyzer 边界扫描结果

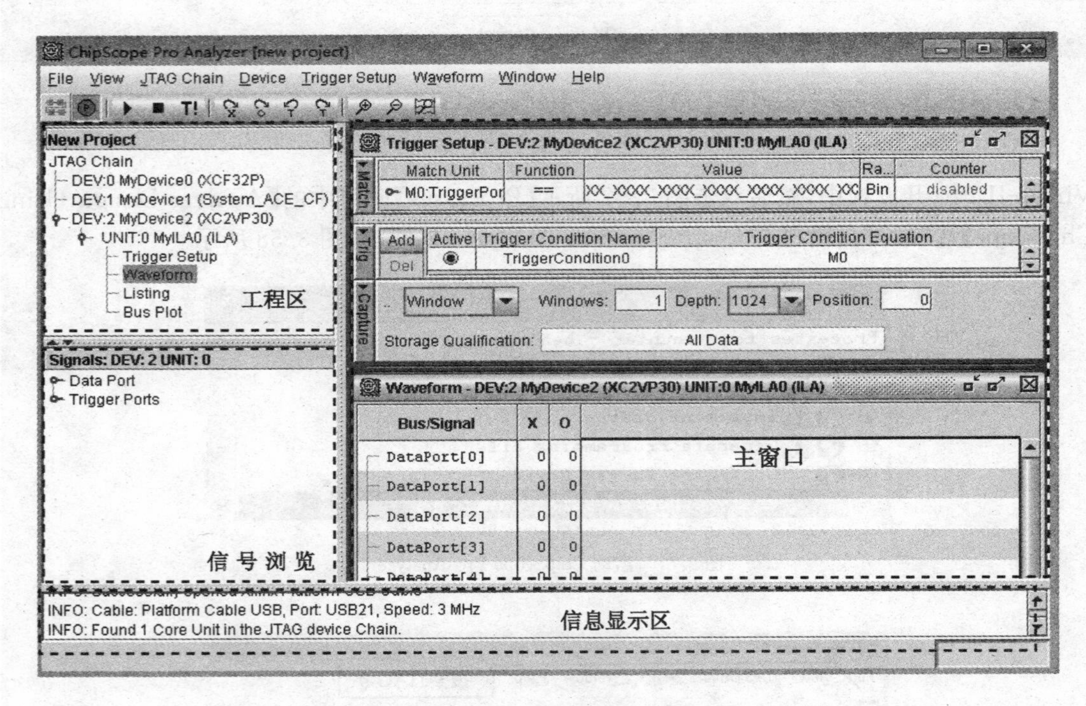

图 3.60　ChipScope Pro Analyzer 主界面

(7) 设定触发条件采集数据。如图 3.61 所示，Analyzer 的触发设置由 Match(匹配)、Trig(触发)和 Capture(捕获)三部分组成。其中【Match】用于设置匹配函数，【Trig】用于把一个或多个触发条件组合起来构成最终的触发条件，【Capture】用于设定窗口的数目、采集深度和触发位置。

本例可先在【Trigger Setup】栏【Match】区域的 Radix 列选择十六进制(HEX)，再在【M0：Trigger Port0】行的【Value】列中输入触发条件“000_0080”，即分频器{19′d1，7′d0}状态，目的是分析 128 分频器进位输出前后的状态转换情况。

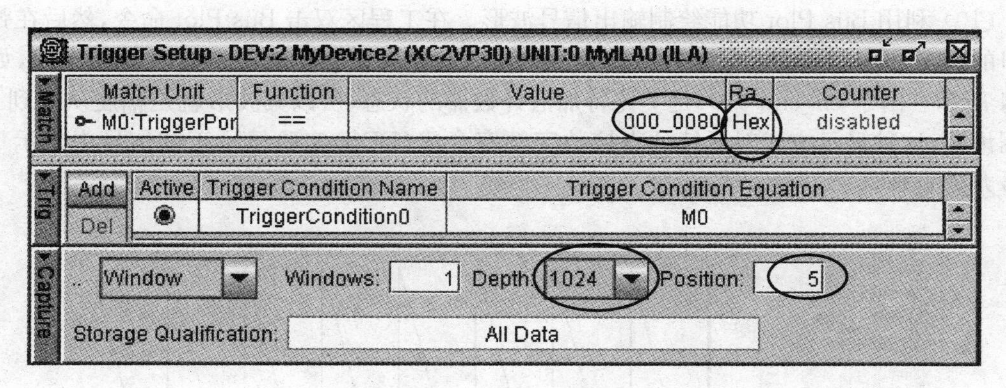

图 3.61　触发条件设置窗口

在 Capture 栏中选择采集深度 1 024 和触发位置 5。

(8) 组合 en_cnt 总线信号。在信息显示区，按住 Ctrl 键，选择多个总线信号并右击在弹出的快捷菜单中，选择【Add to Bus】命令，将其组合成相应的总线信号，如图 3.62 所示。本例将 128 分频器的状态 DataPort[6]～DataPort[0]组合成总线，并命名为 en_cnt[6:0]；将 390 625 分频器的状态 DataPort[25]～DataPort[7]组合成总线，并重命名为 en_cnt[25:7]。

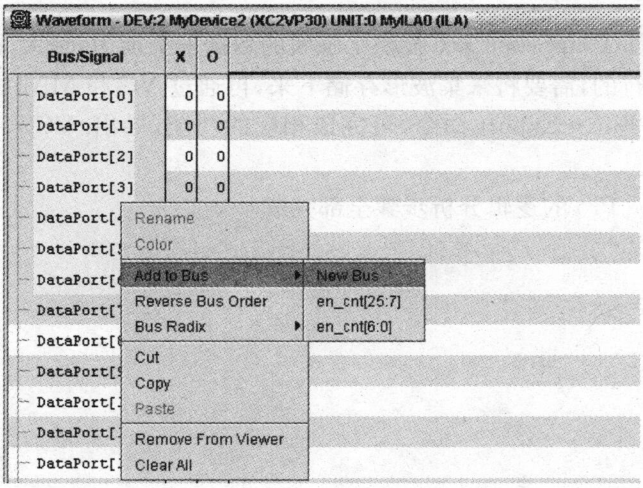

图 3.62　添加总线操作

(9) 采集数据。单击工具栏的▶图标，开始采集数据，采集结束后，可在主窗口中的 Waveform 窗口中观察采集到的信号波形，图 3.63 所示为信号波形的一部分。

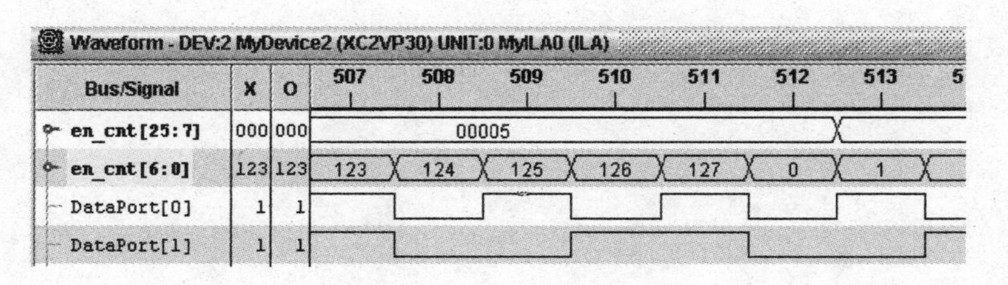

图 3.63　逻辑分析结果

(10) 利用 Bus Plot 功能绘制输出信号波形。在工程区双击 Bus Plot 命令,然后在弹出窗口的【Bus Selection】区域选中 en_cnt[6:0],则会将采集数据以图形方式显示出来,如图 3.64 所示。由于 en_cnt[6:0]是 7 比特加法计数器的状态,所以其波形就是幅度从 0 到 127 的锯齿波:这种显示方式对后续的直接数字频率合成(DDS)实验显示正弦信号中显示 I,Q 信号尤为直观。

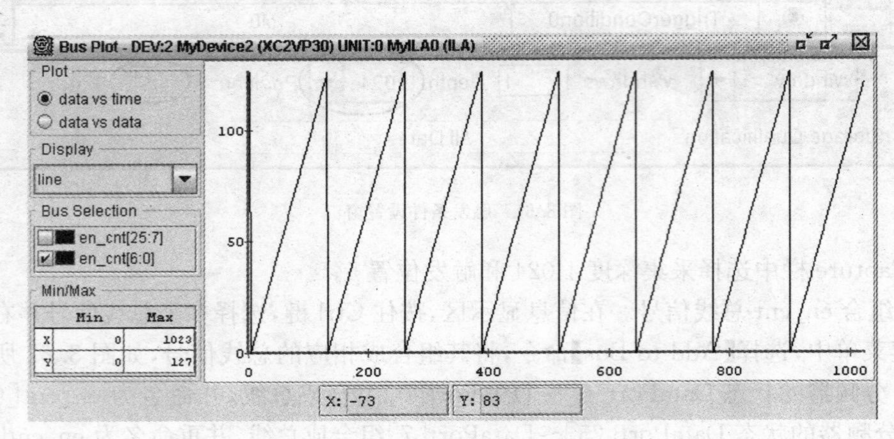

图 3.64　总线 en_cnt[6:0]的图形显示

(11) 数据分析。ChipScope Pro 提供了强大的数据采集能力,最大深度可达 16 384,单靠肉眼观测是不可行的,需要将采集波形存储下来,再通过 VC 和 MATLAB 等工具完成后续分析。选择菜单 File→Export 命令,可完成相应的功能,导出. VCD、. ASCII 和. FBDT 等 3 种类型的文件。

至此 ChipScope Pro 的逻辑分析步骤全部完成。

第四章 基本数字电路的 VHDL 设计

VHDL(Very-High-Speed Integrated Circuit Hardware Description Language)诞生于1982年。1987年年底，VHDL被IEEE(The Institute of Electrical and Electronics Engineers)和美国国防部确认为标准硬件描述语言。现在，VHDL 和 Verilog 作为 IEEE 的工业标准硬件描述语言，又得到众多 EDA 公司的支持，在电子工程领域已成为事实上的通用硬件描述语言。

一般的硬件描述语言可以在三个层次上进行电路描述，其层次由高到低依次可分为行为级、RTL 级和门电路级，具备行为级描述能力的硬件描述语言是以自顶向下方式设计系统级电子线路的基本保证。VHDL 语言的特点决定了它更适于行为级(也包括 RTL 级的描述)；Verilog 属于 RTL 级硬件描述语言，通常更适于 RTL 级和更低层次的门电路级的描述。Verilog 语言的描述风格接近于电路原理图，从某种意义上说，它是电路原理图的高级文本表示方式。VHDL 语言适于描述电路的行为，然后由综合器根据功能(行为)要求来生成符合要求的电路网络。

由于 VHDL 和 Verilog 各有所长，市场占有量也相差不多。VHDL 描述语言层次较高，不易控制底层电路，因而对 VHDL 综合器的综合性能要求较高。目前，大多数高档 EDA 软件都支持 VHDL 和 Verilog 混合设计，因而在工程应用中有些电路模块可以用 VHDL 设计，其他的电路模块则可以用 Verilog 设计，各取所长，已成为目前 EDA 应用技术发展的一个重要趋势。

本章通过 VHDL 程序实例，使读者回顾如何用 VHDL 语言对基本的数字电路进行设计，并对模块结构和设计技巧有进一步的认识。

4.1 组合逻辑电路的 VHDL 设计

4.1.1 加法器

1. 半加器

半加器(设此模块的器件名是 h_adder)的电路原理图如图 4.1 所示，半加器对应的逻辑真值表如图 4.1 所示。此电路模块由两个基本逻辑门元件构成，即与门和异或门。图中的 A 和 B 是加数和被加数的数据输入端，SO 是和值的数据输出端口，CO 则是进位数据的输出端口。根据图 4.1 的电路结构，很容易获得半加器的逻辑表述是：

$$SO = A \oplus B; \quad CO = A \cdot B;$$

根据这些叙述可以给出对应的 VHDL 描述，即例 4.1 所示的半加器电路模块的 VHDL 表述，此描述展示了可综合的 VHDL 程序的模块结构。半加器的真值如图 4.2 所示。

从图 4.3 所示的 VHDL 程序最常用结构框图及例 4.1 右侧的文字说明，可以看出，例 4.1 程序虽简单，但却包含了 VHDL 完整的程序结构和必要的语句元素。

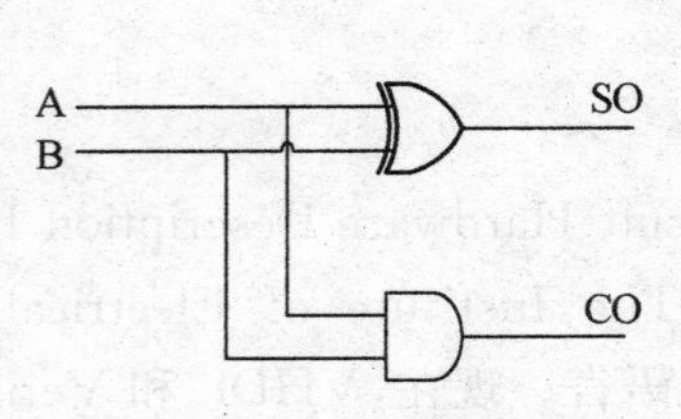

图 4.1　半加器的电路结构

A	B	SO	CO
0	0	0	0
0	1	1	0
1	0	1	0
1	1	0	1

图 4.2　半加器的真值表

【例 4.1】

```
library IEEE;                                 } 设计库和程
use IEEE.STD_LOGIC_1164.ALL;                  } 序包调用
entity h_adder is
    Port ( A : in STD_LOGIC;
           B : in STD_LOGIC;                  } 电路模块端口   } VHDL 实体
           SO : out STD_LOGIC;                } 说明和定义     } 描述部分
           CO : out STD_LOGIC);
end h_adder;
architecture Behavioral of h_adder is
begin
    SO<=A XOR B;  } 电路模块功能描述          } VHDL 结构体
    CO<=A AND B;                              } 描述部分
end Behavioral;
```

VHDL 表述的半加器完整电路模块程序代码

图 4.3　VHDL 程序结构

2. 全加器

全加器可以由两个半加器和一个或门连接而成，其经典的电路结构如图 4.4 所示。此图右侧是全加器的实体模块，它显示了全加器的端口情况。看来，设计全加器之前，必须设计好半加器和或门电路，把它们作为全加器内的元件，再按照全加器的电路结构连接起来。最后获得的全加器电路可称为顶层设计(例 4.2)。

其实整个设计过程和表达方式都可以用 VHDL 来描述。半加器元件的逻辑功能和 VHDL 表述已在 4.1.1 节给出，程序是例 4.1。文件名及其实体名为 h_adder. vhd；或门元件的 VHDL 表述如例 4.2 所示，文件名是 or2a. vhd。注意这里只是为了说明 VHDL 的用法，实际工程中没有必要为了一个简单的或逻辑操作专门设计一个程序或原件。

然后根据图 4.4，用 VHDL 语句将这两个元件连接起来，构成了全加器的 VHDL 顶层描述，即例 4.2。这个全加器的名字和端口情况如图 4.4 右图所示。

以下将通过全加器的设计，介绍含有层次结构的 VHDL 程序设计方法，从而引出例化语句的使用方法。

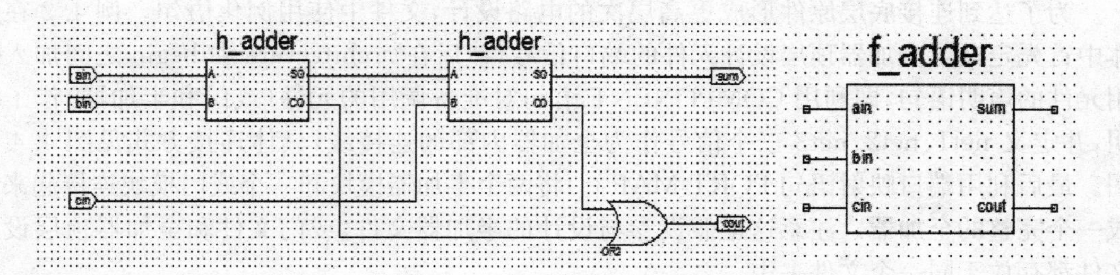

图 4.4　全加器 f_adder 电路图及其实体模块 f_adder

【例 4.2】

```
library IEEE;
use IEEE.STD_LOGIC_1164.ALL;    ---全加器顶层设计描述
entity f_adder is
    Port ( ain,bin,cin : in   STD_LOGIC;
           sum,cout : out  STD_LOGIC);
end f_adder;
architecture Behavioral of f_adder is
    COMPONENT h_adder                   ---调用半加器声明语句
        PORT( A ,B: IN std_logic;SO, CO: OUT std_logic);
    END COMPONENT;
    COMPONENT or2a                      ---调用或门元件声明语句
        PORT(a ,b: IN std_logic; c : OUT std_logic);
    END COMPONENT;
signal net1,net2,net3 :std_logic;      ---定义 3 个信号作为内部连接线
begin
    u1: h_adder PORT MAP(A =>ain ,B => bin,SO =>net1 ,CO => net2);   ---例化
语句
    u2: h_adder PORT MAP(A => net1,B =>cin ,SO =>sum ,CO =>net3 );
    U3: or2a PORT MAP(a =>net2 ,b => net3,c => cout);
  end Behavioral;
```

【例 4.3】

```
library IEEE;
use IEEE.STD_LOGIC_1164.ALL;
entity or2a is
    Port ( a,b : in   STD_LOGIC;
           c : out  STD_LOGIC);
end or2a;
architecture Behavioral of or2a is
begin
c<=a OR b;
end Behavioral;
```

为了达到连接底层原件形成更高层次的电路设计，文件中使用例化语句。例 4.2 在实体中首先定义了全加器顶层设计元件的端口信号，然后在 architecture 和 begin 之间加入调用元件的声明语句，即利用 COMPONENT 语句对准备调用的元件（或门和半加器）作了声明，并定义 net1、net2、net3 三个信号作为全加器内部的连接线，具体连接方式见图 4.4 左图。最后利用端口映射语句 PORT MAP（ ）将两个半加器模块和一个或门模块连接起来构成一个完整的全加器。注意这里假设参与设计的半加器文件、或门文件和全加器顶层设计文件都存放于同一个文件夹中。

元件例化就是引入一种连接关系，将预先设计好的一个设计实体定义为一个元件，然后利用特定的语句将此元件和当前的设计实体中的指定端口相连接，从而为当前设计实体引进一个新的低一级的设计层次。在这里，当前设计实体（如例 4.2 描述的全加器）相当于一个较大的电路系统，所定义的例化元件相当于一个要插在这个电路系统板上的芯片，而当前设计实体中指定的端口则相当于这块电路板上准备接受此芯片的一个插座。

原件例化是使 VHDL 设计实体构成自上而下层次设计的一个重要的途径。

元件例化是可以多个层次的。一个调用了较低层次元件的顶层设计实体本身也可以被更高设计层次设计实体所调用，成为该设计实体中的一个元件。任何一个被例化语句声明并调用的实体可以以不同的形式出现，它可以是一个设计好的 VHDL 设计文件（即一个设计实体），可以是来自 FPGA 元件库的元件或是 FPGA 器件中的嵌入式宏元件功能块，或是以别的硬件描述语言，如 Verilog HDL 设计的元件（这样就可以实现 VHDL 和 Verilog 语言的混合编程），还可以是 IP 核。

3. 八位加法器

这里可以直接利用加法算术操作符“＋”完成的 8 位全加器的 VHDL 程序设计。

例 4.4 的设计思想是这件的，为了方便获得两个 8 位数据 A 和 B 相加后的进位值，首先定义了一个 9 位信号“DATA”。将 A 和 B 也都扩先为 9 位，即用并位符 & 在他们的高位并位一个‘0’。这主要是为了符合 VHDL 语法的要求。VHDL 规定，赋值符号两边的数据类型必须一致，且若为矢量数据类型，两端值的位收出必须相等。

此外，在算式中直接使用并为操作符 & 时需要注意，必须对并位式加上括号，如（“00000000”&CIN）。这是因与不同的操作符其优先级别是不同的，例如乘除的优定级别一定高于加减，而加减与并位 & 操作的级别相等。对于平级的情况，在前的操作符则具有较高的优先级，其运算将优先进行。于是在例 4.4 中对 DATA 赋值的语句中，若后两个加数，即（‘0’&B）和（“00000000” & CIN），没有加括号则一定出错。

例如，若（‘0’& B）相不加括号，则赋值语句最右端的运算结果有 17 位，与左边的 DATA 不符；而若（“00000000”& CIN）不加括号，则运算结果有 10 位，因为在最后并为 CIN 前的运算结果已经有 9 位了。

【例 4.4】

```
library IEEE;
use IEEE.STD_LOGIC_1164.ALL;
use IEEE.STD_LOGIC_UNSIGNED.ALL;   --此程序包中包含算术操作符的重载函数
entity adder8b is
```

```
Port ( A,B : in  STD_LOGIC_VECTOR (7 downto 0);
       CIN : in  STD_LOGIC;
       COUT : out  STD_LOGIC;
       DOUT : out  STD_LOGIC_VECTOR (7 downto 0));
end adder8b;
architecture Behavioral of adder8b is
signal data :std_logic_vector(8 downto 0);
begin
    data<=('0' & A) + ('0' & B ) + ("00000000"& CIN);
    COUT<=data(8);
    dout<=data(7 downto 0);
end Behavioral;
```

例 4.4 中另一个值得注意的是，STD_LOGIC_UNSIGNED 程序包中预定义的操作符，如加(＋)、减(－)、乘(＊)、除(/)、等于(＝)、大于等于(＞＝)、小于等于(＜＝)、大于(＞)、小于(＜)、不等于(/＝)、逻辑与(AND)等，对相应的数据类型 INTEGRE、STD_LOGIC 和 STD_LOGIC_VECTOR 的操作做了重载，赋予了新的数据类型操作能力。即通过重新定义运算符的方式，允许被重载的运算符能够对新的数据类型进行操作，或者允许不同的数据类型之间用此运算符进行运算。

4.1.2　多路选择器

多路选择器是数据选择器的别称。在多路数据传送过程中，能够根据需要将其中任意一路选出来的电路。叫做数据选择器，也称作多路选择器过多路开关。

例 4.5 是数据选择器 74151 的 VHDL 设计。8 选 1 的数据选择器 74151 的逻辑符号图和真值表分别如图 4.5 和图 4.6 所示。

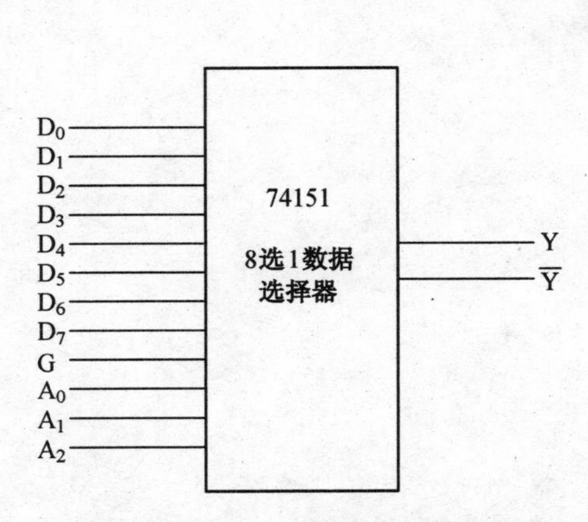

图 4.5　8 选 1 数据选择器的逻辑符号图

输入				输出	
使能	地址选择			Y	Y_b
G	A_2	A_1	A_0		
1	×	×	×	0	1
0	0	0	0	D_0	$\overline{D_0}$
0	0	0	1	D_1	$\overline{D_1}$
0	0	1	0	D_2	$\overline{D_2}$
0	0	1	1	D_3	$\overline{D_3}$
0	1	0	0	D_4	$\overline{D_4}$
0	1	0	1	D_5	$\overline{D_5}$
0	1	1	0	D_6	$\overline{D_6}$
0	1	1	1	D_7	$\overline{D_7}$

图 4.6　8 选 1 数据选择器的真值表

【例 4.5】

方法一：参考 74151 真值表，采用 IF 语句编写 VHDL 源代码如下：

```
library IEEE;
```

```
use IEEE.STD_LOGIC_1164.ALL;
entity mux8_v2 is
    Port ( A : in  STD_LOGIC_VECTOR (2 downto 0);
           D0,D1,D2,D3,D4,D5,D6,D7 : in STD_LOGIC;
           G : in  STD_LOGIC;
           Y,YB : out  STD_LOGIC);
end mux8_v2;
architecture Behavioral of mux8_v2 is
begin
PROCESS(A,D0,D1,D2,D3,D4,D5,D6,D7,G)
BEGIN
    IF(G='1')THEN
        Y<='0';
        YB<='1';
    ELSIF(G='0'AND A="000")THEN
        Y<=D0;
        YB<=NOT D0;
    ELSIF(G='0'AND A="001")THEN
        Y<=D1;
        YB<=NOT D1;
    ELSIF(G='0'AND A="010")THEN
        Y<=D2;
        YB<=NOT D2;
    ELSIF(G='0'AND A="011")THEN
        Y<=D3;
        YB<=NOT D3;
    ELSIF(G='0'AND A="100")THEN
        Y<=D4;
        YB<=NOT D4;
    ELSIF(G='0'AND A="101")THEN
        Y<=D5;
        YB<=NOT D5;
    ELSIF(G='0'AND A="110")THEN
        Y<=D6;
        YB<=NOT D6;
    ELSE
        Y<=D7;
        YB<=NOT D7;
    END IF;
END PROCESS;
end Behavioral;
```

方法二：参考 74151 真值表，采用 CASE 语句编写 VHDL 源代码如下：

```
    library IEEE;
    use IEEE.STD_LOGIC_1164.ALL;
    entity mux_v3 is
    Port ( A2,A1,A0 : in  STD_LOGIC;
          D0,D1,D2,D3,D4,D5,D6,D7 : in  STD_LOGIC;
          G : in  STD_LOGIC;
          Y,YB : out  STD_LOGIC);
    end mux_v3;
    architecture Behavioral of mux_v3 is
  SIGNAL COMB:STD_LOGIC_VECTOR(3 DOWNTO 0);
  begin
  COMB<=G&A2&A1&A0;
  PROCESS(COMB, D0,D1,D2,D3,D4,D5,D6,D7)
  BEGIN
    CASE COMB IS
      WHEN "0000"=>
          Y<=D0;
          YB<=NOT D0;
      WHEN "0001"=>
          Y<=D1;
          YB<=NOT D1;
      WHEN "0010"=>
          Y<=D2;
          YB<=NOT D2;
      WHEN "0011"=>
          Y<=D3;
          YB<=NOT D3;
      WHEN "0100"=>
          Y<=D4;
          YB<=NOT D4;
      WHEN "0101"=>
          Y<=D5;
          YB<=NOT D5;
      WHEN "0110"=>
          Y<=D6;
          YB<=NOT D6;
      WHEN "0111"=>
          Y<=D7;
          YB<=NOT D7;
      WHEN OTHERS =>
          Y<='0';
          YB<='1';
```

```
    END CASE;
  END PROCESS;
  end Behavioral;
```

4.1.3 编码器与译码器

1. 编码器

用一组二进制代码按一定规则表示给定字母、数字、符号等信息的方法称为编码，能够实现这种逻辑功能的逻辑电路称为编码器。实际上，编码是译码的逆过程。下面以8线-3线编码器来讲。

例4.6是8线-3线编码器的VHDL设计，8线-3线编码器的逻辑符号如图4.7所示，8线-3线编码器的真值表如图4.8所示。

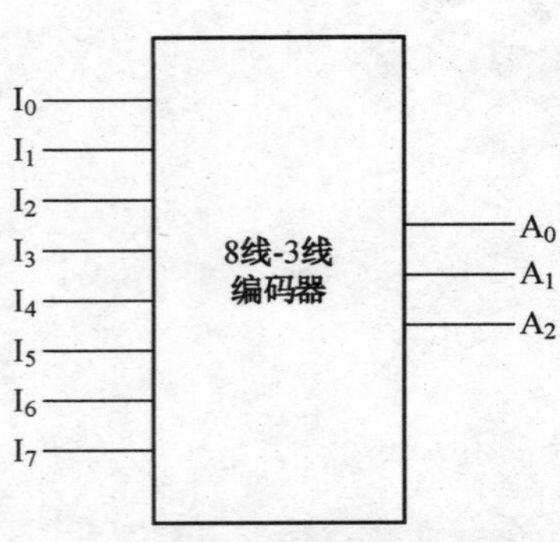

图4.7 8线-3线编码器的逻辑符号

输入								输出		
I_0	I_1	I_2	I_3	I_4	I_5	I_6	I_7	A_2	A_1	A_0
1	0	0	0	0	0	0	0	0	0	0
0	1	0	0	0	0	0	0	0	0	1
0	0	1	0	0	0	0	0	0	1	0
0	0	0	1	0	0	0	0	0	1	1
0	0	0	0	1	0	0	0	1	0	0
0	0	0	0	0	1	0	0	1	0	1
0	0	0	0	0	0	1	0	1	1	0
0	0	0	0	0	0	0	1	1	1	1

图4.8 8线-3线编码器的真值表

8线-3线编码器的逻辑表达式：

$$A_2 = I_4 + I_5 + I_6 + I_7$$
$$A_1 = I_2 + I_3 + I_6 + I_7$$
$$A_0 = I_1 + I_3 + I_5 + I_7$$

【例4.6】

方法一：采用行为方式描述的8线－3线编码器VHDL源代码(依据逻辑表达式)。

```
library IEEE;
use IEEE.STD_LOGIC_1164.ALL;
entity code83_v1 is
    Port ( I0,I1,I2,I3,I4,I5,I6,I7 : in   STD_LOGIC;
           A0,A1,A2 : out   STD_LOGIC);
end code83_v1;
architecture Behavioral of code83_v1 is
begin
    A2<= I4 OR I5 OR I6 OR I7;
    A1<= I2 OR I3 OR I6 OR I7;
    A0<= I1 OR I3 OR I5 OR I7;
```

```
end Behavioral;

方法二：采用数据流描述方式描述的 8 线－3 线编码器 VHDL 源代码(依据真值表)。
library IEEE;
use IEEE.STD_LOGIC_1164.ALL;
entity codermux83_v2 is
    Port ( I : in  STD_LOGIC_VECTOR (7 downto 0);
           A : out  STD_LOGIC_VECTOR (2 downto 0));
end codermux83_v2;
architecture Behavioral of codermux83_v2 is
begin
    PROCESS(I)
    BEGIN
        CASE I IS
            WHEN "10000000" => A <= "111";
            WHEN "01000000" => A <= "110";
            WHEN "00100000" => A <= "101";
            WHEN "00010000" => A <= "100";
            WHEN "00001000" => A <= "011";
            WHEN "00000100" => A <= "010";
            WHEN "00000010" => A <= "001";
            WHEN others => A <= "000";
        END CASE;
    END PROCESS;
end Behavioral;
```

2. 译码器

译码器的含义就是把输入的二进制代码的特定含义翻译成被编码的信息。译码器的一类多输入多输出组合逻辑电路器件,它的输入代码组合会在输出端产生特定的信号。译码器按照用途可分为 3 类:变量译码器、码制变换译码器和显示译码器。

变量译码器一般是一种将较少输入变换为较多输出的器件,常见的有 $n-2^n$ 线译码。一般输入信号以二进制码出现,输出端只有与输入二进制码对应的那个输出才为 1.通常变量译码器有:二输入四输出的 2-4 译码器,三输入八输出的 3-8 译码器和四输入十六输出的 4-16 译码器等。

码制变换译码器是将一种码制的输入翻译成另一种码制的输出。常见的码制变换译码器有将 8421BCD 码译成十进制码,将余三码译成十进制码,将余三码循环码译成十进制码等码制变换译码器。8421BCD 码译器分为不完全译码的 BCD 译码器和完全译码的 BCD 译码器。由于 8421BCD 码是用 4 个变量的二进制码来表示十进制码。因此,在 16 种可能的变量组合中,只有 0000～1001 这前十种有可能用到,而 1010～1111 用不到。不完全译码就是将 6 种用不到的变量组合按照任意项处理,而完全译码就是将 6 种用不到的变量组合按照逻辑 1 处理。

显示译码器是译码器的最简应用之一,用来将二进制数转换为对应的 7 段码,一般其可分为驱动 LED 和驱动 LCD 两类。需要输出哪个字符时，只需要时改字符对应的二极管发光即可。

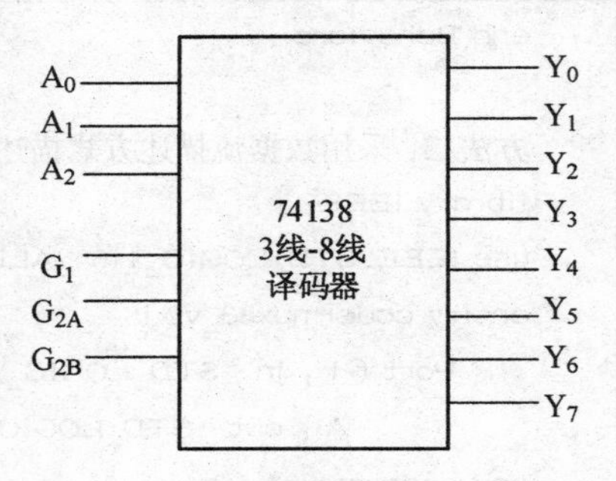

图 4.9　3-8 译码器 74138 的逻辑符号

例 4.7 是 3-8 译码器 74138 的 VHDL 设计。74138 是一种 3 线-8 线译码器，三个输入端 $A_2A_1A_0$ 共有 8 种组合(000～111)，可以译出 8 个输出信号 Y_0—Y_7。这种译码器设有三个使能输入端，当 G_{2A} 与 G_{2B} 均为 0，且 G_{11} 为 1 时，译码器处于工作状态，输出低电平。当译码器被禁止时，输出高电平。3-8 译码器 74138 的逻辑符号图和真值表分别如图 4.9 和图 4.10 所示。

输入						输出							
G_1	G_{2A}	G_{2B}	A_2	A_1	A_{02}	Y_0	Y_1	Y_2	Y_3	Y_4	Y_5	Y_6	Y_7
×	1	×	×	×	×	1	1	1	1	1	1	1	1
×	×	1	×	×	×	1	1	1	1	1	1	1	1
0	×	×	×	×	×	1	1	1	1	1	1	1	1
1	0	0	0	0	0	0	1	1	1	1	1	1	1
1	0	0	0	0	1	1	0	1	1	1	1	1	1
1	0	0	0	1	0	1	1	0	1	1	1	1	1
1	0	0	0	1	1	1	1	1	0	1	1	1	1
1	0	0	1	0	0	1	1	1	1	0	1	1	1
1	0	0	1	0	1	1	1	1	1	1	0	1	1
1	0	0	1	1	0	1	1	1	1	1	1	0	1
1	0	0	1	1	1	1	1	1	1	1	1	1	0

图 4.10　3-8 译码器 74138 的真值表

【例 4.7】

```
library IEEE;
use IEEE.STD_LOGIC_1164.ALL;
……
architecture Behavioral of decoder138_v2 is
begin
    PROCESS(G1,G2A,G2B,A)
    BEGIN
        IF(G1='1' AND G2A='0' AND G2B='0')THEN
            CASE A IS
                WHEN "000"=>Y<="11111110";
                WHEN "001"=>Y<="11111101";
                WHEN "010"=>Y<="11111011";
                WHEN "011"=>Y<="11110111";
                WHEN "100"=>Y<="11101111";
                WHEN "101"=>Y<="11011111";
                WHEN "110"=>Y<="10111111";
                WHEN OTHERS=>Y<="01111111";
            END CASE;
```

```
        ELSE Y<="11111111";
        END IF;
    END PROCESS;
end Behavioral;
```

【设计实践】

4-1　快速加法器的设计

加法作为一种基本运算，大量运用在数字信号处理和数字通信的各种算法中。设计结构最为简单的加法器是级联加法器或行波进位加法器，通过不断调用一位全加器相互级联构成，本位的进位输出作为下一级的进位输入。级联加法器的结构简单，但 N 位级联加法运算的延时是 1 为全加器的 N 倍，延时主要是由于进位信号级联造成的。在需要高性能的设计中，这种结构不宜采用。

由于加法器使用频繁，因此其速度往往影响着整个系统的运行速度。如果可以实现快速加法器的设计，则可以提高整个系统的处理速度。在多数情况下，无论是减法、乘法还是除法以及 FFT 等运算，最终都可以分解为加法运算来实现，因此对加法运算的实现进行一些研究是非常必要的。下面将介绍两种快速加法器的 VHDL 设计实现，分别是超前进位加法器和进位选择加法器。

1. *超前进位加法器*

级联加法器的延时主要是由于进位的延时造成的，因此要加快加法器的运算速度，就必须减小进位延迟，超前进位链能有效地减少进位的延迟。若两个加数分别是 $A_3A_2A_1A_0$ 和 $B_3B_2B_1B_0$，C_0 为最低位进位。设两个辅助变量分别为 $G_3G_2G_1G_0$ 和 $P_3P_2P_1P_0$，其中

$$\begin{cases} G_i = A_i \& B_i \\ P_i = A_i + B_i \end{cases} \tag{4.1}$$

又一位全加器全加器（A_i、B_i 为加数，C_{i-1} 为低位的进位）的表达式为

$$\begin{cases} S_i = A_i \oplus B_i \oplus C_{i-1} \\ C_i = A_iB_i + A_iC_{i-1} + B_iC_{i-1} \end{cases} \tag{4.2}$$

运用式(4.1)的辅助变量，则全加器的逻辑表达式可以转化为

$$\begin{cases} S_i = A_i\overline{G}_i \oplus C_{i-1} \\ C_i = G_i + P_iC_{i-1} \end{cases} \tag{4.3}$$

利用上述关系，一个四位加法器的进位计算就可以用式(4.4)进行表达

$$\begin{cases} C_1 = G_0 + P_0C_0 \\ C_2 = G_1 + P_1C_1 = G_1 + P_1G_0 + P_1P_0C_0 \\ C_3 = G_2 + P_2C_2 = G_2 + P_2G_1 + P_2P_1G_0 + P_2P_1P_0C_0 \\ C_4 = G_3 + P_3C_3 = G_3 + P_3G_2 + P_3P_2G_1 + P_3P_2P_1G_0 + P_3P_2P_1P_0C_0 \end{cases} \tag{4.4}$$

由式(4.4)可以看出,每一个的计算都直接依赖于整个加法器的最初输入,而不需要等待相邻低位的仅为传递。理论上,每一个进位的计算都只需要三个门延迟时间,即产生 G_i、P_i 的与门和或门,输入为 G_i、P_i、C_0 的与门,以及最终的或门。同样的道理,理论上最终结果 sum 的得到只需要四个门延迟时间。

实际上,当加数位数较大时,输入需要驱动的门数较多,其 VLSI 实现的输出时延增加很多,考虑到互连线的延时情况则总延时将会更加糟糕。因此,通常在芯片实现时先设计位数较少的超前进位加法器结构,而后以此为基础来构建位数较大的加法器。

以下是四位超前进位加法器的 VHDL 设计代码。

```
* * * * * * * * * * * * * * * * * * * * * * * * * * * * * * * * * * * * * * * * * * *
   LIBRARY IEEE;
   USE IEEE.STD_LOGIC_1164.ALL;
   USE IEEE.STD_LOGIC_ARITH.ALL;
   ENTITY advance_adder4 IS
         PORT(
                 a1, a2, a3, a4, b1, b2, b3, b4, c0 : IN STD_LOGIC;
                 s1, s2, s3, s4, c4 : OUT STD_LOGIC
                 );
         END advance_adder4;

         ARCHITECTURE behav OF advance_adder4 IS
           SIGNAL c1, c2, c3 : STD_LOGIC;
         BEGIN
         s1 <= (a1 xor b1)xor c0;
         c1<= (a1 AND b1)OR((a1 OR b1)AND c0);
         s2 <= (a2 xor b2)xor c1;
         c2<= (a2 AND b2)OR((a2 OR b2)AND a1 and b1)or ((a2 or b2)and(a1 or b1)and c0);
         s3 <= (a3 xor b3) xor c2;
         c3<= (a3 and b3) or ((a3 or b3) and a2 and b2) or ((a3 or b3) and (a2 or b2) and a1 and
b1) or ((a3 or b3) and (a2 or b2) and (a1 or b1) and c0);
         s4 <= (a4 xor b4) xor c3;
         c4 <= ((a4 xor b4) and (a3 xor b3) and (a2 xor b2) and (a1 xor b1) and c0) or ((a4 xor
b4) and (a3 xor b3) and (a2 xor b2) and a1 and b1 ) or ((a4 xor b4) and (a3 xor b3)and a2 and b2 )
or ((a4 xor b4) and a3 and b3) or (a4 and b4);
         END behav;
* * * * * * * * * * * * * * * * * * * * * * * * * * * * * * * * * * * * * * * * * * *
```

2. 进位选择加法器

由超前进位加法器级联构成的多位加法器只是提高了进位传递的速度,其计算过程与普通级联加法器同样需要等待进位传递的完成。

借鉴并行计算的原理,人们提出了进位选择加法器结构,或者称为有条件的加法器结构(Conditional Sum Adder),它的算法实质是增加了硬件面积换取速度性能的提高。二进制加法的特点是进位要么是逻辑 1,要么是逻辑 0。将进位链较长的加法器分成 M 块分别进行加法计算，对除去最低位计算块外的 $M-1$ 块加法结构复制成两份，其中进位输出分别预设成逻辑 1 和逻辑 0。于是，M 块加法器可以同时并行进行各自的加法计算，然后根据各自相邻地位加法运算结果产生进位输出，选择正确的加法结果输出。图 4.11 所示为 12 位进位选择加法器的结构框图。12 位加法器划分成 3 块，最低一块(4 位)可以由 4 位行波进位加法器或者是超前进位加法器构成，后两块分别假设前一块的进位为 0 和 1 将两种结果都计算出来，再根据前一级进位选择正确的和与进位。如果每一块加法结构内部都采用速度较快的超前进位加法器结构，那么进位选择加法器的计算延时为

$$t_{CSA}=t_{carry}+(M-2)t_{mux}+t_{sum} \tag{4.5}$$

其中，t_{sum}、t_{carry} 分别是加法器的和与加法器的进位时延，t_{mux} 为数据选择器的时延。

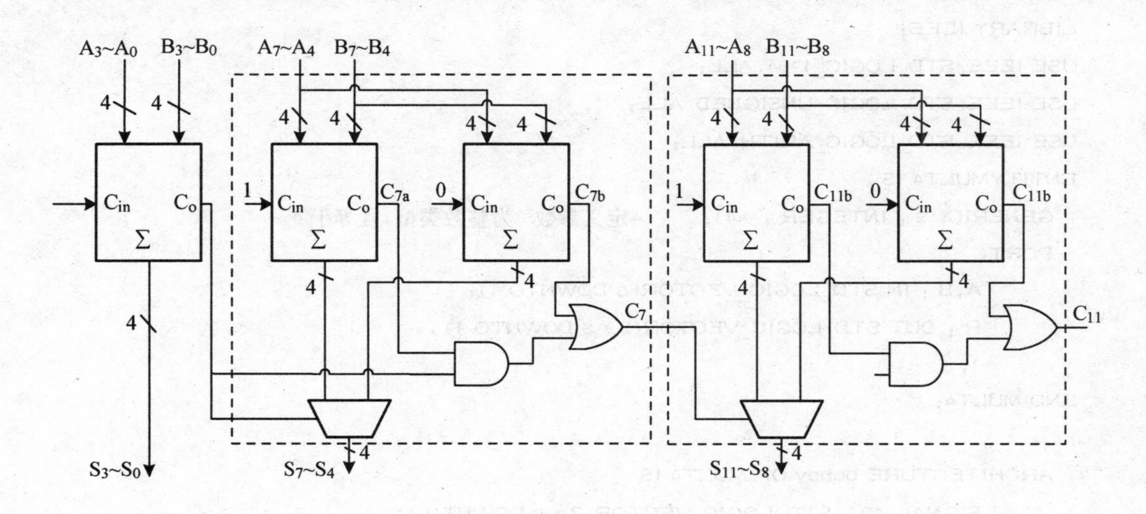

图 4.11　12 位进位选择加法器原理框图

4-2　4×4 乘法器的设计

乘法器是数字系统中的基本逻辑器件，在很多应用中都会出现如各种滤波器的设计、矩阵的运算等。但是，乘法器的代价很高且速度很慢，许多计算问题的性能常常受限于乘法器运算的速度。这一事实促使设计者致力于研究出快速乘法器以满足现代数字信号处理和数字系统的要求。纯组合逻辑构成的乘法器工作速度比较快，但同时占用的硬件资源也相对较多，很难实现大位宽数据的乘法器。为解决这类问题，工程师发明了很多快速乘法器，如阵列乘法器、树形乘法器和桶形移位乘法器等。它们各自有其优缺点，实际应用时，需要针对不同的应用场合和应用需求选取合适的快速乘法器结构。

"移位加"算法是模拟笔算的一种比较简单的算法，如图 4.12 就是 4 位无符号二进制数 A 和 B 通过"移位加"相乘的过程。其中每一行称为部分积，它表示左移的被乘数根据对应的乘数数位乘以 0 或 1，所以二进制数乘法的实质就是部分积的移位和相加。

以下代码通过参数传递说明语句(GENERIC 语句)实现这种"移位加"算法的乘法器。

				A_3	A_2	A_1	A_0	A
×				B_3	B_2	B_1	B_0	B
				A_3B_0	A_2B_0	A_1B_0	A_0B_0	部分积 0
			A_3B_1	A_2B_1	A_1B_1	A_0B_1		部分积 1
		A_3B_2	A_2B_2	A_1B_2	A_0B_2			部分积 2
+	A_3B_3	A_2B_3	A_1B_3	A_0B_3				部分积 3
P_7	P_6	P_5	P_4	P_3	P_2	P_1	P_0	P

图 4.12　乘法运算过程

```
***************************************************************
LIBRARY IEEE;
USE IEEE.STD_LOGIC_1164.ALL;
USE IEEE.STD_LOGIC_UNSIGNED.ALL;
USE IEEE.STD_LOGIC_ARITH.ALL;
ENTITYMULT4 IS
  GENERIC( s : INTEGER := 4);          --定义参数s 为整数类型,且等于 4
  PORT(
       A,B : IN STD_LOGIC_VECTOR(s DOWNTO 1);
       R : OUT STD_LOGIC_VECTOR(2 * s DOWNTO 1)
       );
END MULT4;

  ARCHITECTURE behav OF MULT4 IS
       SIGNAL A0 : STD_LOGIC_VECTOR(2 * s DOWNTO 1);
  BEGIN
       A0 <= CONV_STD_LOGIC_VECTOR(0,s) & A;       -- CONV_STD_LOGIC_VECTOR()
       为类型转换函数,将整数类型的"0"转换为s 位宽的 STD_LOGIC_VECTOR 类型
  Process (A,B)
    Variable R1 : STD_LOGIC_VECTOR(2 * s DOWNTO 1);
  Begin
    R1 := (others =>'0');          --若s =4,则此句等效于 R1:="00000000"
    For i in 1 to s Loop
      IF ( B(i) ='1' ) Then
        R1 := R1 + TO_STD_LOGIC_VECTOR(TO_BIT_VECTOR (A0) SLL (i-1) );
        --TO_STD_LOGIC_VECTOR()和 TO_BIT_VECTOR()都是类型转换函数
      END IF;
  END LOOP;
  R <= R1;
END Process;
END behav;
***************************************************************
```

4-3 ChipScope Pro 的 VIO 实验

ChipScope Pro 的 VIO 核(Virtual Input/Output Core，虚拟输入/输出核)用于实时监控和驱动 FPGA 内部的信号，可以观测 FPGA 设计中任意信号的输出结果，以及添加虚拟输入，如 DIP 开关、按键等，且不占用块 RAM。VIO 核面向模块操作，支持下面 4 类信号。

(1) 异步输入信号。对于异步输入信号，通过 JTAG 电缆的时钟信号(TCK)采样，周期性地读入计算机，再将结果在 ChipScope Pro 分析仪界面上显示。

(2) 同步输入信号。对于同步输入信号则利用设计时钟采样，周期地读入计算机，在分析仪界面上显示。

(3) 异步输出信号。异步输出信号由用户在 ChipScope Pro 分析仪中定义，再将其送到周围的逻辑中，并且其每个输出信号逻辑“1”和“0”的门限可以由用户自己定义。

(4) 同步输出信号。同步输出信号由用户定义，同步于设计时钟，其“1”和“0”的逻辑门限也可独立定义。

本实验在调用实验 4-2 的代码的基础上，在 Xilinx XUP Virtex-II Pro 开发板上实现一个 8 位乘法器模块，并用 VIO 核来验证乘法器设计是否正确。

因为 VIO 核不能直接驱动 Input 信号，所以需要建一个顶层模块 ChipScopeVIO. vhd，在顶层模块中实现 VIO 核与乘法器实例的连接。顶层模块的原理框图如图 4. 13 所示。VIO 核采用同步输入和同步输出。

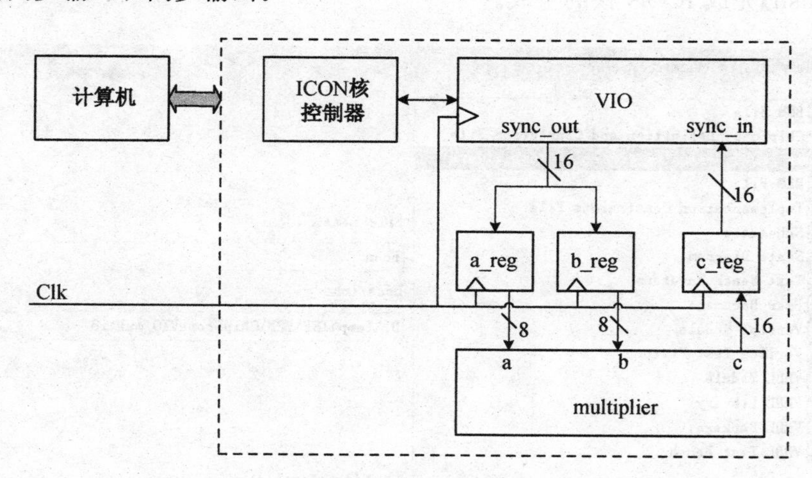

图 4. 13 VIO 实验顶层模块的原理框图

4-2 实验中的乘法器调用代码如下：

```
* * * * * * * * * * * * * * * * * * * * * * * * * * * * * * * * * * * * * * * * * * * * *
COMPONENT MULT4
GENERIC ( s : INTEGER);
PORT(
      A : IN std_logic_vector(s downto 1);
      B : IN std_logic_vector(s downto 1);
      R : OUT std_logic_vector(2 * s downto 1)
      );
```

```
END COMPONENT;

Inst_MULT_8: MULT4
GENERIC MAP ( s => 8 )
PORT MAP(
        A => ,
        B => ,
        R =>            );
```

* *

实验步骤

1. 新建工程

在 ISE 软件下新建一个 Virtex-II Pro 工程 ChipScopeVIO_muti8，并将光盘中的 experiment4-3\ChipScopeVIO_multi8 文件夹下相应模块代码复制到该工程对应文件夹。

2. ICON 核的生成和配置

在【sources】工作区中右击添加【New Source】，在弹出的向导窗口中添加一个【IP】并输入相应的名称（如 icon），如图 4.14 所示。点击【Next】后出现 IP 选择窗口，此处我们依次展开【Debug & Verification】→【ChipScope Pro】，选择 ICON（Integrated Controller）核，如图 4.15 所示。点击【Next】→【Finish】进入配置界面如图 4.16，本实验只需按照默认设置即可，点击【Finish】完成 ICON 核的生成。

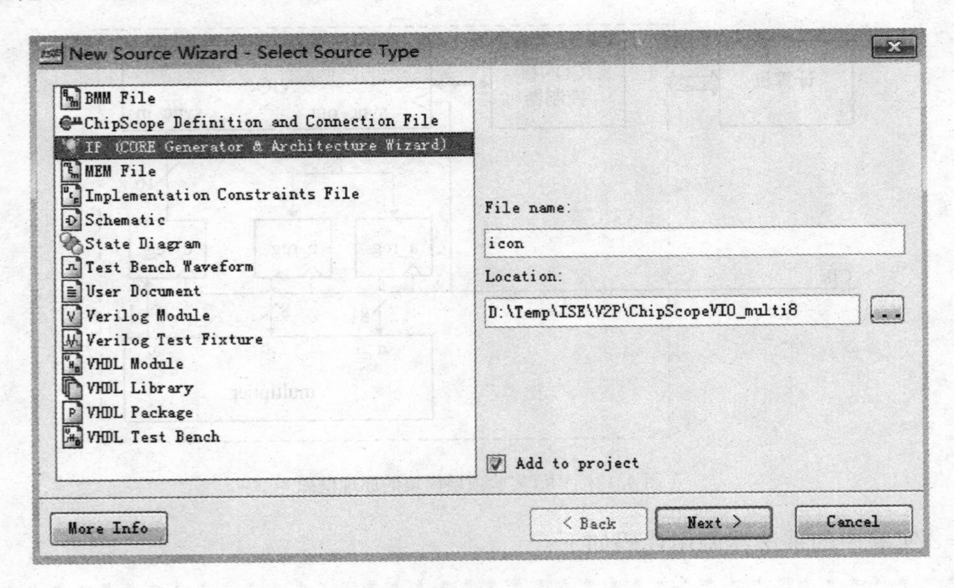

图 4.14 【New Source】向导窗口

3. VIO 核的生成和配置

VIO 核的生成的步骤与 ICON 核类似，读者只需在新建 IP 向导窗口中选中 VIO 选项，之后进入 VIO 核的参数配置界面。此处勾选【Enable Synchronous Input Port】和【Enable Synchronous Output Port】，位宽都设置为 16，如图4.17 所示。之后点击【Finish】按钮完成 VIO 核的生成。

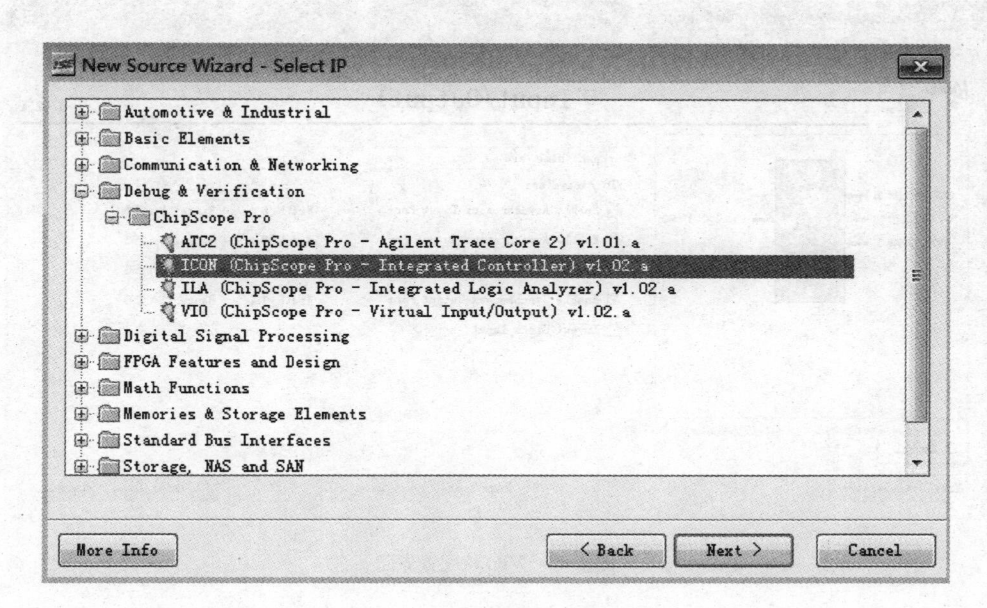

图 4.15　IP 选择窗口

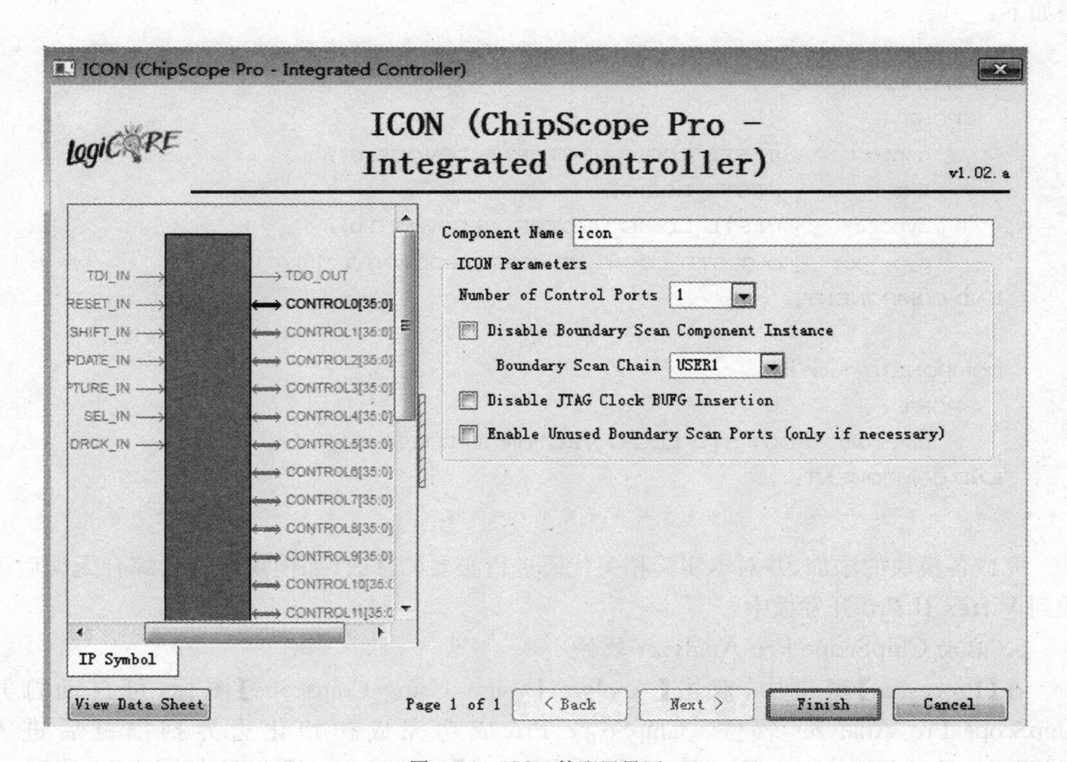

图 4.16　ICON 核配置界面

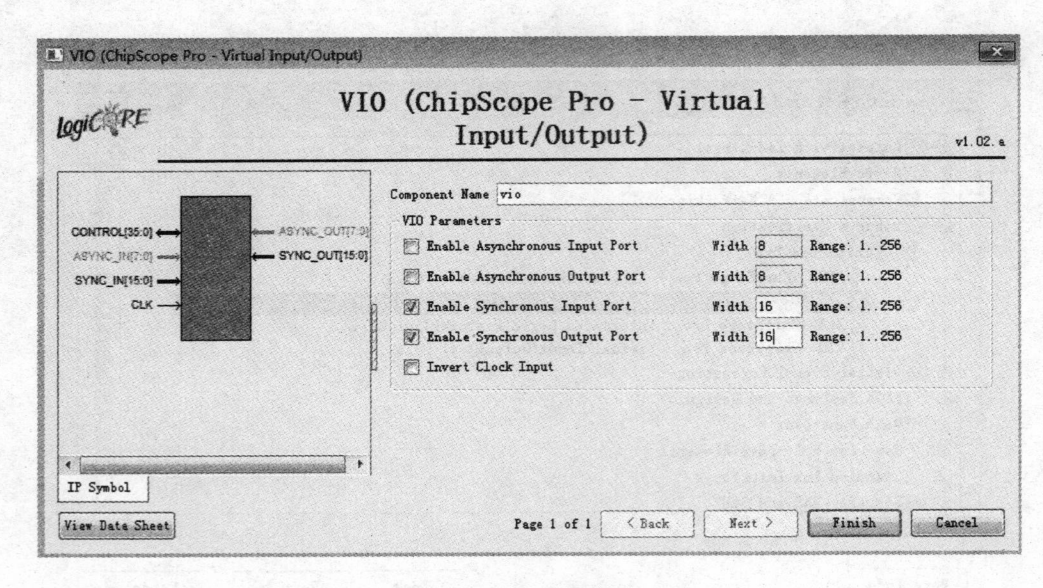

图 4.17　VIO 核配置界面

4. ICON 核、VIO 核的实例化

根据 4.13 所示顶层连接图设计本实验的顶层模块，其中 ICON 核、VIO 核的实例化代码如下：

```
*****************************************************
COMPONENT vio IS
   PORT (
      control      : IN STD_LOGIC_VECTOR(35 DOWNTO 0);
      clk          : IN STD_LOGIC;
      sync_in      : IN STD_LOGIC_VECTOR(15 DOWNTO 0);
      sync_out     : OUT STD_LOGIC_VECTOR(15 DOWNTO 0) );
END COMPONENT;

COMPONENT icon IS
   PORT (
      control0   : OUT STD_LOGIC_VECTOR(35 DOWNTO 0) );
END COMPONENT;
*****************************************************
```

完成各模块的添加，并对本实验相关代码进行必要的修改（如模块名称），综合无误后下载到 Virtex-II Pro 开发板中。

5. 启动 ChipScope Pro Analyzer 软件

在【Processes】窗口中，双击【Analyze Design Using Chipscope】图标，可自动打开 ChipScope Pro Analyzer 软件。ChipScope Pro 成功完成初始化边界扫描链后进入 ChipScope Pro Analyzer 主界面画面，双击工程区中的【VIO Console】选项，如图 4.18 所示。

6. 验证乘法器设计结果

在图 4.18 中的 VIO Console 窗口，组合 SyncIn[15]—Synch[0]为总线信号，重命名为

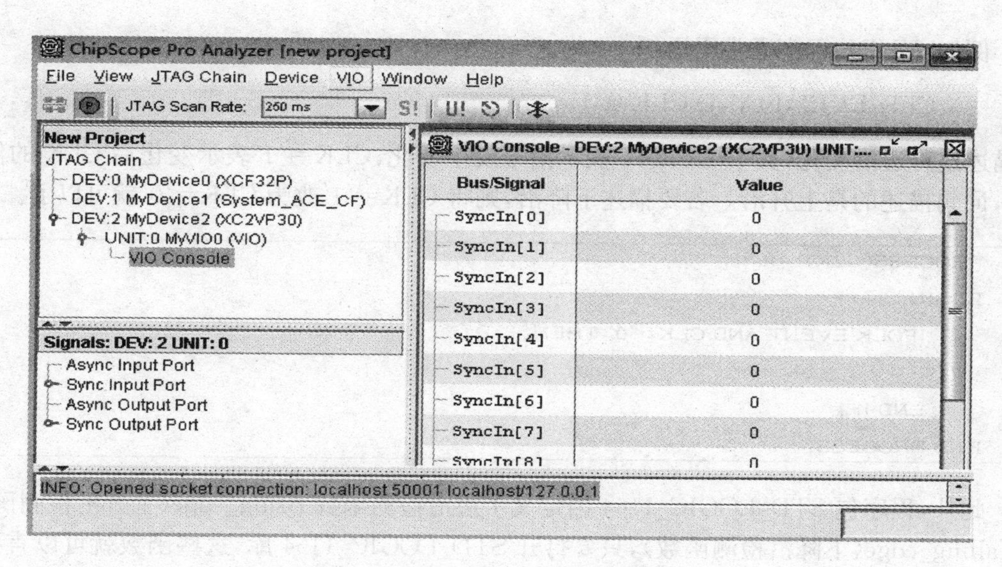

图 4.18　ChipScope Pro Analyzer 界面

P;组合 SyncOut[7]—SyncOut[0]为总线信号,A;组合 SyncOut[15]—SyncOut[8]为总线信号 B。P、A、B 均使用无符号十进制 Unsigned Decimal 方式显示数值。分别输入 A、B 数值(0～255),就可得到乘积 P 的结果,如图 4.19 所示。

VIO Console - DEV:2 MyDevice2 (XC2VP30) UNIT:0 MyVIO0 (VIO)

Bus/Signal	Value
A	124
B	98
P	12152

图 4.19　VIO 验证设计结果示意图

4.2　时序电路的 VHDL 设计

本节将继续介绍时序电路设计 VHDL 的相关语句和语法知识,以及实用电路模块的技术。与其他硬件描述语言相比,在时序电路的描述上,最能体现 VHDL 电路系统行为描述的强大功能,对此,读者可以通过本章的内容仔细品味。

1. 时钟信号

任何时序逻辑电路都是以时钟信号为驱动信号的,时序电路通常在时钟信号的边沿到达时才发生状态变化。因此,设计时序逻辑电路时,必须要重视时钟信号。VHDL 程序描述时钟有两种基本形式,即将时钟放入进程的敏感信号表和用 WAIT 语句描述时钟。

(1) 将时钟放入进程的敏感信号描述。只要将时钟放入进程的敏感信号表,时钟信号就成为了进程的敏感信号。当时钟有边沿变化时,无论上升沿或者下降沿,都会启动进程执行一遍。不同的时序电路对时钟边沿的要求可能不同,有的是上升沿启动,有的是下降沿启

动。例如,VHDL 程序通常用语句

CLK′EVENT AND CLK=′1′

来描述这种边沿变化,其中 EVENT 表示信号发生变化;CLK=′1′表示变化后 CLK 的值为“1”,词句描述的是上升沿。若要描述下降沿,则将 CLK=′1′改为 CLK=′0′就可以了。如

```
PROCESS(CLK)
BEGIN
    IFCLK'EVENT AND CLK='0' THEN
    ...
    END IF;
END PROCESS;
```

此外,程序包 STD_LOGIC_1164 内定义了边沿检测函数 rising_edge(上升沿检测函数)和 falling_edge(下降沿检测函数),只要打开 STD_LOGIC_1164 库,这些函数就可以直接调用。如

```
IF rising_edge (clk) THEN
END IF;
```

当所定义的数据类型为 BIT 时,用 CLK′EVENT AND CLK=′1′肯定没有问题,因为 BIT 型数据的取值必然为 0 和 1 之中取其一。而当所定义的数据类型为 STD_LOGIC 时,用边沿检测更加合适,因为 STD_LOGIC 是一个 9 值类型,CLK′EVENT AND CLK=′1′并不能把该类型数据的所有边沿变化全部表示出来。

(2)用 WAIT 语句描述 clk 的变化,如

WAIT UNTIL clk=′1′

一个进程内部一旦有 WAIT 语句,就不要使用敏感信号表,反之亦然。WAIT 语句或者置于进程的开始,或者置于进程的最后。

2. 复位信号

在可编程芯片、可编程控制器(PLC)、微机等电子设备的运行中,会出现程序跑飞的情况或程序跳转,可用手动或自动的方法发给硬件特定接口使软件的运行恢复到特定的程序段运行,这一过程就是程序复位过程;而在这过程中,手动或自动的方法给硬件特定接口的信号就是复位信号。

3. 同步时序电路与异步时序电路

触发器是构成时序逻辑电路的基本器件,根据电路中各级触发器时钟端的连接方式,可以将时序电路分为同步时序电路和异步时序电路。同步时序电路中各触发器的时钟端连接到同一个时钟源上,各级触发器的状态变化是同时的。而异步时序电路中,各级触发器的时钟端不是连接到同一个时钟源的,触发器的状态变化可能不在同一时刻进行。

同步时序电路在目前的数字电子系统中占有绝对的优势,和异步时序电路相比具有以下优点:

- 同步时序电路可以减少工作环境对设计的影响。异步电路受电路的工作温度、电压

等外界参数的影响，器件延时变化较大，可能异致芯片无法正常工作。同步电路只要求时钟和数据沿相对稳定，时序要求较为宽松，因此对环境的依赖性较小。

- 同步时序电路可以有效避免毛刺的影响，提高设计可靠性。毛刺是指由于组合逻辑输出的不同时引起的一些不正确的尖峰信号。毛刺在数字电路设计中经常出现，而且会破坏数字系统的稳定性。同步时序电路所有的变化发生在时钟沿处，能有效避免毛刺的影响。
- 同步时序电路可以简化时序分析过程。时序分析是高速数字电路设计的重要方向，同步时序电路的时序分析相对较简单。

同步时序电路的优点是很明显的，因而在实际应用中被广泛采用。另一方面，同步时序电路也有自己缺点：

- 同步时序电路中时钟信号必须分布到电路上的每个触发器时钟端。即使某终触发器没做任何工作，高频率的时钟转仍然会导致该部分电路功耗和热量的产生。
- 时序电路都有一个工作频率的上限值，由于同步时序电路中全局只使用同一个时钟，可能导致最高时钟频率被电路中最慢的逻辑路径限制。FPGA 设计中这种路径叫做关键路径。

综上所述，实际应用中大多使用同步时序电路，但有些场合下却必须使用异步时序电路。例如，电子抢答器是一种经典的异步时序电路。假设电子抢答器由一个主持人按钮和 4 个抢答按钮组成，只有主持人按下按钮后，其他人才能开始抢答，当最先抢答的选手按下按钮后，其余选手的抢答键将失效，并将抢答成功的按钮序号显示出来。可以看出，电子抢答器中，电路状态的变化是由多个不同的外部输入信号决定的，而各外部输入信号何时输入是不确定的。因此，该电路用异步时序电路描述较合适。

4.2.1　基础时序元件

1. D 触发器

(1) D 触发器的 VHDL 描述

最简单、最常用、最具代表性的时序元件是 D 触发器，它是现代数字系统设计中最基本的底层时序单元，甚至是 ASIC 设计的标准单元。JK 和 T 等触发器都可由 D 触发器构建而来。D 触发器的描述包含了 VHDL 对时序电路的最基本和典型的表达方式，同时也包含了 VHDL 许多最具特色的语言现象。以下首先对 D 触发器的 VHDL 描述进行详细的分析，得出时序电路描述的一般规律和设计方法。

具有边沿触发性能的 D 触发器基本模块如图 4.20 所示。只有当时钟上升沿到来时，起输出的值才会随入口 D 的数据而改变，这里称之为更新。例 4.8 给出了 VHDL 对 D 触发器的一种常用描述形式。

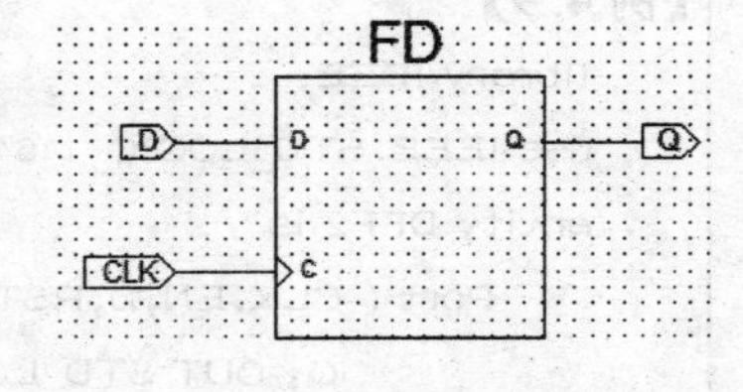

图 4.20　D 触发器模块图

【例 4.8】

```
library IEEE;
use IEEE.STD_LOGIC_1164.ALL;
```

```
entity DFF1 is
     Port ( CLK,D : in  STD_LOGIC;
            Q : out   STD_LOGIC);
end DFF1;
architecture Behavioral of DFF1 is
SIGNAL Q1 :STD_LOGIC;
begin
     PROCESS(CLK,Q1 )
          BEGIN
               IF(CLK'EVENT AND CLK='1')THEN
               Q1<=D;
               END IF;
     END PROCESS;
     Q<=Q1;
end Behavioral;
```

(2) 含异步复位和时钟使能的D触发器及其VHDL描述

实用的D触发器标准模块应该如图4.21所示，此类D触发器除了数据端D、时钟端CLK和输出端Q以外还有两个控制端，即异步复位端和时钟使能端EN。这里所谓的“异步”是指独立于时钟控制的复位控制端。即在任何时刻，只要RST='1'(有的D触发器基本模块是低电平清0有效)，只有当EN=1时，时钟上升沿才能导致触发器数据的更新。因此图4.21中D触发器的RST和EN信号是对时钟CLK有效性进行控制的。当然也可以认为，EN是时钟的同步信号，即只有时钟信号有效时(有上升沿时)，EN才会发生作用。这种含有异步复位和时钟使能控制的D触发器的VHDL描述如例4.9。

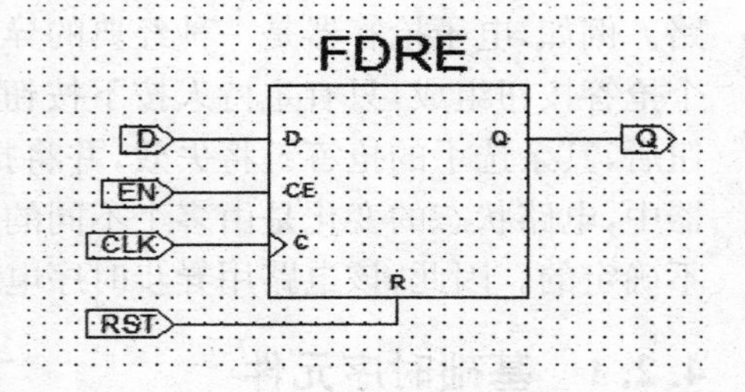

图4.21　含使能和复位信号的D触发器

【例4.9】

```
library IEEE;
use IEEE.STD_LOGIC_1164.ALL;
entity DFF2 is
    Port ( CLK,EN,D,RST : in   STD_LOGIC;
           Q: OUT STD_LOGIC);
end DFF2;
architecture Behavioral of DFF2 is
SIGNAL Q1:STD_LOGIC;
begin
PROCESS(CLK,Q1,RST,EN)
  BEGIN
  IF RST='1' THEN Q1<='0';
```

```
    ELSIF CLK'EVENT AND CLK='1' THEN
          IF EN='1' THEN Q1<=D;
          END IF;
    END IF;
  END PROCESS;
  Q<=Q1;
  end Behavioral;
```

(3) 含同步复位控制的D触发器及其 VHDL 描述

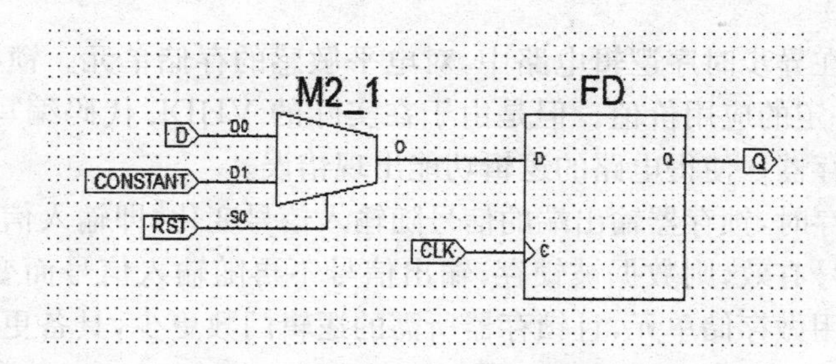

图 4.22　含同步清 0 控制的 D 触发器

通常,基本 D 触发器模块中不含同步清零控制逻辑。因此,需要含此功能时,必须外加逻辑才能构建此功能。图 4.22 所示的就是一个含有同步清 0 的 D 触发器电路,它在输入端口 D 处加了一个 2 选 1 多路选择器。工作时,当 RST='1'时,即选通"1"端的数据 0,使 0 进入触发器的 D 输入端。如果这时 CLK 有一个上升沿,便将此 0 送往输出端 Q,这就实现了同步清 0 的功能。而当 RST='0'时,则选通"0"端的数据 D,使数据进入触发器的 D 输入端。这时的电路即与图 4.20 普通触发器相同了。

例 4.10 是对此类触发器的 VHDL 描述。注意清 0 控制信号 RST 在程序中放置的位置。此外,可以看出此程序的特点是,有两条嵌套的 IF 语句,外层的 IF 属于条件不完整语句,故构成了 D 触发器,而内层的 IF 语句的条件叙述是完整的,故构成了典型的多路选择器组合电路。

【例 4.10】

```
library IEEE;
use IEEE.STD_LOGIC_1164.ALL;
entity DEF3 is
    Port ( CLK,RST,D : in  STD_LOGIC;
           Q : out  STD_LOGIC);
end DEF3;
architecture Behavioral of DEF3 is
SIGNAL  Q1:STD_LOGIC;
begin
    PROCESS(CLK,Q1,RST)
    BEGIN
```

```
            IF CLK'EVENT AND CLK='1' THEN
              IF RST='1' THEN Q1<='0';
              ELSE Q1<=D;
              END IF;
            END IF;
        END PROCESS;
    Q<=Q1;
    end Behavioral;
```

2. 锁存器

锁存器是一种在异步时序逻辑电路中,对电平敏感的存储单元。锁存器本身是一种常用的逻辑单元,有一定的应用价值。但是由于在实际的VHDL代码编写中,很容易产生设计人员不期望的锁存器。使得电路的逻辑功能出现错误。

在数据未被锁存时,锁存器输出端的信号随输入信号变化,即输入信号被透明传输到输出端。一旦锁存信号有效,则数据被锁存,输出信号不再随输入信号而变化。本质上,锁存器和触发器都可以用做存储单元,且锁存器所需的逻辑门数更少,具备更高的集成度。但是锁存器具有下列缺点:

- 电平触发方式,使得锁存器对毛刺非常敏感;
- 不能异步复位,因此上电后锁存器处于不确定状态;
- 锁存器的存在会使电路的静态时序分析变得非常复杂,电路不具备可重用性;
- 基于查找表原理的FPGA中,基本单元是由查找表和触发器构成的,若生成锁存器反而需要更多的逻辑资源。

可以看出,锁存器存在诸多缺点,在电路设计,特别是同步时序电路设计中,锁存器是很不常用的。需要注意的是,VHDL的描述语句很容易产生与设计意图不符合的锁存器,降低电路的性能,甚至改变电路的原有逻辑功能。因此,在电路设计中要对使用锁存器特别谨慎。

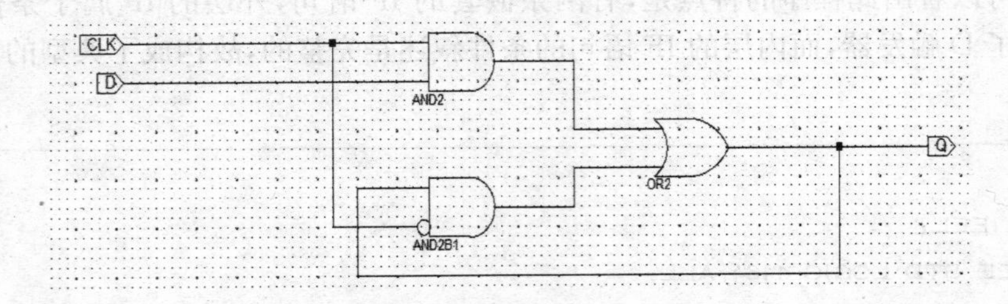

图 4.23　基本锁存器模块内部电路结构

图4.23是基本锁存器模块内部电路结构。基本锁存器是一个电平触发型时序模块,当CLK为高电平时,其输出Q的数值才会随D输入的数据改变,即更新;而当CLK为低电平时将保存其在高电平时锁入的数据。例4.11是对此电路模块的VHDL描述。

【例 4.11】

```
    library IEEE;
    use IEEE.STD_LOGIC_1164.ALL;
```

```
entity LTCH2 is
    Port ( CLK,D : in  STD_LOGIC;
           Q : out  STD_LOGIC);
end LTCH2;

architecture Behavioral of LTCH2 is
begin
  PROCESS(CLK,D)
  BEGIN
    IF CLK='1' THEN Q<=D;
    END IF;
  END PROCESS;
end Behavioral;
```

下面来分析例 4.11 对锁存器功能的描述。

与对 D 触发器的描述不同，此例中没有使用时钟边沿敏感表述“CLK'EVENT AND CLK='1'”，那么它是如何描述时序电路的呢？

首先考查时钟信号 CLK。设某个时刻，CLK 由 0 变为高电平 1，这时过程语句被启动，于是顺序执行以下的 IF 语句，而此时恰好满足 IF 语句的条件，即 CLK=1，于是执行赋值语句 Q<=D，将 D 的数据向 Q 赋值，即更新 Q，并结束 IF 语句。其实至此还不能认为综合器即可借此构建时序电路。

必须再来考察问题的另一面才能决定，即考察以下两种情况：

(1) 当 CLK 发生了电平变化，但是从 1 变到 0，这时无论 D 是否变化，都将启动过程，去执行 IF 语句，但这时 CLK=0，不满足 IF 语句的条件，故直接跳过 IF 语句，从而无法执行赋值语句 Q<=D，于是 Q 只能保持原值不变，这就意味着需要引入存储元件于设计模块中，因为只有存储元件才能满足当输入改变而保持 Q 不变的条件。

(2) 当 CLK 没有发生任何变化，且 CLK 一直为 0(结果与以上讨论相同)，而敏感信号 D 发生了变化。这时也能启动过程，但由于 CLK=0，将直接跳过 IF 语句，从而同样无法执行赋值语句 Q<=D，导致 Q 只能保持原值，这也意味着需要引入存储元件于设计模块中。

在以上两种情况中，由于 IF 语句不满足条件，于是将跳过赋值表达式 Q<=D，不执行此赋值表达式而结束 IF 语句和过程。对于这种语言现象，VHDL 综合器解释为对于不满足条件，跳过赋值语句 Q<=D 不予执行，即意味着保持 Q 的原值不变(保持前一次满足 IF 条件时 Q 被更新的值)。对于数字电路来说，当输入改变后试图保持一个值不变，就意味着使用具有存储功能的元件，就是必须引进时序元件来保存 Q 中的原值，直到满足 IF 语句的判断条件后才能更新 Q 中的值，于是便产生了时序元件。

那么为什么综合出的时序元件是电平触发型锁存器而不是边沿型触发器呢？这里不妨再考察例 4.11 的另一种可能的情况就清楚了。设例 4.11 中的 CLK 一直为 1，而当 D 发生变化时，必定启动过程，执行 IF 语句中的 Q<=D，从而更新 Q。而且在这个过程中，只要有所变化，输出 Q 就将随之变化，这就是所谓的锁存器的“透明”。因此锁存器也称为透明锁存器。反之，如前讨论的情况，若 CLK=0 时 D 即使变化，也不可能执行 IF 语句(满足 IF 语句

的条件表述)，从而保持住了 Q 的原值。

和 D 触发器不同，在 FPGA 中，综合器引入的锁存器在许多情况下(不同的综合器、不同的 FPGA 结构或不同的 ASIC 标准模块等)，不属于现成的基本时序模块，所以需要用含反馈的组合电路构建，其电路结构如图 4.22 所示。显然，这比直接调用 D 触发器要额外耗费组合逻辑资源。

需要注意的是图 4.23 与图 4.21 电路元件的端口 ENA 的功能是完全不同的，前者的 ENA 的功能类似于时钟 CLK，是数据锁存允许控制端，而后者则是时钟使能端。

4.2.2 计数器的 VHDL 设计

数字系统经常需要对脉冲的个数进行计数，以实现数字测量、状态控制和数据运算等，计数器就是完成这一功能的逻辑器件。计数器是数字系统的一种基本部件，是典型的时序电路。计数器的应用十分广泛，常用于数/模转换、计时、频率测量等。

计数器按照工作原理和使用情况可分为很多种类，如最基本的计数器、带清零端的(包括同步清零和异步清零)计数器、能并行预加载初始计数值的计数器、各种进制的计数器(如二进制、六十进制)等。

1. 基本计数器

基本计数器只能实现单一递增计数或递减计数功能，没有其他任何控制端。下面以递增计数器为例介绍其设计方法。

例 4.12 为递增基本计数器的 VHDL 设计

【例 4.12】 递增基本计数器的 VHDL 设计

```
library IEEE;
use IEEE.STD_LOGIC_1164.ALL;
use IEEE.STD_LOGIC_UNSIGNED.ALL;
entity countbasic is
    Port ( clk : in  STD_LOGIC;
           q : buffer  STD_LOGIC_VECTOR (7 downto 0));
end countbasic;
architecture Behavioral of countbasic is
begin
process(clk)
    variable qtmp :std_logic_vector(7 downto 0);
    begin
        if clk'event and clk='1' then
            qtmp:=qtmp+1;
        end if;
    q<=qtmp;
end process;
end Behavioral;
```

2. 同步清零的计数器

同步清零计数器只是在基本计数器的基础上增加了一个同步清零控制端。例 4.13 设计了一个同步清零计数器。

【例 4.13】 设计了一个同步清零计数器

```
library IEEE;
use IEEE.STD_LOGIC_1164.ALL;
use IEEE.STD_LOGIC_UNSIGNED.ALL;
entity countclr is
    Port ( clk : in   STD_LOGIC;
           clr : in   STD_LOGIC;
           q : buffer   STD_LOGIC_VECTOR (7 downto 0));
end countclr;
architecture Behavioral of countclr is
begin
process(clk)
    variable qtmp :std_logic_vector(7 downto 0);
    begin
        if clk'event and clk='1' then
            if clr='0' then qtmp:="00000000";
            else qtmp:=qtmp+1;
            end if;
        end if;
    q<=qtmp;
end process;
end Behavioral;
```

3. 同步预置计数器

有时计数器不需要从0开始累计数，而希望从某个数开始往前或者往后计数。这时就需要有控制信号能在计数开始时控制计数器从期望的初始值开始计数，这就是可预加载初始计数器。下例设计了一个对时钟同步的预加载(或称预置)计数器。

【例 4.14】 对时钟同步的预加载(或称预置)计数器的 VHDL 设计

一个同步清零、使能、同步预置数的计数器应具备的脚位有：始终输入端 clk；计数输出端 Q；同步清零端 clr；同步使能端 en；加载控制端 load；加载数据输入 din。

```
library IEEE;
use IEEE.STD_LOGIC_1164.ALL;
use IEEE.STD_LOGIC_UNSIGNED.ALL;
entity countload is
Port ( clk : in   STD_LOGIC;
       clr,en,load : in   STD_LOGIC;
       din :in std_logic_vector(7 downto 0);
      q : buffer   STD_LOGIC_VECTOR (7 downto 0));
end countload;
architecture Behavioral of countload is
```

```
begin
process(clk)
begin
    if clk'event and clk='1' then
        if clr='0' then
        q<="00000000";
        elsif en<= '1' then
            if load='1' then q<=din;
            else q<=q+1;
            end if;
        end if;
    end if;
end process;
end Behavioral;
```

4. 带进制的计数器

前面几个实例中，计数最高值都受计数器输出位数的限制，当位数改变时，计数最高值也会发生改变。如对于8位计数器，其最高计数值"11111111"，即每计255个脉冲后就回到"00000000"；而对于十六位制计数器，其最高计数值为x"FFFF"，每计65 535个时钟脉冲后就回到x"0000"。

如果需要计数到某特定值时就回到初始计数状态，则用以上程序无法实现，这就提出了设计某进制计数器的问题。本例设计了一个一百二十八进制的计数器，为使该程序更具代表性，还增加了一些控制功能。

【例4.15】 128进制计数器的VHDL设计

一个同步清零、使能、同步预置数的128进制计数器应具备的脚位有：时钟输入端clk，计数输出端Q；同步清零端clr；同步使能端en；加载控制端load；加载数据输入din。

```
library IEEE;
use IEEE.STD_LOGIC_1164.ALL;
use IEEE.STD_LOGIC_UNSIGNED.ALL;
entity count128 is
Port ( clk : in  STD_LOGIC;
       clr,en,load : in  STD_LOGIC;
       din : in std_logic_vector(7 downto 0);
      q : buffer  STD_LOGIC_VECTOR (7 downto 0));
end count128;
architecture Behavioral of count128 is
begin
    process(clk)
    begin
        if clk'event and clk='1' then
          if clr='0' then
```

```
            q<="00000000";
          elsif q<="01111111" then
            q<="00000000";
          elsif en='1' then
              if load='1' then
                q<=din;
              else q<=q+1;
              end if ;
          end if;
      end if;
    end process;
end Behavioral;
```

4.2.3　堆栈与FIFO

1. 堆栈

通常,队列是计算机系统中的一种基本数据结构。队列按照存储方式的不同,一般可以分为先进先出队列(First In First Out, FIFO)或者后进先出队列(First In Last Out,FILO)等,它们是微机系统中非常重要的存储器单元。队列作为一种基本的数据结构或者存储单元,它们存放数据的结构和随机存储器是完全一致的,只是具体的存储方式不同。

堆栈是一种先进后出的存储器。它要求存入数据按顺序排列,存储器全满时给出信号并拒绝继续存入;读出时按后进先出原则;存数数据一旦读出就从存储器中消失。在大多数CPU中,指针寄存器都由堆栈结构实现,也作堆栈指针(Stack Pointer,SP)寄存器。

【例4.16】 堆栈的VHDL设计

设计思想:将每一个存储单元设置为字(word);存储器整体作为由字构成的数组;为每个字设计一个标记(flag),用以表达该存储单元的是否已经存放了数据;每写入或者读出一个数据,字的数组内容进行相应的移动,标记也做相应的变化。

其VHDL程序代码如下:

```
library IEEE;
use IEEE.STD_LOGIC_1164.ALL;
use IEEE.STD_LOGIC_ARITH.ALL;
use IEEE.STD_LOGIC_UNSIGNED.ALL;
entity stack is
    Port ( datain : in  STD_LOGIC_VECTOR (7 downto 0);
           push,pop,reset,clk : in  STD_LOGIC;
           stackfull : out  STD_LOGIC;
           dataout : buffer  STD_LOGIC_VECTOR (7 downto 0));
end stack;
architecture Behavioral of stack is
type arraylogic is array (15 downto 0) of std_logic_vector(7 downto 0);
signal data :arraylogic;
```

```
signal stackflag :std_logic_vector(15 downto 0);
begin
stackfull<=stackflag(0);
process(clk,reset,pop,push)
    variable selffunction :std_logic_vector(1 downto 0);
    begin
    selffunction:=push & pop;
    if reset='1' then
        stackflag<=(others=>'0');
        dataout<=(others=>'0');
        for i in 0 to 15 loop
            data(i)<="00000000";
        end loop;
    elsif clk'event and clk='1' then
        case selffunction is
        when "10"=>
            if stackflag (0)='0' then
            data(15)<=datain;
            stackflag<='1'&stackflag(15 downto 1);
            for i in 0 to 14 loop
            data(i)<=data(i+1);
            end loop;
            end if;
        when "01"=>
            dataout<=data(15);
            stackflag<=stackflag(14 downto 0)&'0';
            for i in 15 to 1 loop
            data(i)<=data(i-1);
            end loop;
        when others=>null;
        end case;
        end if;
    end process;
end Behavioral;
```

以上程序是基于移位寄存器的设计思想。若基于存储器的设计思想,则可以设置一个指针,表示出当前写入或读出单元的地址,使这种地址进行顺序变化,就可以实现数据的顺序读出或写入。

【例 4.17】

```
library IEEE;
use IEEE.STD_LOGIC_1164.ALL;
use IEEE.STD_LOGIC_ARITH.ALL;
```

```
use IEEE.STD_LOGIC_UNSIGNED.ALL;
entity stack is
    Port ( datain : in  STD_LOGIC_VECTOR (7 downto 0);
           push,pop,reset,clk : in  STD_LOGIC;
           stackfull : out  STD_LOGIC;
           dataout : buffer  STD_LOGIC_VECTOR (7 downto 0));
end stack;
architecture Behavioral of stack is
type arraylogic is array (15 downto 0) of std_logic_vector(7 downto 0);
signal data :arraylogic;
begin
           process(clk,reset,pop,push)
           variable p: natural range 0 to 15;
variable selffunction :std_logic_vector (1 downto 0);
variable s:std_logic;
    begin
    stackfull<=s; selffunction:= push &pop;
        if reset='1' then
          p:=0; dataout<=(others=>'0');s:='0';
          for i in 0 to 15 loop
           data(i)<="00000000";
           end loop;
        elsif clk'event and clk='1' then
          if p<15 and selffunction="10" then
          data(p)<=datain;p:=p+1;
        end if;
          if p=15 and selffunction="10" and s='0' then
          data(p)<=datain; s:='1';
        end if;
          if p>0 and selffunction="01" and s='0' then
          p:=p-1;dataout<=data(p);
        end if;
          if p=15 and selffunction="01" and s='1' then
          dataout<=data(p);s:='0';
          end if;
      end if;
    end process;
end Behavioral;
```

2. FIFO 存储器

FIFO 是一种先进先出存储器。它要求存入数据按顺序排放，存储器全满时给出信号并拒绝继续存入，全空时也给出信号并拒绝读出；读出时按先进先出原则；存储数据一旦读出就从存储器中消失。

FIFO一般用于不同时钟域之间的数据传输，比如FIFO的一端是AD数据采集，另一端是计算机的PCI总线，假设其AD采集的速率为16位100 K SPS(samples per secend)，那么每秒的数据量为100 K×16 bit＝1.6 Mbps，而PCI总线的速度为33 MHz，总线宽度32 bit，其最大传输速率为1 056 Mbps，在两个不同的时钟域间就可以采用FIFO来作为数据缓冲。另外对于不同宽度的数据接口也可以用FIFO，例如单片机是8位数据输出，而DSP可能是16位数据输入，在单片机与DSP连接时就可以使用FIFO来达到数据匹配的目的。

【例4.18】 FIFO的VHDL设计

设计思想：结合堆栈指针的设计思想，采用环行寄存器方式进行设计；分别设置写入指针WP和读出指针rp，标记下一个写入地址和读出地址；地址随写入或读出过程顺序变动；设置全空标记和全满标记以避免读出或者写入的错误。

设计时需要注意处理好从地址最高位到地址最低位的变化。其VHDL程序代码如下：

```
library IEEE;
use IEEE.STD_LOGIC_1164.ALL;
use IEEE.STD_LOGIC_ARITH.ALL;
use IEEE.STD_LOGIC_UNSIGNED.ALL;
entity kfifo is
    Port ( datain : in  STD_LOGIC_VECTOR (7 downto 0);
           push,pop,reset,clk : in  STD_LOGIC;
           full,empty : out  STD_LOGIC;
           dataout : out  STD_LOGIC_VECTOR (7 downto 0));
end kfifo;
architecture Behavioral of kfifo is
type arraylogic is array(15 downto 0) of std_logic_vector(7 downto 0);
signal data : arraylogic;
signal fi,ei: std_logic;    ---为全满全空设置内部信号，以便内部调用；
signal wp,rp: natural range 0 to 15;   --指针
begin
process(clk,reset,pop,push)
    variable selfunction :std_logic_vector(1 downto 0);
    begin
    full<=fi;empty<=ei;
    selfunction := push & pop;
if reset='1' then
    wp<=0;rp<=0;fi<='0';ei<='1';
    dataout<=(others=>'0');
    for i in 0 to 15 loop
    data(i)<="00000000";
    end loop;
elsif clk'event and clk='1' then
```

```
--write
    if fi='0' and selfunction="10" and wp<15 then
        data(wp)<=datain;
        wp<=wp+1;
        if wp=rp then fi<='1' ;end if;
        if ei='1' then ei<='0' ;end if;
    end if;

    if fi='0' and selfunction="10" and wp=15 then
        data(wp)<=datain;
        wp<=0;
        if wp=rp then fi<='1' ;end if;
        if ei='1' then ei<='0' ;end if;
        end if;
--read
    if ei='0' and selfunction="01" and rp<15 then
    dataout<=data(rp);
    rp<=rp+1;
    if wp=rp then ei<='1';end if;
    if fi='1' then fi<='0';end if;
    end if;

    if ei='0' and selfunction="01" and rp=15 then
    dataout<=data(rp);
    rp<=0;
    if wp=rp then ei<='1' ;end if;
    if fi='1' then fi<='0' ;end if;
    end if;
end if;
end process;
end Behavioral;
```

4.2.4　多边沿触发问题

VHDL 可以描述信号的上升沿和下降沿，因而理论上可以同时利用信号的上升沿和下降沿来处理数据。但是 VHDL 中一般不允许在时钟信号的两个边沿都对同一个信号进行赋值操作。

一般情况下，VHDL 进程中不允许使用多沿触发，多沿问题按照信号源可以划分为两种情况：一种是同一个信号的两个边沿；另一种是不同信号的边沿。

同一个信号的两个边沿触发程序格式如下：

```
IF(rising_edgc(clk)) THEN
...
ELSIF(fail_edge(clk)) THEN
...
```

或者

```
IF(rising_edgc(clk)) THEN
...
END IF;
IF(fail_edge(clk)) THEN
...
END IF;
```

不同信号的边沿触发格式如下：

```
IF(clk1 边沿提取) THEN
...
ELSIF(clk2 边沿提取) THEN
...
```

或者

```
IF(clk1 边沿提取) THEN
...
END IF;
IF(clk2 边沿提取) THEN
...
END IF;
```

事实上，不管是上述四种情况中的哪种情况，多边沿问题如果出现了下列条件中的任何一条，就不可综合：

- 在同一个 IF 语句中出现两个边沿的描述和触发；
- 在不同的边沿触发下对同一个信号进行赋值操作。

下面对这两个条件进行说明和解释，并进一步介绍可以进行多边沿协调触发的应用场合。

1. 不可综合的多沿触发

多沿触发较容易引起程序不可综合，所幸 VHDL 程序中不经常遇到多沿触发问题。在编写程序中，若遇到多沿触发的情形，应注意区分哪类多沿触发形式是不可综合的。

(1) 在同一个 IF 语句中出现两个边沿的描述和触发的多沿问题不可综合。VHDL 程序设计中，设计者有时希望在时钟信号的两个边沿都进行触发。以计数器为例，时钟信号为 clk，使用下面的语句，希望能在 clk 的上升沿和下降沿都实现计数：

```
IF(rising_edgc(clk)) THEN
    cnt <= cnt + 1;
ELSIF(fail_edge(clk)) THEN
    cnt <= cnt + 1;
END IF;
```

上述语句中，一条 IF 语句就同时包含了 clk 信号的两个边沿，这在 VHDL 设计中是不允许的。不要在同一个 IF 语句中描述两个或两个以上的信号边沿。

(2) 在不同的地沿触发下对同一个信号进行赋值操作多沿问题不可综合。上述计数器的描述语句还存在一个问题，即在不同边沿触发下对同一信号 cnt 进行了赋值。这在 VHDL 程序设计中也是不允许的，对这一点解释如下：

FPGA 等可编程逻辑器件的实际电路中并没有一种元件能够实现双沿触发。我们知道，FPGA 中的记忆元件以触发器为主，而由数字电路的基础知识可知，所有的触发器都只有一个时钟端口，如图 4.24(a)所示。这种在不同的沿触发下对同一个信号(如图 4.24(b)

中的 Q 信号)赋值的电路,即使不同的边沿是在不同的 IF 语句中描述的,其结构也会如图 4.24(b) 所示,因而是无法实现的。

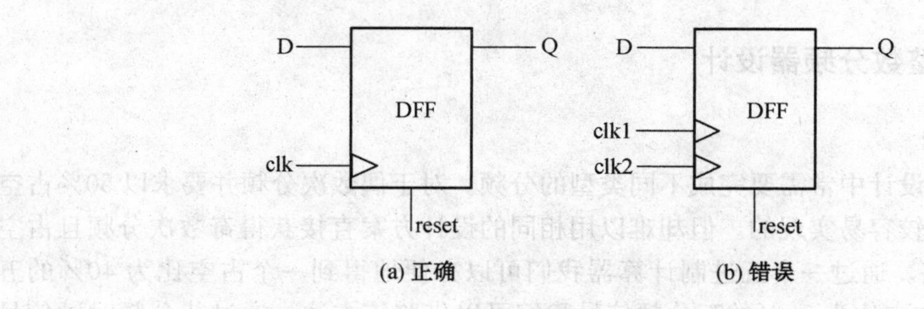

图 4.24　触发器结构

2. 多触发协同工作

上文说过,只要进程内的多个边沿不满足上述两条中的任何一条,多边沿触发的进程还是可以综合的。如下列代码:

```
…
PROCESS(clk)
BEGIN
    IF( rising_edge(clk) ) THEN
        A <= B;
    END IF;
    IF( fail_edge(clk) ) THEN
        C <= A;
    END IF;
END PROCESS;
```

分析如下:

• 进程中两个边沿描述不在同一个 IF 语句中;

• 两个边沿触发下赋值的对象是不同的信号,一个为 A,另一个为 C。

由此可见,多沿触发问题不满足两个条件中的任何一条,故可以综合。事实上,上述代码中的描述可以等价于将两个边沿触发分割到两个进程中的描述方法。之所以能把一个进程分割成两个进程,是因为两个边沿触发下的赋值对象为不同的信号,因此可以在两个进程中分别赋值。如果两个边沿触发下的赋值对象有相同的信号,分割到两个进程中就会引起两个进程同时对同一个信号赋值,这叫信号的多重赋值,这在硬件设计中是绝不允许的。可以总结多沿触发可综合的原则为:

• 多沿描述不可出现在同一个 IF 语句之内;

• 本质上可以将该多沿触发进程分解成多个单沿触发进程。

由上可知,可综合的多边沿触发进程都可以转化为多个单边沿触发进程,因此"真正"的可综合多边沿触发进程是不存在的。读者在编写进程时,若发现有多边沿触发的描述,就要考虑是否能够转化为多个单边沿触发进程。

【设计实践】

4-4　奇数与半整数分频器设计

1. 奇数分频器

实用数字系统设计中常需要完成不同类型的分频。对于偶数次分频并要求以50%占空比输出的电路是比较容易实现的。但却难以用相同的设计方案直接获得奇数次分频且占空比也是50%的电路。通过一个五进制计算器我们可以方便地得到一个占空比为40%的五分频信号,欲得到占空比为50%的五分频信号我们可以借鉴该方法。通过待分频时钟信号的下降沿触发进行计数,产生一个占空比为40%(2/5)的5分频器。将产生的时钟与上升沿触发产生的时钟相或,即可得到一个占空比为50%的5分频器。

推广为一般方法:欲实现占空比为50%的$2N+1$分频器,则需要对待分频时钟上升沿和下降沿分别进行$N/(2N+1)$分频,然后将两个分频所得的时钟信号相或得到占空比为50%的$2N+1$分频器。

下面的代码就是利用上述思想获得占空比为50%的7分频器。需要我们分别对上升沿和下降沿进行3/7分频,再将分频获得的信号相或。

```
*****************************************************
--description: 占空比为 50%的 7 分频
LIBRARY IEEE;
USE IEEE.STD_LOGIC_1164.ALL;
USE IEEE.STD_LOGIC_UNSIGNED.ALL;
USE IEEE.STD_LOGIC_ARITH.ALL;
    entity clk_div3 is
    port ( clk_in : in std_logic;
           clk_out: out std_logic);
    end clk_div3;

architecture behav of clk_div3 is
    signal cnt1, cnt2: integer range 0 to 6;
    signal clk1, clk2: std_logic;
begin
    process (clk_in)
    begin
        if ( rising_edge (clk_in) ) then
          if(cnt1 < 6) then
            cnt1 <= cnt1 + 1;
            else cnt1 <= 0;
          end if;
          if (cnt1 < 3) then
            clk1 <= '1';
```

```
            else clk1 <= '0';
         end if;
      end if;
   end process;

   process(clk_in)
   begin
      if ( falling_edge(clk_in) ) then
         if(cnt2 < 6) then
            cnt2 <= cnt2 + 1;
            else cnt2 <= 0;
      end if;
      if(cnt2 < 3) then
            clk2 <= '1';
            else clk2 <= '0';
      end if;
    end if;
   end process;
   clk_out <= clk1 or clk2;
   endbehav;
```

* *

2. 半整数分频器

在某些场合下，时钟源与所需的频率不成整数倍关系，此时需要用小数分频器进行分频。比如：分频系数为 2.5、3.5、7.5 等半整数分频器。例如，欲实现分频系数为 2.5 的分频器，可采用以下方法：设计一个模为 3 的计数器，再设计一个脉冲扣除电路，加在模 3 计数器输出之后，每来两个脉冲就扣除一个脉冲，就可以得到分频系数为 2.5 的小数分频器。采用类似方法，可以设计分频系数为任意半整数的分频器。

推广开来，设需要设计一个分频系数为 $N-0.5$ 的分频器，其电路可由一个模 N 计数器、二分频器和一个异或门组成，如图 4.25 所示

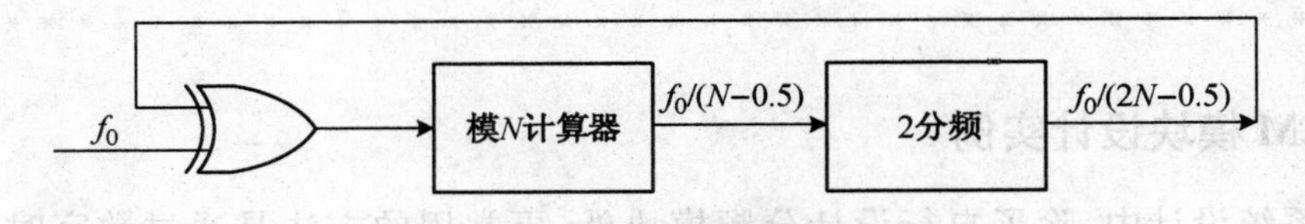

图 4.25　通用半整数分频器电路组成

* *

```
--description: 占空比为 50%的 2.5 分频
LIBRARY IEEE;
USE IEEE.STD_LOGIC_1164.ALL;
USE IEEE.STD_LOGIC_UNSIGNED.ALL;
USE IEEE.STD_LOGIC_ARITH.ALL;
    entity clk_divN_5 is
```

```
    port ( clk : in std_logic;
           clkout: out std_logic);
    end clk_divN _5;

architecture behav of clk_divN_5 is
  constant counter_len: integer: = 3;
  signal clk_tem, qout1, qout1: std_logic;
begin
  qout1<= clk xor qout2;
  process (qout1)
    variablecnt: integer range 0 to counter_len-1;
  begin
    if ( rising_edge (qout1) ) then
        if(cnt = counter_len-1 ) then
          cnt := 0; clk_tem <= '1'; clkout <= '1';
        else
          cnt := cnt+1; clk_tem<= '0'; clkout<= '0';
        end if;
    end if;
  end process;
  process (clk_tem)
     variable tem: std_logic;
  begin
     if ( rising_edge (clk_tem) ) then
        tem := not tem;
     else
        qout2 <= tem;
     end if;
  end process;
  endbehav;
```

* *

4-5 DCM 模块设计实例

数字系统设计中，除了自行设计分频模块外，更常用的方法是通过数字时钟管理核(Digital Clock Manager，DCM)进行时钟信号的管理。DCM 的作用是管理和控制时钟信号，它具有对时钟源进行分频、倍频、去抖动和相位调整等功能。Xilinx 的 DCM 模块是基于数字延迟锁相环(DLL)设计的，和 DLL 相比，DCM 具有更加强大的时钟管理和控制功能，其功能包括时钟延迟消除、时钟相位调整和频率合成等。DCM 结构框架如图 4.26 所示，它由 4 个独立的功能单元构成，这 4 个功能单元分别是 DLL、Phase Shifter(移相器)、Digital Frequency Synthesizer(数字频率合成器)和 Digital Spread Spectrum(数字频率扩展器)。

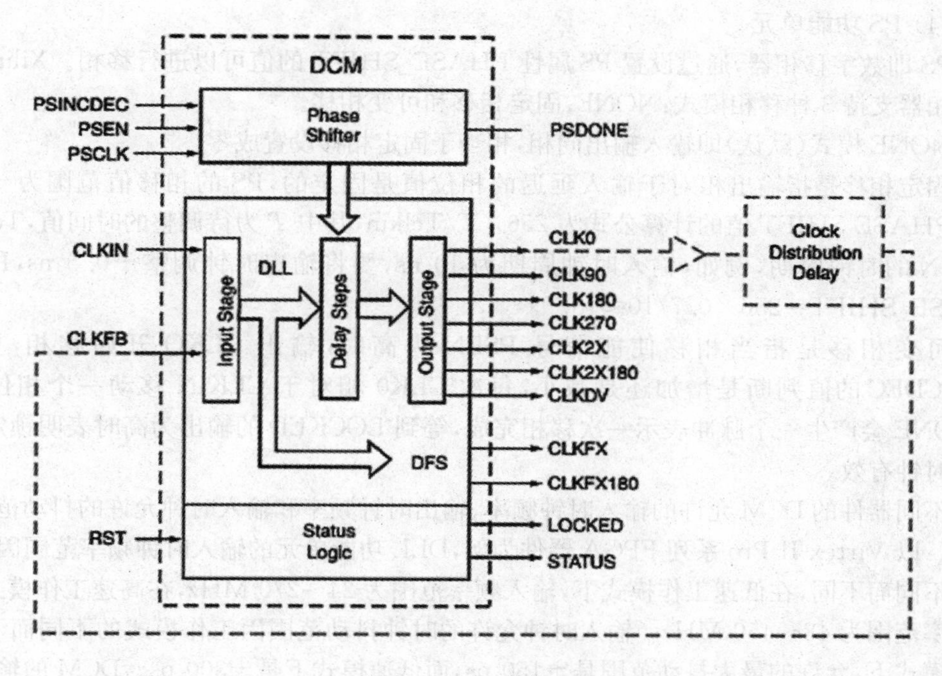

图 4.26　DCM 模块

(1) DLL 功能单元

DLL 单元提供了片上数字延时消除电路，用以产生零延迟的时钟信号。其工作原理是通过监视 CLKIN 和 CLKFB 之间的偏差，调整延时消除电路参数，在输入时钟之后不断插入延时，直到输入时钟和反馈时钟的上升沿同步，锁定环路进入锁定状态，只要输入时钟不变化，输入时钟和反馈时钟就能一直保持同步。DCM 的反馈时钟信号来自于 CLK0 或 CLK2X 引脚。该反馈信号可以来自芯片内部，也可以来自芯片外部。内部反馈是为了保证内部时钟与输入芯片的 I/O PAD 上的时钟相位对齐，外部反馈是为了保证输出到外部的时钟的相位与输入芯片的 I/O PAD 上的时钟相位对齐。

(2) DFS 功能单元

DFS 的输出频率计算公式为：

$$F_{\text{CLKFX}} = F_{\text{CLKIN}} \times \frac{\text{CLKFX\_MULTIPLY}}{\text{CLKFX\_DIVIDE}}$$

当 CLKFX MULTIPLY＝3，CLKFX_DIVIDE＝2，CLKIN 的频率为 100 MHz 时，合成频率为 150 MHz。利用 DFS 能够在器件允许的频率范围内生成各种频率的时钟信号，供用户设计使用。参数 CLKFX_MULTIPLY 的值可以取在 2～32 之间的任意整数，而参数 CLKFX_DIVIDE 的值可在{1.5，2，2.5，3，3.5，4，4.5，5，5.5，6，6.5，7，7.5，8，9，10，11，12，13，14，15，16}集合中任取。

(3) DSS 功能单元

DSS 是 Xilinx 推出的利用扩频时钟技术来减少电磁干扰(EMI)的一项技术，它可以帮助用户解决电磁干扰问题，减小因电磁干扰对设计带来的影响。

(4) PS功能单元

PS即数字移相器，通过设置PS属性PHASE_SHIFT的值可以进行移相。Xilinx的数字移相器支持3种移相模式：NONE、固定相移和可变相移。

NONE模式(默认)即输入输出同相，相当于固定相移设置成零。

固定相移是指输出相对于输入延迟的相位值是固定的，PS的相移值范围为－256～256，PHASE SHIFT值的计算公式为256×T/Tclkin，其中T为待调整的时间值，Tclkin为CLKIN的时钟周期，例如，输入时钟周期为10 ns，要将输出时钟调整＋0.5 ns，PS属性PHASE_SHIFT＝256×0.7/10≈18。

可变相移是指当相移使能信号PSEN为高时，输出CLKO开始移相，并根据PSINCDEC的值判断是增加还是减小，每次CLK0相对于CLKIN移动一个相位，同时PSDONE会产生一个脉冲表示一次移相完成，等到LOCKED的输出为高时表明锁定成功，输出时钟有效。

不同器件的DCM允许的输入时钟频率、输出时钟频率和输入时钟允许的抖动范围是不同的。以Virtex-II Pro系列FPGA器件为例，DLL功能单元的输入时钟频率范围因工作模式的不同而不同，在低速工作模式下，输入频率范围为24～270 MHz，在高速工作模式下，输入频率范围为48～450 MHz。输入时钟允许的时钟抖动范围因工作模式的不同而不同，在高速模式下，允许的最大抖动范围是±150 ps，而低速模式下是±300 ps。DCM的输入输出信号说明如表4.1所示。

表4.1 DCM输入输出端口列表

DLL输入信号	功能说明
RST	复位信号，高电平有效，复位时至少需要维持3个时钟周期；使用时常接地
CLKIN	源时钟输入端，一般来自经过了IBUFG或BUFG的外部时钟信号，输入时钟频率必须在Datasheet规定的范围之内
CLKFB	反馈时钟信号输入端，接收来自CLK0或者CLK2X的时钟信号，CLK0或CLK2X输出端和CLKFB输入端之间必须用IBUFG或BUFG相连
DLL输出信号	**功能说明**
CLK0	同频信号输出端，与CLKIN无相位偏移
CLK90	与CLKIN分别有90°、180°和270°的相位偏移
CLK180	
CLK270	
CLK2X	双倍时钟信号输出端，输出信号频率是CLKIN的2倍
CLK2X180	输出端信号与CLK2X有180°的相移
CLKDV	分频输出端，对输入时钟CLKIN进行分频，分频系数为1.5、2、2.5、3、4、5、8和16，分频时钟计算公式为：$F_{\text{CLKDV}}=\dfrac{F_{\text{CLKIN}}}{\text{CLKFX\_DIVIDE}}$
LOCKED	DLL锁存信号，DLL完成锁存一般需要上千个周期，完成后LOCKED置1，输出时钟信号有效
PS输入信号	**功能说明**
PSEN	动态移相器使能信号，可以在DCM内部被反相，未反相时，高电平有效
PSINCDEC	相位增减控制信号，可以在DCM内部被反相，未反相时，高电平表示增，低电平表示减

（续表）

PS 输入信号	功能说明
PSCLK	动态移相器时钟输入端
PS 输出信号	**功能说明**
PSDONE	移相操作完成标志，高电平表示移相完成，完成标志维持 1 个 PSCLK 周期
DFS 输出信号	**功能说明**
CLKFX	合成频率输出端，如果只使用 CLKFX 和 CLKFX180，则无需时钟反馈，合成频率计算公式为：$F_{\mathrm{CLKFX}} = F_{\mathrm{CLKIN}} \times \frac{\mathrm{CLKFX\_MULTIPLY}}{\mathrm{CLKFX\_DIVIDE}}$ CLKFX_MULTIPLY 可取 2～32 之间的任意整数，默认值是 4
CLKFX180	合成频率输出端，与 CLKFX 有 180°的相移
状态输出信号	**功能说明**
STATUS[0]	移相溢出状态位
STATUS[1]	CLKIN 输入停止标志，仅当 CLKFB 端口连接时有效，高电平时表明 CLKIN 信号没有翻转
STATUS[2]	CLKFX 和 CLKFX180 输出停止标志，高电平时表明 CLKFX 和 CLKFX180 输出端没有跳变信号

DCM 设计实验

设计目标：设计一个 DCM 模块，将 32 MHz 的外部时钟信号倍频到 100 MHz，倍频比为 25/8。

(1) 新建工程，在 ISE 的【Processes】面板中双击【Create New Source】选项，在弹出的新建源文件对话框中选择 IP(CoreGen&Architecture Wizard)，输入 IP 核实例名 dcm0，然后单击【Next】按钮进入 IP 类型选择对话框，如图 4. 27 所示。依次选择【FPGA Features and Design】→【Clocking】→【Virtex-II Pro，Virtex-II，Spartan-3】选项，然后选择【Single DCM v9. 1i】。

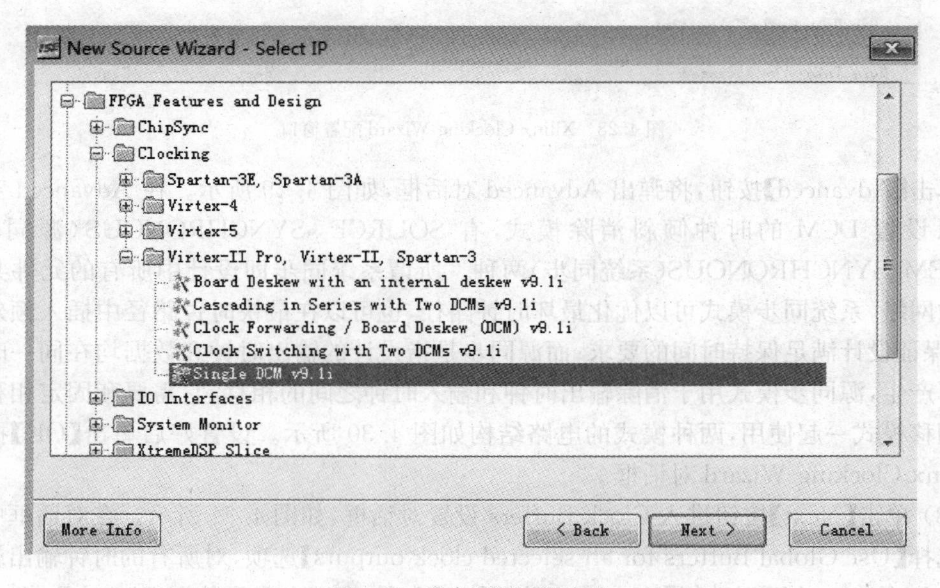

图 4. 27　新建 DCM 模块向导

(2) 依次单击【Next】、【Finish】后进入 Xilinx Clocking Wizard 配置窗口，如图 4.28 所示。由于倍频比为 25/8，只能用 DFS 来完成频率的转换，所以将 CLKFX 端口选中。在【Input Clock Frequency】栏输入时钟频率 32 MHz，由于没有相移要求，【Phase Shift】类型栏选择 NONE。在【CLKIN Source】栏选择【External】项，表明时钟源由芯片外部时钟信号提供。由于 DFS 自己内部有基于 CLKIN 的反馈环，因此【Feedback Source】项选择 None。

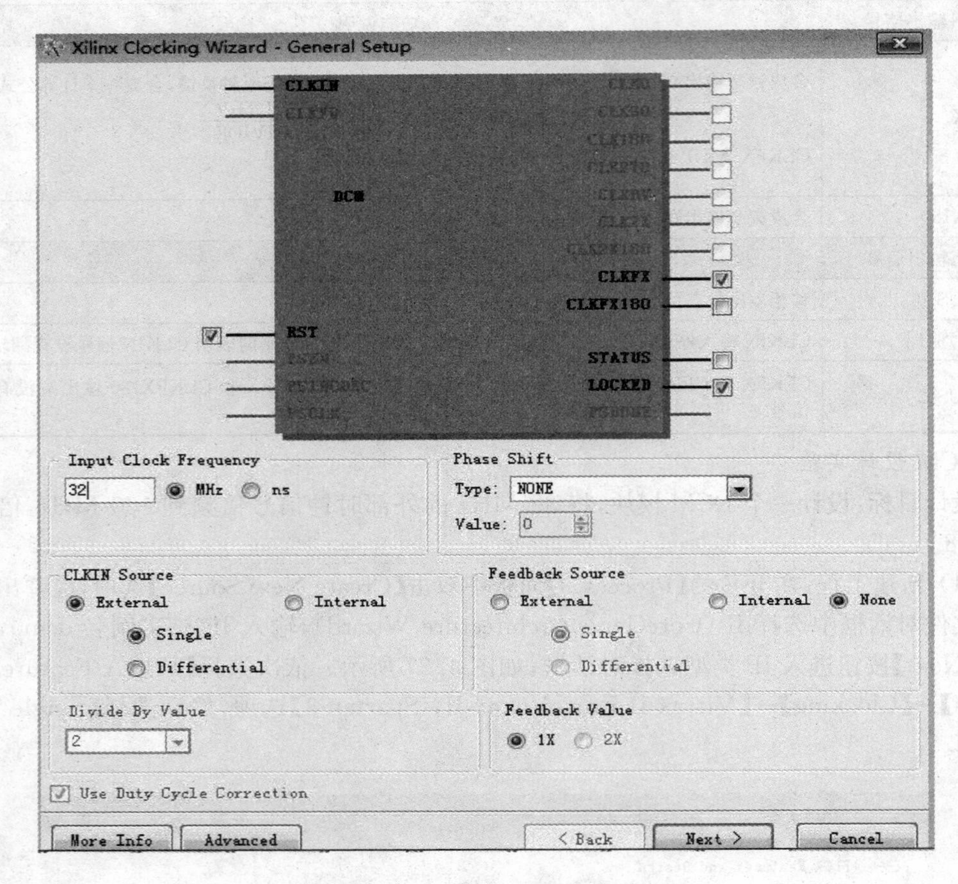

图 4.28　Xilinx Clocking Wizard 配置窗口

单击【Advanced】按钮，将弹出 Advanced 对话框，如图 4.29 所示。在 Advanced 对话框中可以设置 DCM 的时钟倾斜消除模式，有 SOURCE_SYNCHRONOUS（源同步）和 SYSTEM_SYNCHRONOUS（系统同步）两种。所谓系统同步即设计中所有的元件共用一个时钟网络，系统同步模式可以优化最坏时钟路径，也可以在最快时钟路径中插入额外的延时，以保证设计满足保持时间的要求；而源同步是指设计的输出时钟和数据均在同一时钟的控制下产生，源同步模式用于消除输出时钟和输入时钟之间的相移，它需要和固定相移或者可变相移模式一起使用，两种模式的电路结构如图 4.30 所示。设置好后单击【OK】按钮回到 Xilinx Clocking Wizard 对话框。

(3) 单击【Next】按钮进入 Clock Buffers 设置对话框，如图 4.31 所示。在对话框中用户可以选择【Use Global Buffers for all selected clock outputs】选项，对所有的时钟输出端使用 Global Buffers。也可以选择【Customize buffers】选项，自定义需要使用 Global Buffers 的输

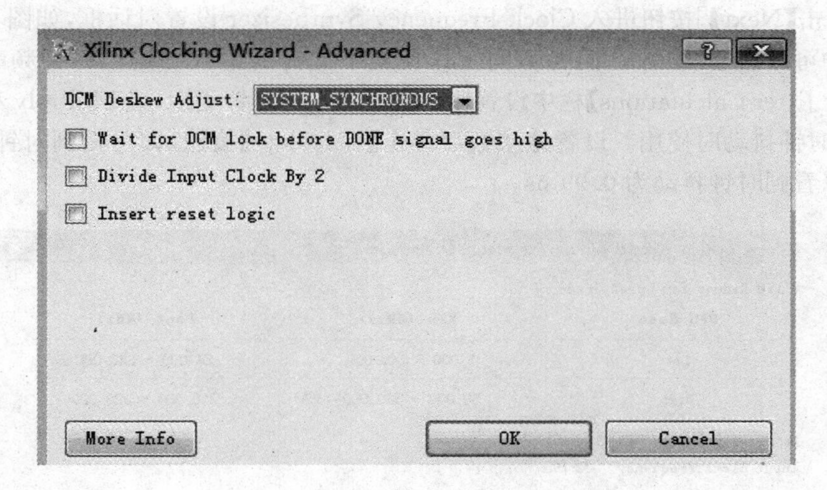

图 4.29 Advanced 配置窗口

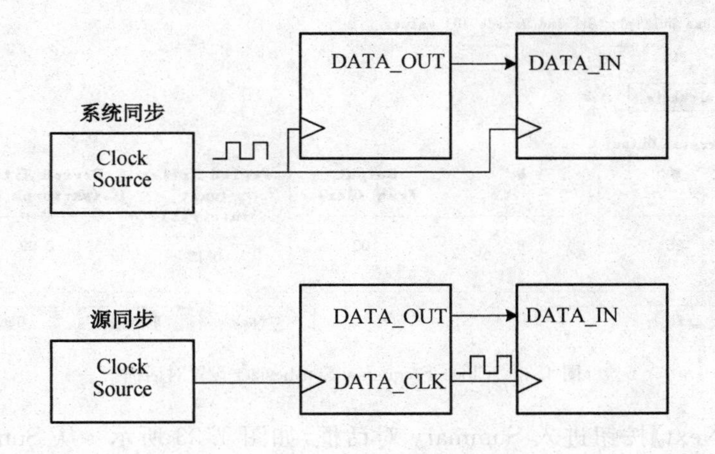

图 4.30 系统同步和源同步电路框图

出时钟端。这里我们选择【Use Global Buffers for all selected clock outputs】选项。

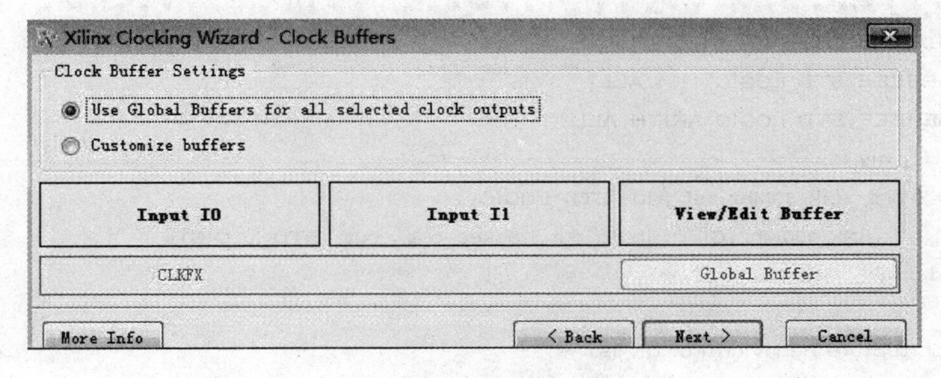

图 4.31 Clock Buffers 对话框

(4) 单击【Next】]按钮进入 Clock Frequency Synthesizer 设置对话框，如图 4.32 所示。在对话框中可以查看 DFS 在两种不同工作模式下允许的输入和输出时钟频率范围。在【Inputs for Jitter Calculations】栏中设置输出频率或输出时钟周期，或 Multiply 和 Divide 的值，供计算时钟抖动时使用。设置好参数后单击【Calculate】按钮，即可得到时钟抖动信息，从图上可以看到时钟抖动为 0.99 ns。

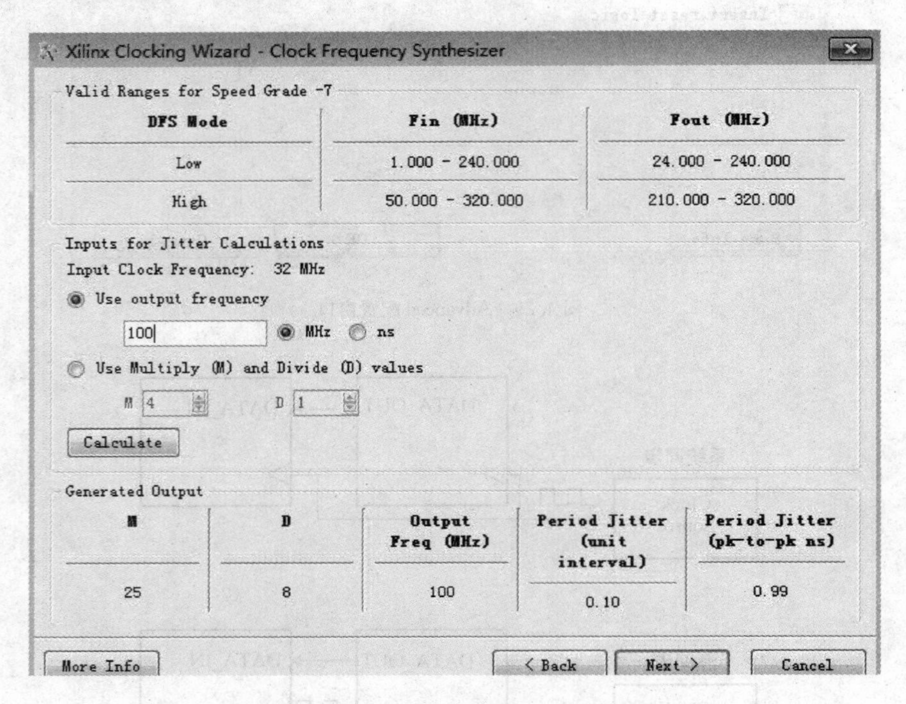

图 4.32 Clock Frequency Synthesizer 设置对话框

(5) 单击【Next】按钮进入 Summary 对话框，如图 4.33 所示。从 Summary 对话框的【Block Attributes】栏中可以查看生成的 DCM 模块的各个参数值。单击【Finish】按钮完成 DCM LP 核生成向导，此时 ISE 自动将生成的 DCM IP 核加入到 ISE 工程面板中。

(6) 建立顶层模块，实例化 dcm0，代码如下。

```
******************************************************
LIBRARY IEEE;
USE IEEE.STD_LOGIC_1164.ALL;
USE IEEE.STD_LOGIC_ARITH.ALL;
entity div is
    Port ( clk_30Mhz,rst : in  STD_LOGIC;
        clk_100Mhz,Clkfx_ibufg_out,Locked_out : out  STD_LOGIC);
end div;

architecture Behavioral of div is
   COMPONENT dcm0
   PORT(
```

```
        CLKIN_IN : IN std_logic;
        RST_IN : IN std_logic;
        CLKFX_OUT : OUT std_logic;
        CLKIN_IBUFG_OUT : OUT std_logic;
        LOCKED_OUT : OUT std_logic
        );
    END COMPONENT;
begin

    Inst_dcm0: dcm0 PORT MAP(
        CLKIN_IN => clk_30Mhz,
        RST_IN => rst,
        CLKFX_OUT => clk_100Mhz,
        CLKIN_IBUFG_OUT => Clkfx_ibufg_out,
        LOCKED_OUT => Locked_out
    );
end Behavioral;
```

* *

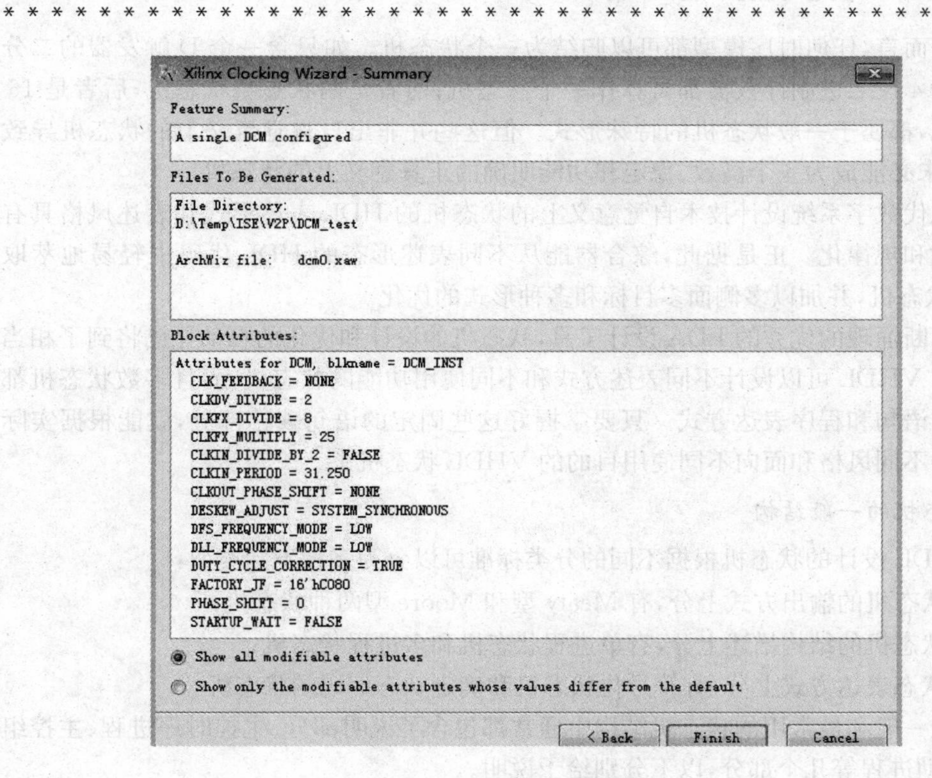

图 4.33　Summary 对话框

(7) 对 DCM 模块进行功能仿真，请读者自行完成。

4.3 有限状态机的VHDL设计

有限状态机及其设计技术是实用数字系统设计中的重要组成部分，也是实现高效率、高可靠和高速控制逻辑系统的重要途径。广义而言，只要是涉及触发器的电路，无论电路大小，都归结为状态机。因此，对于数字系统设计工程师，面对的只要是时序电路设计，状态机的概念则是必须贯穿于整个设计始终的最基本的设计思想和设计方法。在现代数字系统设计中，状态的设计对系统的高速性能、高可靠性、稳定性都具有决定性的作用，因此读者对于此章的学习必须给予高度的关注。

有限状态机应用广泛，特别是对那些操作和控制流程非常明确的系统设计。在数字通信领域、自动化控制领域、CPU设计领域以及家电设计等领域都拥有重要的和不可或缺的地位。本章重点介绍VHDL设计不同类型有限状态机的方法，同时考虑设计实现中许多必须重点关注的问题，如优化、毛刺的处理及编码方式等方面的问题。

4.3.1 VHDL状态机的一般形式

就理论而言，任何时序模型都可以归结为一个状态机。如只含一个D触发器的二分频电路或一个4位二进制计数器都可算作一个状态机；前者是两状态型状态机，后者是16状态型状态机，都属于一般状态机的特殊形式。但这些并非出自自觉意义上的状态机导致的时序模块，未必能成为一个高效、稳定和功能明确的正真意义上的状态机。

基于现代数字系统设计技术自觉意义上的状态机的HDL表述形式和表述风格具有一定的典型化和规律化。正是据此，综合器能从不同表述形态的HDL代码中轻易地萃取出(Extract)状态机，并加以多侧面多目标和多种形式的优化。

对于不断涌现的优秀的EDA设计工具，状态机的设计和优化的自动化已将到了相当高的程度。用VHDL可以设计不同表述方式和不同使用功能的状态机，而且多数状态机都有相对固定的语句和程序表达方式。只要掌握好这些固定的语句表达部分，就能根据实际需要写出各种不同风格和面向不同使用目的的VHDL状态机了。

1. 状态机的一般结构

用VHDL设计的状态机根据不同的分类标准可以分为多种不同类型：

- 从状态机的输出方式上分，有Mealy型和Moore型两种状态机；
- 从状态机的结构描述上分，有单进程状态机和多进程状态机；
- 从状态表达方式上分，有符号化状态机和确定状态编码的状态机。

然而最一般和最常用的状态机结构中通常都包含了说明部分、主控时序进程、主控组合进进程、辅助进程等几个部分，以下分别给予说明。

(1) 说明部分

说明部分中使用TYPE语句定义新的数据类型。状态变量(如现态和次态)应定义为信号，便于信息传递，并将状态变量的数据类型定义为含有既定状态元素的新定义的数据类型。说明部分一般放在结构体的ARCHITECTURE和BEGIN之间，例如：

```
ARCHITECTURE.. IS
    TYPE FSM_ST IS ( s0, s1, s2, s3 ) ;
    SIGNAL current_state, next_state : FSM_ST ;
BEGIN
```

其中新定义的数据类型名是 FSM_ST，其类型的元素分别为 s0、s1、s2、s3，使其恰好表达状态机的四个状态。定义为信号 SIGNAL 的状态变量是现态信号 current_state 和次态信号 next_state。它们的数据类型被定义为 FSM_ST，因此状态变量 current_state 和 next_state 的取值范围在数据类型 FSM_ST 所限定的四个元素中。换言之，也可以将信号 curren_state 和 next_state 看成两个容器，在任一时刻，它们只能分别装有 s0、s1、s2、s3 中的任何一个状态。此外，由于状态变量的取值是文字符号，因此以上语句定义的状态机属于符号化状态机。

（2）主控时序进程

所谓主控时序进程是指负责状态机运转和在时钟驱动下负责状态转换的进程。状态机是随外部时钟信号，以同步的方式工作的。因此状态机必须包含一个对工作时钟信号敏感的进程，用作状态机的“驱动泵”。时钟 clk 相当于这个“驱动泵”中电机的驱动功率电源。当时钟发生有效跳变时，状态机的状态才发生改变。状态机向下二状态（包括可能再次进入本状态）转换的实现仅取决于时钟信号的到来。许多情况下，主控时序进程不负责下一状态的具体状态取值，如 s0、s1、s2、s3 中的某一状态值。

当时钟的有效跳变到来时，时序进程只是机械地将代表次态的信号 next_state 中的内容送入现态的信号 current_state 中，而信号 next_state 中的内容完全由其他进程根据实际情况来决定。当然此时序进程中也可以放置一些同步或异步清零或置位方面的控制信号。总体来说主控时序进程的设计固定、单一和简单。

（3）主控组合进程

如果将状态机比喻为一台机床，那么主控时序进程即为此机床的驱动电机，clk 信号为此电机的功率导线，而主控组合进程则为机床的机械加工部分。它本身的运转有赖于电机的驱动，它的具体工作方式则依赖于机床操作者的控制。图 4.34 所示是一个状态机的一般结构框图。其中 COM 进程即为一主控组合进程，它通过信号 current_state 中的状态值，进入相应的状态，并在此状态中根据外部的信号（指令），如 state_inputs 等向内或/向外发出控制信号，如 com_oulputs，同时确定下一状态的走向，即向次态信号 next_state 中赋相应的状

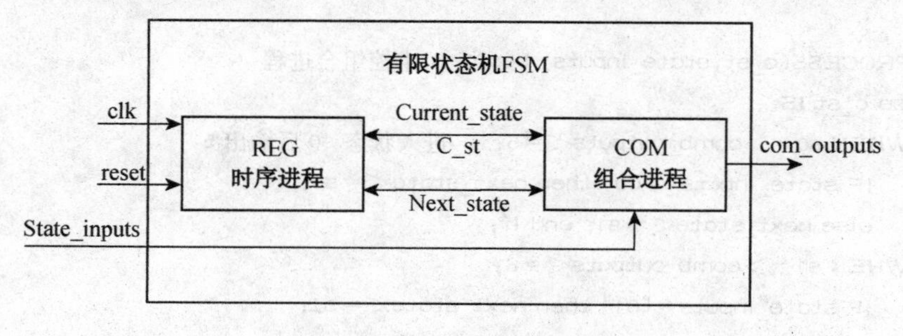

图 4.34　状态机一般结构示意图

态值。此状态值将通过 next_state 传给图中的 REG 时序进程，直至下一个时钟脉冲的到来再进入另一次的状态转换周期。

因此，主控组合进程也可称为状态译码进程，其任务是根据外部输入的控制信号，以及来自状态机内部其他非主控的组合或时序进程的信号，或/与当前状态的状态值，确定下一状态(next_state)的取向，即 next_state 的取值内容，以及确定对外输出或对内部其他组合或时序进程输出控制信号的内容。

(4) 辅助进程

辅助进程用于配合状态机工作的组合进程或时序进程。例如为了完成某种算法的进程或用于配合状态机工作的其他时序进程，或为了稳定输出设置的数据锁存等。

例 4.19 描述的状态机是由两个主控进程构成的，其中含有主控时序进程和主控组合进程，其结构可用图 4.34 来表示。

【例 4.19】

```
library IEEE;
use IEEE.STD_LOGIC_1164.ALL;
entity FSM_EXP is
    Port ( clk,reset : in STD_LOGIC;       --状态机工作时钟和复位信号
           state_inputs : in STD_LOGIC_VECTOR (0 to 1);  --来自外部的状态机控制信号
           comb_outputs : out INTEGER range 0 to 15);  --状态机对外部发出的控制信号
end FSM_EXP;

architecture Behavioral of FSM_EXP is
    type FSM_ST IS (s0, s1, s2, s3, s4);   --整形数据定义,定义状态符号
    signal c_st ,next_state :FSM_ST;--将现态和次态定义为新的数据类型 FSM_ST
begin
REG : PROCESS (reset,clk) BEGIN   --主控时序进程
    IF reset='0' THEN
        c_st<=s0;  --检测异步复位信号,复位信号后回到初态 s0;
    ELSIF clk='1' and clk'event THEN
        c_st<=next_state;
    END IF;
END PROCESS REG;

COM :PROCESS(c_st,state_inputs) begin  --主控组合进程
    case c_st IS
     WHEN s0=>comb_outputs<=5;  --进入状态 s0 后输出 5
        IF state_inputs="00" then next_state<=s0;
        else next_state<=s1; end if;
     WHEN s1=>comb_outputs<=8;
        IF state_inputs="01" then next_state<=s1;
        else next_state<=s2; end if;
```

```
        WHEN s2=>comb_outputs<=12;
          IF state_inputs="10" then next_state<=s0;
            else next_state<=s3; end if;
        WHEN s3=>comb_outputs<=14;
          IF state_inputs="01" then next_state<=s3;
            else next_state<=s4; end if;
        WHEN s4=>comb_outputs<=9;next_state<=s0;
        WHEN OTHERS=>next_state<=s0;
      end case;
      end process com;
end Behavioral;
```

在此例的模块说明部分，定义了五个文字参数符号(s0,s1,s2,s3,s4)，代表五个状态。对于此程序，如果异步清零信号 reset 有一个复位脉冲，当前状态即可被异步设置成 s0；与此同时，启动组合过程，"执行"条件分支语句。图 4.35 是此状态机的工作状态转换图。

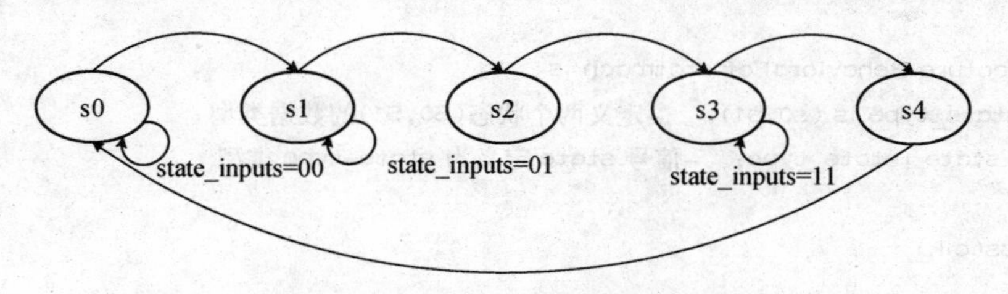

图 4.35　例 4.19 状态机状态机的状态转换图

2. Moore 型有限状态机

正如之前提到，从信号的输出方式上分，有 Moore 型和 Mealy 型两类状态机；若从输出时序上看，前者属同步输出状态机，而后者属于异步输出状态机(注意工作时序方式都属于同步时序)。Mealy 型状态机的输出是当前状态和所有输入信号的函数，它的输出是在输入变化后立即发生的，不依赖时钟的同步。Moore 型状态机的输出则仅为当前状态的函数，这类状态机在输入发生变化时还必须等待时钟的到来，时钟使状态发生变化时才导致输出的变化，所以比 Mealy 机要多等待一个时钟周期。

摩尔型状态机框图如图 4.36 所示。

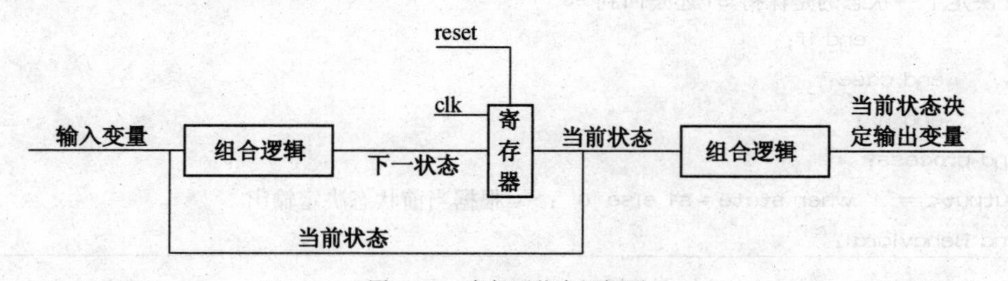

图 4.36　摩尔型状态机框图

一个基本的状态机应具有以下信号：输入变量 input，脉冲输入端 clk，状态复位端 reset，输出变量 output。

下面介绍用 VHDL 设计一个基本的 Moore 型状态机的一般形式，在这个 VHDL 设计中，设某状态机的状态为两态（s0 和 s1），在当前状态为 s0 时，要求只要时钟有效边沿到来，不管输入变量的逻辑值是什么，状态机的状态必须转为下一个状态 s1；而当前状态为 s1 时，如果输入变量不为“1”，则当前状态始终维持不变，即保持 s1，直到输入变量为“1”时，状态才转到 s0。状态机当前状态为 s0 时，输出变量为“0”；当前状态为 s1 时，输出变量为“1”，即该状态机的输出仅由当前状态决定，是一个二态摩尔型状态机。

以下是 Moore 型状态机的 VHDL 程序：

【例 4.20】 摩尔型状态机的 VHDL 设计

```
library IEEE;
use IEEE.STD_LOGIC_1164.ALL;
entity statmach is
    Port ( clk,input,reset : in  bit;
           output : out bit);
end statmach;

architecture Behavioral of statmach is
type state_type is (s0,s1);   --定义两个状态(S0,S1)的数据类型
signal state :state_type;   --信号 state 定义为 state_type 类型
begin
process(clk)
begin
    if reset='1' then
    state<=s0;          --当复位信号有效时，状态回到 s0
    elsif (clk'event and clk='1') then
    case state is
        when s0=>
        state<=s1;  --当前状态为 s0，则时钟上升沿来后转变为下一个状态
        when s1=>
            if input='1' then
                state<=s0;
            else state<=s1; --当前状态为 s1，则时钟上升沿到达时根据输入信号 input 的取
值情况决定下一状态的是保持 s1 还是回到 s0
            end if;
    end case;
    end if ;
end process;
output<='1' when state=s1 else '0' ;   --根据当前状态决定输出
end Behavioral;
```

3. Mealy 型有限状态机

Mealy 型状态机的输出逻辑不仅与当前状态有关，还与当前的输入变量有关，输入变量的作用不仅是与当前状态一起决定当前状态的下一状态是什么，还决定当前状态的输出变

量的逻辑值。Mealy 型状态机框图如图 4.37 所示。

一个基本的 Mealy 型状态机应具有以下信号：脉冲输入端 clk，输入变量 input，输出变量 output，状态复位端 reset。

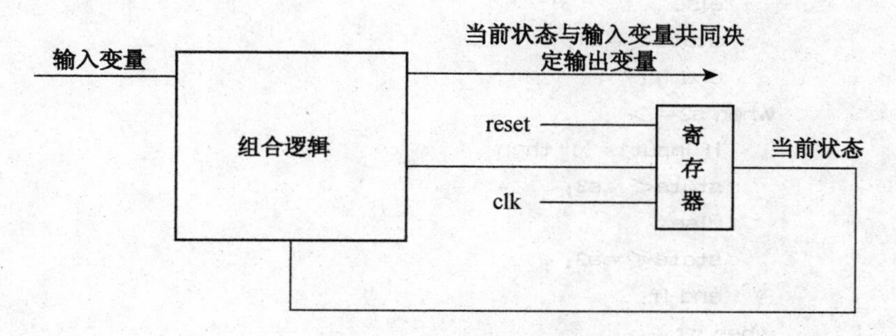

图 4.37　Mealy 型状态机框图

下面是用 VHDL 设计的基本 Mealy 型状态机的一般形式，在这个 VHDL 设计中，设状态机的状态为四态：s0、s1、s2、s3。要求输入变量 input1 为“1”时，在时钟上升沿作用下状态机的状态在四态之间轮换；处于某一状态而此时 input1 为“0”，则当时钟上升沿到达时当前状态保持不变；当 input1 为“1”时，当前状态为 s0、s1、s2、s3 的输出变量（整数类型）依次为 0、1、2、3；input1 为“0”时，无论当前状态为何态，输出变量必为整数 4。可见，该状态机的输出变量逻辑值与输入变量有关，属于 Mealy 型状态机。

以下是 Mealy 型状态机的 VHDL 程序：

【例 4.21】 Mealy 型状态机的 VHDL 设计。

```
library IEEE;
use IEEE.STD_LOGIC_1164.ALL;
use IEEE.STD_LOGIC_ARITH.ALL;
use IEEE.STD_LOGIC_UNSIGNED.ALL;
entity statmach4 is
    Port ( clk,input1,reset : in   bit;
           output1 : out   integer range 0 to 4);
end statmach4;

architecture Behavioral of statmach4 is
    type state_type is (s0,s1,s2,s3);
    signal state :state_type;
begin
    process(clk)
    begin
        if reset='1' then
            state<=s0;
        elsif (clk'event and clk='1') then
            case state is
                when s0=>state<=s1;
```

```
                when s1 =>
                    if input1 = '1' then
                    state <= s2;
                    else
                    state <= s1;
                    end if;
                when s2 =>
                    if input1 = '1' then
                    state <= s3;
                    else
                    state <= s2;
                    end if;
                when s3 =>
                    state <= s0;
                end case;
            end if;
        end process;
        process(state, input1)
        begin
            case state is
                when s0 => if input1 = '1' then
                    output1 <= 0;
                    else
                    output1 <= 4;
                    end if;
                when s1 => if input1 = '1' then
                    output1 <= 1;
                    else
                    output1 <= 4;
                    end if;
                when s2 => if input1 = '1' then
                    output1 <= 2;
                    else
                    output1 <= 4;
                    end if;
                when s3 => if input1 = '1' then
                    output1 <= 3;
                    else
                    output1 <= 4;
                    end if;
                end case;
            end process;
    end Behavioral;
```

4.3.2　有限状态机的一般设计方法

状态机是时序电路的一种，但是其状态转移比一般的时序电路复杂。虽然状态机的基本结构与一般时序电路相似，但其设计方法却不同。本节主要介绍有限状态机的一般设计方法。

1. 状态编码方式

状态机的状态在硬件电路中也是以 0、1 的形式存储，不同的状态用不同的 0、1 序列表示。状态编码又叫做状态分配，是指如何用 0、1 序列标识状态机的各个状态。

由于有限状态机中输出信号通常是通过状态的组合逻辑电路驱动的，因此有可能由于状态跳转时比特变化的不同步而引入毛刺。因此，状态编码不仅要考虑节省编码位宽，还要考虑状态转移时可能存在的毛刺现象。常见的状态编码方法有二进制码、格雷码、独热码(one-hot-coding)等。

(1) 二进制码

二进制码是指直接用数字的二进制表示形式为状态编码。例如，对于 5 个状态的二进制编码如表 4.2 所示。

表 4.2　二进制编码

状态名	状态 1	状态 2	状态 3	状态 4	状态 5
编码形式	000	001	010	011	100

二进制码的特点是状态的数据位宽较小，但从一个状态转移到另一个状态时，可能有多个比特位发生变化，容易产生毛刺。

(2) 格雷码

格雷码的相邻状态只有一个比特位发生变化，且和二进制码一样都是压缩状态编码，状态的数据位宽较小。5 个状态的格雷码编码如表 4.3 所示。

表 4.3　格雷码编码

状态名	状态 1	状态 2	状态 3	状态 4	状态 5
编码形式	000	001	011	010	110

格雷码在相邻状态间转移时只有一个比特位发生变化，因此能减少毛刺的产生。但格雷码在非相邻状态间没有这个性质，因此对于具有复杂分支的状态机也不能达到消除毛刺的目的。

(3) 独热码

独热码是指任意状态的编码中有且只有一个比特位为 1，其余都为 0。因此，n 个状态的状态机就要 n 比特宽度的触发器。5 个状态的独热码编码如表 4.4 所示。

表 4.4　独热码编码

状态名	状态 1	状态 2	状态 3	状态 4	状态 5
编码形式	00 001	00 010	00 100	01 000	10 000

独热码编码的状态机速度与状态的个数无关，且不易产生毛刺，但编码占据的位宽较

大。当状态机的状态增加时，如果使用二进制码进行状态编码，状态机的速度会明显下降。采用独热码时虽然使用的触发器个数有所增加，但由于译码简单，节省和简化了组合逻辑电路。独热码还具有设计简单、修改灵活、易于综合和调试等优点。

因为大多数 FPGA 内部的触发器数目相当多，又加上独热码状态机（one-hot-state machine）的译码逻辑最为简单，所以在设计采用 FPGA 实现的状态机时往往采用独热码状态机（即每个状态只有一个寄存器置位的状态机）。

注意：独热码具有很多未知的无效状态，应该确保状态机一旦进入未知状态就能自动跳转到确定的已知状态。

2. 状态运转移图

状态机设计的关键是掌握状态转移图的画法。状态转移图是状态机的一种最自然的表示方法，它能够清晰地说明状态机的所有关键要素，包括状态、状态转移的条件（输入各状态下的输出等），可以说状态转移图表达了状态机的几乎所有信息。

例如，考虑一个序列检测器，检测的序列流为“1001”，当输入信号依次为“1001”时输出一个脉冲，否则输出为低电平。

由于输入信号是连续的单比特信号，而需要检测的序列有 4bit，因此有必要在电路中引入记忆元件，记录当前检测到的序列状态。记忆元件的数据宽度为 4bit，因此共有 16 种取值。若将 16 种取值分别看做一个状态，这样也可以实现检测功能，但状态机的状态数就需要 16 个。实际中，进行状态化简后，可简化为 5 个状态。这 5 个状态从高位到低位依次检测序列“1001”，5 个状态分别为“0xxx”(idle)、“1xxx”、“10xx”、“100x”、“1001”。其状态转移图如图 4.38 所示。

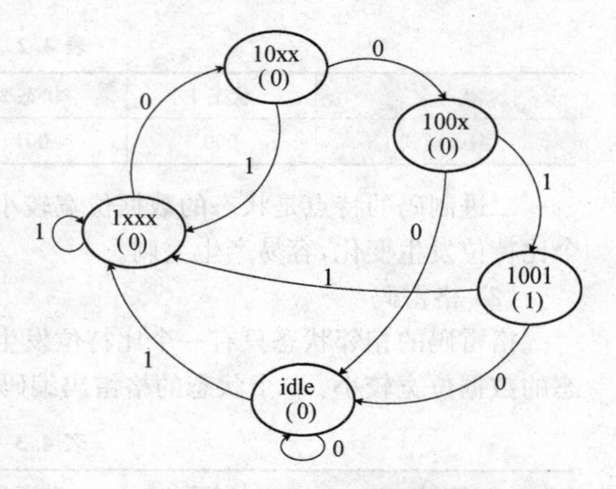

图 4.38 “1001”序列检测状态转移图

图中每个状态用一个圆圈表示，并标明状态名称。各状态圆圈中括号内的数字“0”或“1”表示处于该状态时状态机的输出。各状态间连线上的数字“0”或“1”表示状态转移的条件，在这里是输入信号。状态机一开始处于起始状态“idle”，各状态间根据输入信号的不同按照图 4.38 所示相互转移。当状态转移到“1001”时，输出高电平，否则输出低电平。

由图可知，该状态机为 Moore 型，其输出只由当前状态决定，因此可将输出写到对应的状态中。若为 Mealy 型状态机，即输出与输入也有关系，就不能把输出与状态写到一起了。Mealy 型状态机需要将输出信息也写到表示状态转移条件的连线上，并用“/”与输入隔开。例如，对于“11”序列的检测器，其 Mealy 型状态机的状态转移图如图 4.39 所示。

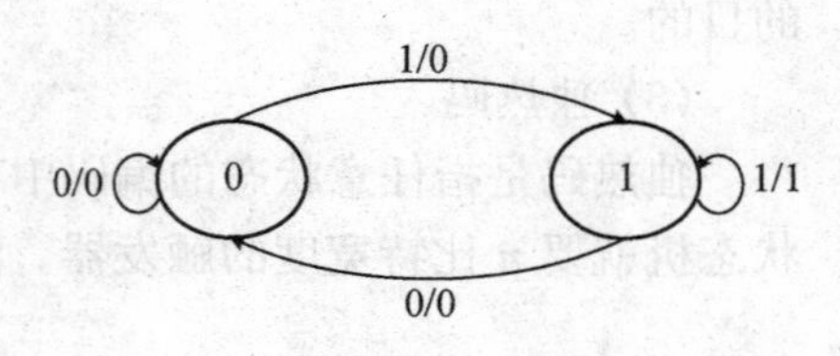

图 4.39 “11”序列检测状态转移图

状态转移图是状态机的一种重要表示方式，也是设计状态机的关键。但要在硬件中实现状态机的逻辑功能，还要将状态转移圈用 VHDL 语句描述出来。4.3.3 节将介绍状态机的 3 种 VHDL 描述方式，并比较它们的利弊。

3. *有限状态机的设计流程*

有限状态机设计中最重要的是根据实际问题得到状态转移图。因此，无论是 Moore 型还是 Mealy 型，状态机的设计流程均分为下列 5 个步骤。

(1) 理解问题背景。状态机往往是由于解决实际问题的需要而引入的，因此深刻理解实际问题的背景对设计符合要求的状态机十分重要。例如，自动售货机的设计需要了解人机交互的所有细节和可能出现的各种问题。

(2) 逻辑抽象，得出状态转移图。状态转移图是实际问题与使用 VHDL 描述状态机之间的桥梁。直接从实际问题着手描述状态机往往不是很容易，而且容易出错，因此有必要先画出状态转移图，再根据状态转移图用 VHDL 描述出状态机。

(3) 状态化简。如果在状态转移图中出现这样两个状态，它们在相同的输入下转移到同一状态去，并得到一样的输出，则称它们为等价状态。显然等价状态是重复的，可以合并为一个。电路的状态数越少，存储电路也就越简单。状态化简的目的就在于将等价状态尽可能地合并，以得到最简的状态转移图。

(4) 状态分配。状态分配又称状态编码。通常有很多编码方法，编码方案选择得当，设计的电路可以简单；反之，选得不好，则设计的电路就会复杂许多. 实际设计时，需综合考虑电路复杂度与电路性能之间的折中。在触发器资源丰富的 FPGA 或 ASIC 设计中采用独热编码既可以使电路性能得到保证又可充分利用其触发器数量多的优势。状态分配的工作一般可以由综合器自动完成，并可以设置分配方式。

(5) 用 VHDL 来描述有限状态机，可以充分发挥硬件描述语言的抽象建模能力，使用进程语句和 CASE、IF 等条件语句及赋值语句即可方便实现。具体的逻辑化简过程以及逻辑电路到触发器映射均可由计算机自动完成，使电路设计工作简化，效率提高。

4.3.3　有限状态机的 VHDL 描述

描述状态机与描述一般时序电路有两个不同的地方：其一，我们使用状态名称来表示各个状态，在 VHDL 中可以使用枚举类型来定义各状态；其二，状态机的状态转移过程较复杂，利用简单的组合逻辑，如递增或移位，已经不能描述其转移过程，而必须根据状态转移图来描述。下面以上文提到的“1001”序列检测电路为例，说明状态机的 VHDL 描述方法。

1. *“三进程”描述*

状态机内部按照功能可以分为三个部分，即下一状态产生电路、状态更新电路和输出信号产生电路。“三进程”描述方式正是基于这样的划分来描述状态机的。利用“三进程”方式描述“1001”序列检测器，如例 4.22。

【例 4.22】　“三进程”模式状态机

```
library IEEE;
use IEEE.STD_LOGIC_1164.ALL;
entity fsm_1001 is
    Port ( clk,sin,reset : in  STD_LOGIC;
           result : out  STD_LOGIC);
```

```
end fsm_1001;
architecture Behavioral of fsm_1001 is
    type state_type is (idle,s0,s1,s2,s3);          --用枚举类型定义状态
    signal state_current, state_next :state_type;   --定义当前状态和下一状态
begin
    process (clk)          --状态更新进程
    begin
        if ( rising_edge(clk) ) then
          if (reset= '1') then
              state_current <= idle;
          else
              state_current <= state_next;
          end if;
        end if;
    end process;

    process (state_current, sin)          --下一状态产生进程
    begin
        case(state_current) IS
            when idle =>
                    if(sin= '0') then
                          state_next <= idle;
                    else
                          state_next <= s0;
                    end if;
            when s0 =>
                    if(sin= '0') then
                          state_next <= s1;
                    else
                          state_next <= s0;
                    end if;
            when s1 =>
                    if(sin= '0') then
                          state_next <= s2;
                    else
                          state_next <= s0;
                    end if;
            when s2 =>
                    if(sin= '0') then
                          state_next <= idle;
                    else
                          state_next <= s3;
                    end if;
```

```
            when s3 =>
                    if(sin= '0') then
                        state_next <= idle;
                    else
                        state_next <= s0;
                    end if;
            when others => null;
        end case;
    end process;

process(state_current)      -- 输出信号产生进程
begin
    case(state_current) IS
        when idle    => result<= '0';
        when s0      => result<= '0';
        when s1      => result<= '0';
        when s2      => result<= '0';
        when s3      => result<= '1';
        when others => null;
    end case;
end process;
end Behavioral;
```

程序中在结构体声明处首先利用枚举类型 type 来定义状态机的状态，分别为 idle、s0、s1、s2、s3。其中 s0、s1、s2、s3 分别代表图 4.38 中的状态“1xxx”、“10xx”、“100x”、“1001”。

结构体描述部分可以分为 3 个部分：第一部分用于描述状态更新，同步复位后当前状态 state_current 被置为“idle”，否则在 clk 时钟的同步下完成状态的更新，即把 state_current 更新为 state_next。

第二部分用于产生下一状态，是状态机中最关键的部分。FSM 根据状态转移图，检测输入信号的状态，并决定当前状态的下一状态(state_next)取值。本例中，当前状态的下一状态取值由输入信号 sin 决定，程序根据 sin 是 0 还是 1 判断下一状态的去向，因此进程的敏感信号列表为 state_current 和 sin，并利用 IF 语句实现状态选择。

第三部分用于产生输出逻辑，由于本例是 Moore 状态机，其输出只与当前状态有关，因此进程敏感信号列表中只需要 state_current。本例仍然使用 CASE 语句，分别讨论各状态下的输出，这是一种比较标准的写法(其实本例可以使用 IF 语句化简)。

2. “双进程”描述

“双进程”模式将“三进程”模式下的下一状态产生部分和输出信号产生部分这两个组合逻辑部分合并起来，下面列出下一状态产生进程和输出信号产生进程合并后的进程代码。

【例 4.23】 “双进程”模式状态机

```
        ⋮       --(与上例一致)
process(state_current, sin)        --下一状态产生和输出信号产生进程
begin
        case(state_current)  IS
        when idle =>   result<= '0';
                    if(sin='0') then
                        state_next <= idle;
                    else
                        state_next <= s0;
                    end if;
        when s0 =>   result<= '0';
                    if(sin='0') then
                        state_next <= s1;
                    else
                        state_next <= s0;
                    end if;
        when s1 =>   result<= '0';
                    if(sin= '0') then
                        state_next <= s2;
                    else
                        state_next <= s0;
                    end if;
        when s2 =>   result<= '0';
                    if(sin= '0') then
                        state_next <= idle;
                    else
                        state_next <= s3;
                    end if;
        when s3 =>   result<= '1';
                    if(sin= '0') then
                        state_next <= idle;
                    else
                        state_next <= s0;
                    end if;
        when others => null;
      end case;
    end process;
end Behavioral;
```

结构体描述分为两个部分：第一部分是用于描述状态更新的进程，是时序电路；第二部分用于描述当前状态下的输出信号以及下一个状态逻辑，是组合电路。由于只是将两个描

述组合电路的进程合并，其综合和仿真结果不会受影响。

3. “单进程”描述

上述两种模式都将时序电路和组合电路分成不同的进程加以描述，实际上这两种电路还可以在同一个进程内描述。这样，就可以用“单进程”描述状态机了。下例展示了三个进程合并后的进程代码。

【例 4.24】 “单进程”模式状态机

```
    ⋮        --(与上例一致)
architecture Behavioral of fsm_1001 is
    type state_type is (idle,s0,s1,s2,s3);
    signal state :state_type;
begin
    process (clk)          --状态更新进程
    begin
      if ( rising_edge(clk) ) then
         if (reset='1') then
              result<='0'; state <= idle;
         else
           case state IS
           when idle =>    result<='0';
                        if(sin='0') then
                              state_next <= idle;
                        else
                              state_next <= s0;
                        end if;
           when s0 =>    result<='0';
                        if(sin='0') then
                              state_next <= s1;
                        else
                              state_next <= s0;
                        end if;
           when s1 =>    result<='0';
                        if(sin='0') then
                              state_next <= s2;
                        else
                              state_next <= s0;
                        end if;
           when s2 =>    result<='0';
                        if(sin='0') then
                              state_next <= idle;
                        else
                              state_next <= s3
```

```
                    end if;
            when s3 => result<='1';
                    if(sin='0') then
                          state_next <= idle;
                    else
                          state_next <= s0;
                    end if;
            when others => null;
            end case;
        end process;
end Behavioral;
```

“单进程”模式状态机虽然简洁明了，只需要定义当前状态 state，但是，整个进程要在 clk 信号的同步下工作，因此状态机的输出信号就需要先经过一个由 clk 同步的触发器后再输出，如图 4.40 所示。由于输出信号必须经过一级触发器，因此必然导致输出延迟一个时钟周期。

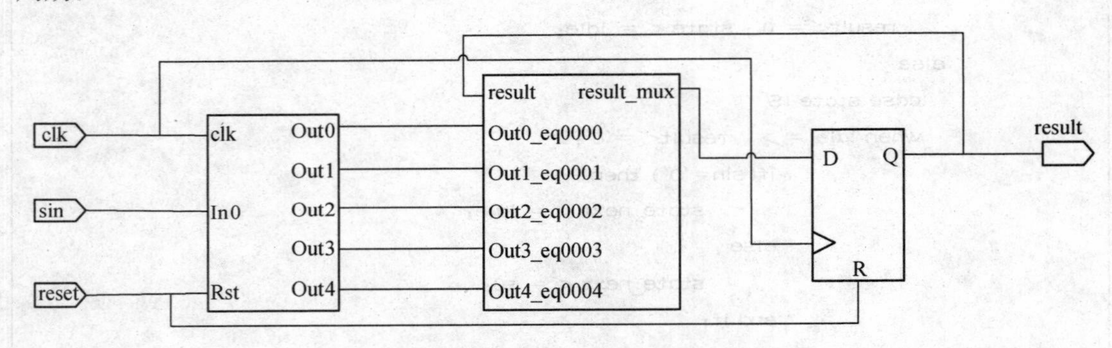

图 4.40 “单进程”状态机经过触发器输出信号

4. 状态机 VHDL 描述总结

上述三种描述模式中，前两种模式都是将组合逻辑和时序逻辑分开描述，因而能使状态转移同步于时钟信号(同步状态机)，而结果可以直接输出(不经过触发器的延迟)。但电路需要寄存两个状态，即当前状态和下一状态。

“单进程”模式比较简洁，且较符合思维习惯。但其输出信号需要经过触发器，与时钟信号同步，因而被延迟一个时钟周期输出。“单进程”模式状态机的这个特性有利也有弊。一方面，状态机的输出信号经常被用做其他模块的控制信号，需要同步于时钟信号；另一方面，输出经过触发器后被延迟一个时钟周期，不能即时反映状态的变化。

下面分析三种描述方式综合后资源占用情况的对比。

本例中，“双进程”和“三进程”模式描述的状态机的综合结果是完全一样的，因此占用的资源情况也完全一样，都如表 4.5 所示。由于需要保存当前状态 state_current 和下一状态 state_next，因此相比“单进程”模式占用的资源稍多。

“单进程”模式状态机的资源占用情况如表 4.6 所示。由于只需要保存一个当前状态 state，相比“双进程”和“三进程”模式，其资源占用会少点。

表 4.5　例 4.22 和例 4.23 电路资源占用情况

Device Utilization Summary(estimated values)			
Logic Utilization	Used	Available	Utilization
Number of Slices	3	4 656	0%
Number of Slice Flip Flops	5	9 312	0%
Number of 4 input LUTs	6	9 312	0%
Number of bonded IOBs	4	232	1%
Number of GCLKs	1	24	4%

表 4.6　例 4.24 电路资源占用情况

Device Utilization Summary(estimated values)			
Logic Utilization	Used	Available	Utilization
Number of Slices	2	4 656	0%
Number of Slice Flip Flops	4	9 312	0%
Number of 4 input LUTs	3	9 312	0%
Number of bonded IOBs	4	232	1%
Number of GCLKs	1	24	4%

综上所述,“单进程”模式状态机在程序书写的简洁性和占用硬件资源两个方面均有不小的优势,只是其输出被触发器缓冲而引起了输出延迟。分析“单进程”模式状态机程序可知,整个状态机在时钟信号 clk 的控制下统一步调工作,包括输出逻辑,因此,输出才被触发器所缓冲。我们可以把输出逻辑部分单独拿出来,利用并行语句或进程描述成组合电路,这样就不会引入触发器了,输出也不会被延迟,而且还节省了硬件资源。

【设计实践】

4-6　交通灯控制器

本实验将设计一个简化的十字路口交通灯控制器,该控制器完成的功能如表 4.7 所示,控制器实现三种工作模式:

- 正常工作模式下,每个状态持续的时间各自独立,通过 CONSTANT 定义;
- 测试模式下,每个状态持续一个较短的时间,以便观察状态转移过程,该时间可以通过程序修改;
- 紧急模式下,两个方向都亮黄灯,直到状态解除为止,该状态的设置可以通过外界输入,如按钮或拨码开关。

根据表 4.7,系统划分为 RG、RY、GR、YR 和 YY 等 5 个状态,进一步分析得到系统的状态转换图如图 4.41 所示。

表 4.7　交通灯控制器状态表

状态(state)	状态模式		
	正常(regular)	测试(test)	紧急(emergency)
RG(a 红 b 绿)	30s	2s	—
RY(a 红 b 黄)	5s	2s	—
GR(a 绿 b 红)s	45s	2s	—
YR(a 黄 b 红)	5s	2s	—
YY(a 黄 b 黄)	—	—	未定

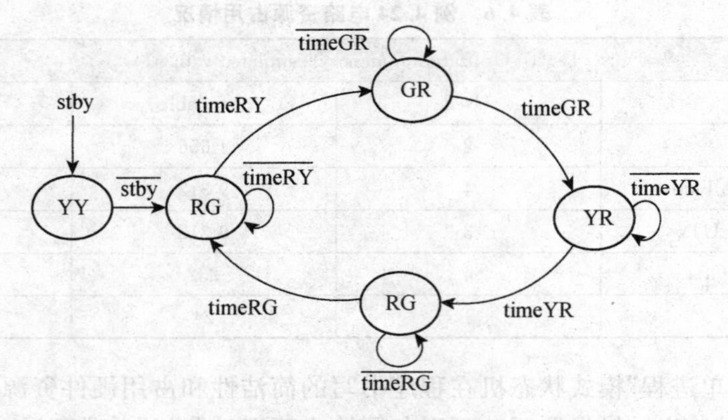

图 4.41　交通灯控制器状态转换图

控制器中各状态的时间都在秒级，因此可以将设计的输入时钟频率为 1 Hz，通过外部分频器得到 1 Hz 的时钟信号，作为控制器的输入。控制器部分的 VHDL 设计代码如下。

```
****************************************
library IEEE;
use IEEE.STD_LOGIC_1164.ALL;
entity tlc is
    Port ( clk,test,emerge : in  STD_LOGIC;
           ra,rb,ya,yb,ga,gb : out  STD_LOGIC);
endtlc;

architecture Behavioral of tlc is
    type state_type is (RG,RY,GR,YR,YY);   --定义状态机状态类型
    signal state_cur, state_next: state_type;     --定义当前状态和下一状态
    constant timeMax: integer:= 45;
    constant timeRG: integer:= 30;
    constant timeRY: integer:= 5;
    constant timeGR: integer:= 45;
    constant timeYR: integer:= 5;
    constant timeTEST: integer:= 2;
    signal times: integer range 0 to timeMax;
```

```
begin
  process(clk,emerge)    --进程 1,用于计算以及描述状态的更新
    variable  cnt: integer range 0 to timeMax;
  begin
   if (emerge='1') then
         state_cur<=YY; cnt:= 0;
   elsif ( rising_edge(clk) ) then
     if (cnt=times-1) then
        state_cur<= state_next;
        cnt:= 0;
     else
        cnt:= cnt+1;
     end if;
   end if;
  end process;

  process(state_cur, test)   --进程 2,下一状态产生和输出逻辑产生
  begin
    case state_cur IS
      when RG =>  state_next<= RY;
            ra<= '1'; ya<='0'; ga<='0';
            rb<= '0'; yb<= '0'; gb<='1';
            if(test='1') then
               times<= timeTEST;
            else
               times<= timeRG;
            end if;
      when RY =>  state_next<= GR;
            ra<= '1'; ya<= '0'; ga<= '0';
            rb<= '0'; yb<= '1'; gb<= '0';
            if(test='1') then
               times<= timeTEST;
            else
               times<= timeRY;
            end if;
      when GR =>  state_next<= YR;
            ra<= '0'; ya<= '0'; ga<= '1';
            rb<= '1'; yb<= '0'; gb<= '0';
            if(test='1') then
               times<= timeTEST;
            else
               times<= timeGR;
            end if;
```

```
            when YR =>   state_next<= RG;
                ra<= '0'; ya<= '1'; ga<= '0';
                rb<= '1'; yb<= '0'; gb<= '0';
                if(test='1') then
                    times<= timeTEST;
                else
                    times<= timeYR;
                end if;
            when YY =>   state_next<= RY;
                ra<= '0'; ya<= '1'; ga<= '0';
                rb<= '0'; yb<= '1'; gb<= '0';
                if(test='1') then
                    times<= timeTEST;
                else
                    times<= timeYR;
                end if;
            when others => null;
            end case;
        end process;
    end Behavioral;
```

* *

代码中,进程1用于实现状态的转移,方法是以cnt进行计数,从而在每个状态下等待一个特定的时间,该时间由进程2描述的当前状态对应的时间来决定,到了时间就把状态转移到进程2中描述的下一状态。

4-7 乒乓游戏设计

两人乒乓游戏机使用8个发光二极管(LED)代表乒乓球台,用点亮的LED按一定的方向移动来表示球的运动,球网的位置在最中间的两个LED之间。在游戏机两侧各设置两个开关,一个是开始按钮Start,另一个是击球按钮Hit，A、B二人按照乒乓球比赛规则来操作按钮。例如当A按下Start按钮后,靠近A方的第一个LED被点亮,接着LED由A向B依次点亮,代表球的移动。当球过网后,B方就可以击球,若B方提前击球(发光的LED未“过网”)或未接到球(发光的LED到达尽头),则判B输,A方得一分。如此反复,直到有一方的分数达到11分,则可判定最终的胜负。系统设计的状态转移图如图4.42所示。

该设计中需要考虑的是LED依次点亮的时间间隔,即“球”的移动速度。这个速度在程序中是通过电路工作频率来设定的,考虑到实际的操作情况,可以选用2～10 Hz,频率越高,游戏难度越大。可以通过外部分频器分频得到2～10 Hz的多个频率成分,使游戏过程中可以选择相应的难度。本节重点在于介绍状态机,因此分频器以及相关处理单元的设计不予讨论。

状态控制部分主要用于完成图4.42中的状态转移描述,以及A、B双方的得分记录。其中输入信号有:

• 时钟信号(Clk)；
• 复位信号(Rst)；
• 开始信号(StartA、StartB)；
• 击球信号(HitA、HitB)。

其中，复位信号、开始信号和击球信号都用按钮实现，时钟信号是经过外部分频后的时钟输入，模块的输出信号有：

• LED 组(LEDs 用于表示球的运动)；
• 双方得分(ScoreA，ScoreB)；
• 输赢指示(AWin，BWin)。

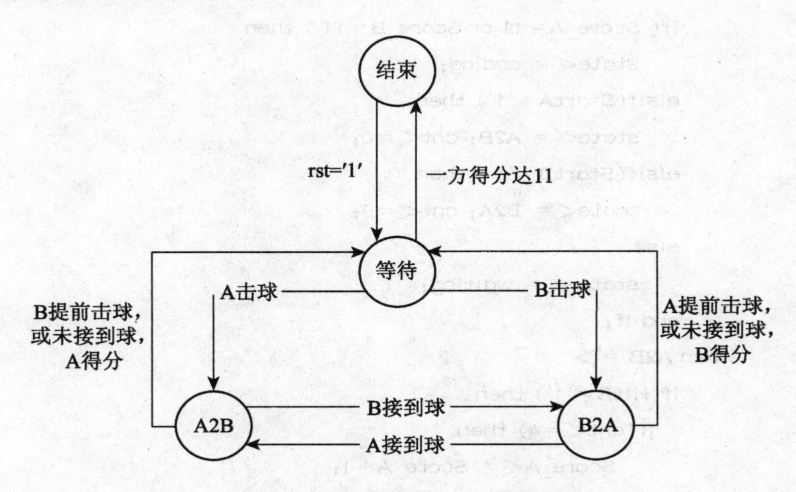

图 4.42　乒乓球游戏机状态转移图

其中，LED 组输出直接连接到发光二级管，输赢指示也可以使用发光二极管，而 ScoreA 和 ScoreB 需要通过七段数码管译码电路显示。模块的 VHDL 代码如下：

* *

```
library IEEE;
use IEEE.STD_LOGIC_1164.ALL;
entity pingpong is
    Port ( clk, rst : in   STD_LOGIC;
           StartA, StartB, HitA, HitB : in   STD_LOGIC;
           ScoreA, ScoreB : out integer range 0 to 11;
           LEDs : out STD_LOGIC_VECTOR(7 downto 0);
           AWin, BWin : out   STD_LOGIC);
endpingpong;

architecture Behavioral of pingpong is
    type state_type is (waiting, A2B, B2A, Ending);   --定义状态机状态类型
    signal state : state_type;
    signal cnt: integer range 0 to 9;
    signal Score_A, Score_B : integer range 0 to 11;
```

```
begin
    ScoreA<= Score_A; ScoreB<= Score_B;
process(clk ,rst)
begin
      if(rst='1') then
        state <= waiting;
        AWin<= '0'; BWin<= '0';
      elsif( rising_edge(clk) ) then
        case state IS
            when waiting =>
                if( Score_A=11 or Score_B=11 ) then
                    state<= ending;
                elsif(StartA='1') then
                    state<= A2B; cnt<=0;
                elsif(StartB='1') then
                    state<= B2A; cnt<=9;
                else
                    state <= waiting;
                end if;
            when A2B =>
                if(HitB='1') then
                  if(cnt<=4) then
                      Score_A<= Score_A+1;
                      state <= waiting;
                  else
                      state<= B2A;
                  end if;
                else
                  if(cnt=9) then
                      Score_A<= Score_A+1;
                      state <= waiting;
                  else
                      cnt<=cnt+1;
                  end if;
                end if;
            when B2A =>
                if(HitA='1') then
                  if(cnt<=5) then
                      Score_B<= Score_B+1;
                      state <= waiting;
                  else
                      state<= A2B;
                  end if;
```

```
                else
                  if(cnt=0) then
                     Score_B<= Score_B+1;
                     state <= waiting;
                  else
                     cnt<=cnt+1;
                  end if;
                end if;
            when ending =>
                if( Score_A=11 ) then
                   AWin<='1';
                else
                   BWin<='1';
                end if;
            end case;
        end if;
    end process;

    process(cnt, state)          --LEDs 组状态译码
    begin
        if(state= A2B or state<= B2A) then
           case cnt is
                when 1=> LEDs<="10000000";
                when 2=> LEDs<= "01000000";
                when 3=> LEDs<= "00100000";
                when 4=> LEDs<= "00010000";
                when 5=> LEDs<= "00001000";
                when 6=> LEDs<= "00000100";
                when 7=> LEDs<= "00000010";
                when 8=> LEDs<= "00000001";
                when others=> LEDs<= "00000000";
           end case;
        else
           LEDs<= "00000000";
        end if;
    end process;
  end Behavioral;
```

* *

程序利用单进程模式完成了图 4.42 所示的状态转移描述，最后一个进程用于对球的运动状态译码。其中，输出的得分 ScoreA、ScoreB 需要通过译码电路显示。

第五章　FPGA 开发设计方法

采用 FPGA 技术进行项目开发时，会遇到一些开发问题，尤其是数字电路的设计。时序设计是一个系统性能的主要标志，在高层次设计方法中，对时序控制的抽象度也相应提高，在设计中较难把握。因此，在设计复杂数字系统时采用合理的设计方法是有效的。本章将介绍一些常用的设计技巧。

5.1　FPGA 系统设计的基本原则

FPGA 系统设计遵循一定的原则和方法，比如面积和速度的平衡互换原则和硬件可实现原则等。这些原则可以在一个设计中同时被使用到，设计者根据设计规范的要求，在设计原则的指导下进行 FPGA 设计，这样能够使设计工作更加高效，实现效果更加理想。本节将逐一介绍这 2 种基本设计原则。

5.1.1　面积与速度的平衡互换原则

在 FPGA/CPLD 设计中，面积指的是所消耗的逻辑资源数，在 FPGA 器件中以触发器和查找表来衡量，而在 CPLD 器件中以 CLB 来衡量。速度指的是设计在芯片上所能运行的最高频率，由设计的时序来决定。面积和速度是衡量 FPGA 设计的两个重要标准，然而又是相互矛盾的两个性能指标，因为追求高速往往意味着更多面积的消耗，而要节省面积，又将限制系统处理速度的提升。因此在设计的时候应根据实际需求，在面积和速度之间进行权衡和取舍。

以面积换速度的一个典型例子是串转并设计。假设现有一个 100 Mbit/s 处理能力的信号处理单元，将其复制 4 份，构成一个如图 5.1 所示的结构。在该电路结构中，串转并模

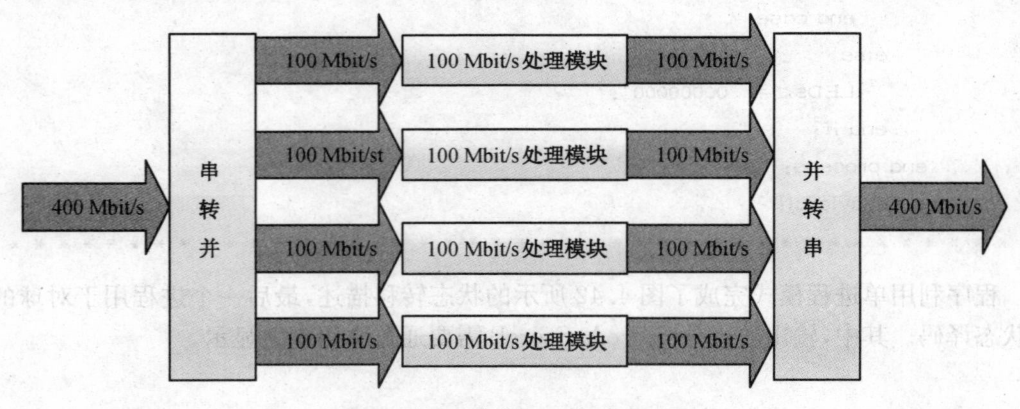

图 5.1　面积换速度实现高速并行处理

块负责将 400 Mbit/s 的输入数据分成 4 路，分别送给 4 个 100 Mbit/s 的处理模块，信号处理完成后，再由并转串模块将 4 路信号合并输出。该设计以 4 倍多的面积消耗来换取 4 倍于原先的处理速度，在 FPGA 逻辑资源充足的情况下可以考虑使用。

速度换面积则是以牺牲速度来换取小的面积消耗，多余出来的芯片面积可以用于其他设计，从而提高系统的功能集成度。速度换面积的思想常常在算法实现里面被使用，当一个算法的实现过程需要多次调用乘法器或加法器等算术逻辑运算单元的时候，可以通过复用算术逻辑单元并增加相应的状态控制来完成，典型的结构如图 5.2 所示。多个操作的输入数据进入多路选择器，如果被选中，数据将最终到达乘法器的输入端并执行运算，而每个时钟节拍选择哪一路数据通过多路器是由算法控制单元完成的。

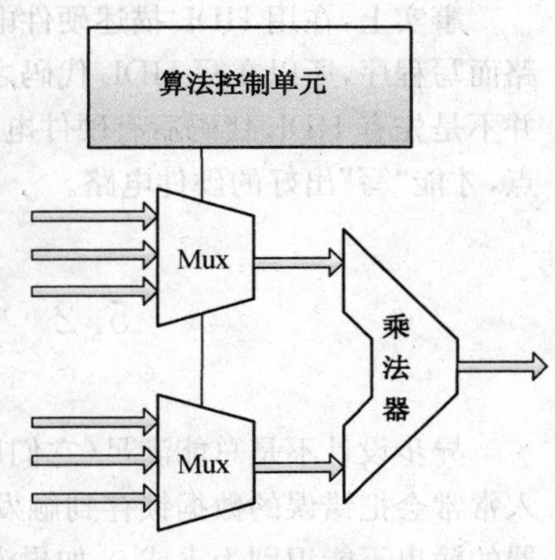

图 5.2　速度换面积实例

应用速度换面积策略的时候，首先需要分析算法的实现过程，提炼出能被复用的最小逻辑单元，然后将它放置在数据通路上，适当增加一些控制逻辑，以控制算法逻辑的顺序实现。该策略的关键之处就是基本单元的复用。

概括来说，当设计的时序裕量较大，可实现的系统频率远高于设计要求时，就可以通过功能模块的复用来减少设计的面积消耗，即同速度换面积；而如果设计时序要求很高，一般设计方法达不到设计要求，则可以将数据流进行串转并处理，通过增加功能处理单元实现数据的并行处理，从而提高速度。

5.1.2　硬件可实现原则

硬件可实现原则是针对 HDL 代码而言的。FPGA/CPLD 设计支持所有的硬件描述语言，包括 Verilog、VHDL 和 SystemC 等。在使用 HDL 描述硬件电路的时候，有两个问题需要注意，一是并不是所有的 HDL 代码都可以被硬件实现，二是不要以设计软件的思想来设计硬件。这两个问题是每个初学者必然会碰到的，而且常常会因为搞不清楚关系而犯错。

任何一种硬件描述语言都包含两个子集：可综合子集和验证用子集。顾名思义，可综合子集是指可以被综合工具综合成硬件电路的 HDL 语言部分，是专供设计者用来描述电路结构的；而验证用子集是供设计者编写测试程序的 HDL 语言部分，包括各种延时描述语句和系统函数等，它们不可以被综合，但是可以从行为级和数据流级等角度来构建测试模型。

硬件设计和软件设计是两个不同的概念，硬件工作的时候各部分结构是并行工作的，而软件则是顺序执行的，也称串行。虽然现在有一些处理器也支持指令并行，但是绝大多数程序还是顺序执行的，比如 C、C＋＋和 Java 等编程语言。所以在编写 HDL 代码的时候，要充分理解硬件并行处理的特点，合理安排时序，以提高设计效率。下面以一个简单的例子来说明软件设计与硬件设计之间的差别。

在 C 语言中要实现对某个数组的处理，可以通过循环描述来完成，如：

```
for(i=0;i<32;i=i+1)
    function0 (D[i]);
```

这在软件设计中没有任何问题，但是如果将这段代码用硬件描述语言来写并综合实现，将造成巨大的资源浪费，因为综合工具会为每一个数组成员 D[i]提供一个独立的功能处理模块，这意味着实现对该数组的操作需要 32 个硬件功能单元。

事实上，在用 HDL 描述硬件电路的时候，并不是为了写程序而写程序，而是为了实现电路而写程序，所以在写 HDL 代码之前，设计者就应该对设计的硬件结构有一个清楚的认识。并不是先有 HDL 代码后有硬件电路，而是先有电路结构后有 HDL 代码，只有认清楚这一点，才能“写”出好的硬件电路。

5.2 FPGA 中的同步设计

异步设计不是总能满足（它们所馈送的触发器）建立和保持时间的要求。因此，异步输入常常会把错误的数据锁存到触发器，或者使触发器进入亚稳定的状态，在该状态下，触发器的输出不能识别为 1 或 0，如果没有正确地处理，亚稳性会导致严重的系统可靠性问题。

另外，在 FPGA 的内部资源里最重要的一部分就是其时钟资源（全局时钟网络），它一般是经过 FPGA 的特定全局时钟引脚进入 FPGA 内部，后经过全局时钟 BUF 适配到全局时钟网络的，这样的时钟网络可以保证相同的时钟沿到达芯片内部每一个触发器的延迟时间差异是可以忽略不计的。

在 FPGA 中上述的全局时钟网络被称为时钟树，无论是专业的第三方工具还是器件厂商提供的布局布线器在延时参数提取、分析的时候都是依据全局时钟网络作为计算的基准的。如果一个设计没有使用时钟树提供的时钟，那么这些设计工具有的会拒绝做延时分析，并且有的延时数据将是不可靠的。

在我们日常的设计中很多情形下会用到需要分频的情形，好多人的做法是先用高频时钟计数，然后使用计数器的某一位输出作为工作时钟来进行其他的逻辑设计。其实这样的方法是不规范的。比如下面的描述方法：

```
P1: PROCESS
BEGIN
    WAIT UNTIL clk'event and clk='1';
        IF fck='1' THEN
            count<=(others=>'0');
        ELSE
            count<=count+1;
        END IF;
END PROCESS;
P2:PROCESS
BEGIN
    WAIT UNTIL conut(2)'event and count(2)='1';
        shift_reg<=data;
END PROCESS;
```

在上述进程 P1 的电路描述中，首先计数器的输出结果(count(2))相对于全局时钟 clk 已经产生了一定的延时(延时的大小取决于计数器的位数和所选择使用的器件工艺)；而在第二个进程 P2 中使用计数器的 bit2 作为时钟，那么 shift_reg 相对于全局 clk 的延时将变得不好控制，布局布线器最终给出的时间分析也是不可靠的。

正确的做法可以将第二个 PROCESS 改写为如下所示：

```
PROCESS
BEGIN
    WAIT UNTIL clk'event and clk='1';
        IF count(2 DOWNTO 0)="000" THEN
            shift_reg<=data;
        END IF;
END PROCESS;
--或者分成两步来写：
PROCESS(count)
BEGIN
    IF count(2 DOWNTO 0)="000" THEN
        en<='1';
    ELSE
        en<='0';
    END IF;
END PROCESS;

PROCESS
BEGIN
    WAIT UNTIL clk'event and clk='1';
        If en='1' then
            shift_reg<=data;
        END IF;
END PROCESS;
```

这样做是相当于产生了一个 8 分频的使能信号，同时，在使能信号有效的时候将 data 数据采样到 shift_reg 寄存器中，但此种情形下 shift_reg 的延时是相当于全局时钟 clk 的。

5.3 FPGA 中的时钟设计

FPGA 项目开发过程中离不开时钟的设计，本节将介绍几种常用时钟的设计方法。

5.3.1 全局时钟

对于一个设计项目来说，全局时钟(或同步时钟)是最简单和最可预测的时钟。在 PLD/FPGA 设计中最好的时钟方案是：由专用的全局时钟输入引脚驱动的单个主时钟去钟控设计项目中的每一个触发器。只要可能就应尽量在设计项目中采用全局时钟。PLD/FPGA都具有专门的全局时钟引脚，它直接连到器件中的每一个寄存器。这种全局时钟提供器件中最短的时钟到输出的延时。

图 5.3 所示是采用全局时钟的实力。其中图(b)是实时波形显示触发器的数据输入 D[1..3]应遵守建立时间和保持时间的约束条件。建立时间和保持时间的数值在 PLD 数据手册中给出，也可用软件的定时分析器计算出来。如果在应用中不能满足建立和保持时间的要求，则必须用时钟同步输入信号。

最好的方法是用全局时钟引脚去钟控 PLD 内的每一个寄存器，于是数据只要遵守相对时钟的建立时间 t_{SU} 和保持时间 t_H 即可。

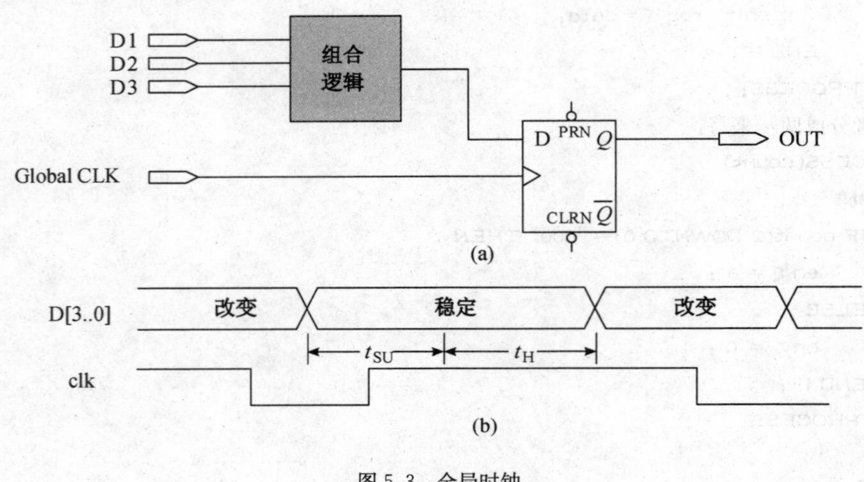

图 5.3　全局时钟

5.3.2　门控制时钟

在许多应用中，整改设计项目都采用外部的全局时钟是不可能或不实际的。PLD 具有乘积项逻辑阵列时钟(即时钟是由逻辑产生的)，这允许任意函数单独地钟控各个触发器。然而，当使用阵列时钟时，应仔细地分析时钟函数，以避免出现毛刺。

通常用阵列时钟构成门控时钟。门控时钟常常与微处理器接口有关，可以用地址线去控制写脉冲。然而，每当用组合函数钟控触发器时，通常都存在着门控时钟。如果符合下述条件，门控时钟可以像全局时钟一样可靠地工作：

- 驱动时钟的逻辑必须只包含一个“与”门或一个“或”门。如果采用任何附加逻辑，在某些工作状态下会出现竞争产生的毛刺。
- 逻辑门的一个输入作为实际的时钟，而该逻辑门的所有其他输入必须当成地址或控制线，它们遵守相对于时钟的建立和保持时间的约束。

图 5.4 和图 5.5 是可靠的门控时钟的实例。在图 5.4 中，用一个“与”门产生门控时钟，在图 5.5 中，用一个“或”门产生门控时钟。在这两个实例中，引脚 nWR 和 new 考虑为时钟引脚，引脚 ADD[0..3]是地址引脚，两个触发器的数据是信号 D[1..n]经随机逻辑产生的。

图 5.4 和图 5.5 的波形图显示出有关的建立时间和保持时间的要求。这两个设计项目的地址线必须在时钟保持有效的整个期间内保持稳定(nWR 和 nWE 是低电平有效)。如果

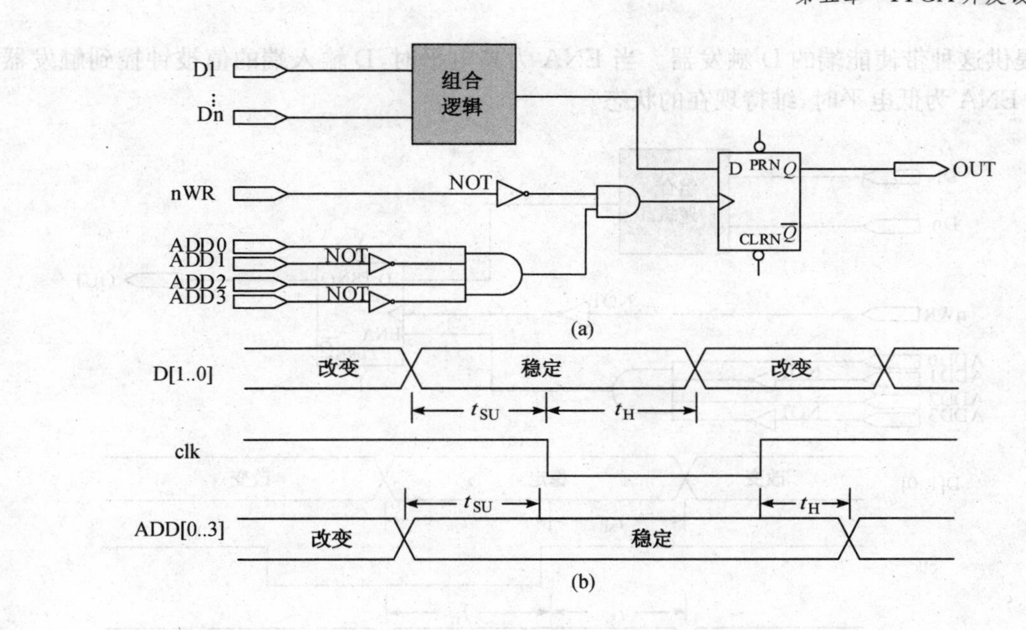

图 5.4 “与”门控时钟

地址线在规定的时间内未保持稳定，则在时钟上会出现毛刺，造成触发器发生错误的状态变化。另一方面，数据引脚 D[1..N]只要求在 nWR 和 new 的有效边沿处满足标准的建立和保持时间的规定。

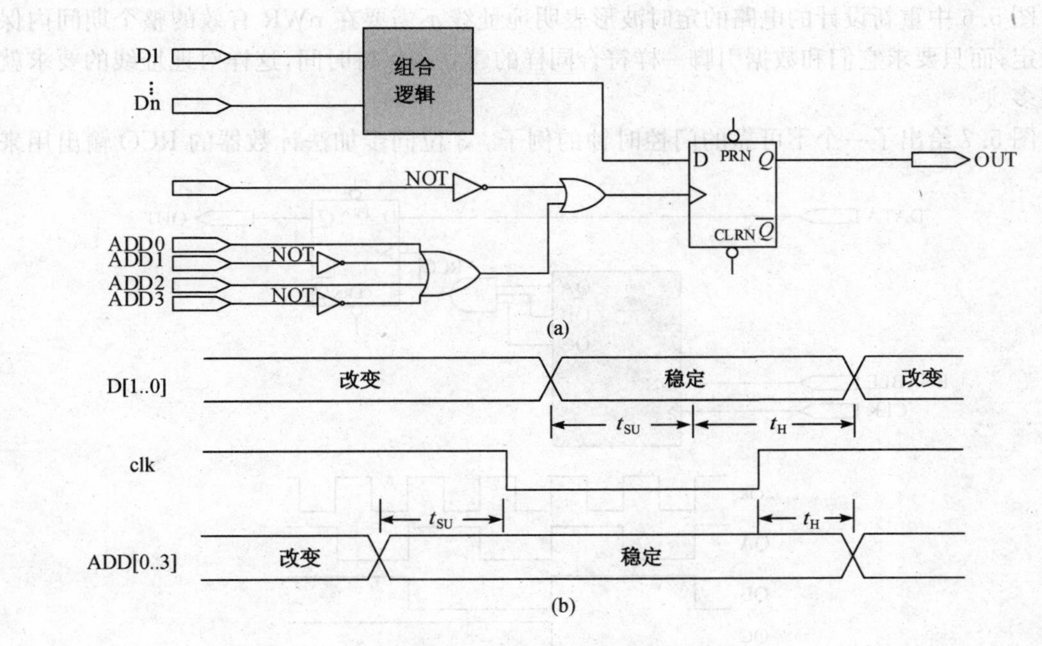

图 5.5 “或”门控时钟

我们往往可以将门控时钟转换成全局时钟以改善设计项目的可靠性。图 5.6 示出如何用全局时钟重新设计图 5.4 的电路。地址线在控制 D 触发器的使能输入，许多 PLD 设计软件都提供这种带使能端的 D 触发器。当 ENA 为高电平时，D 输入端的值被钟控到触发器中；当 ENA 为低电平时，维持现在的状态。

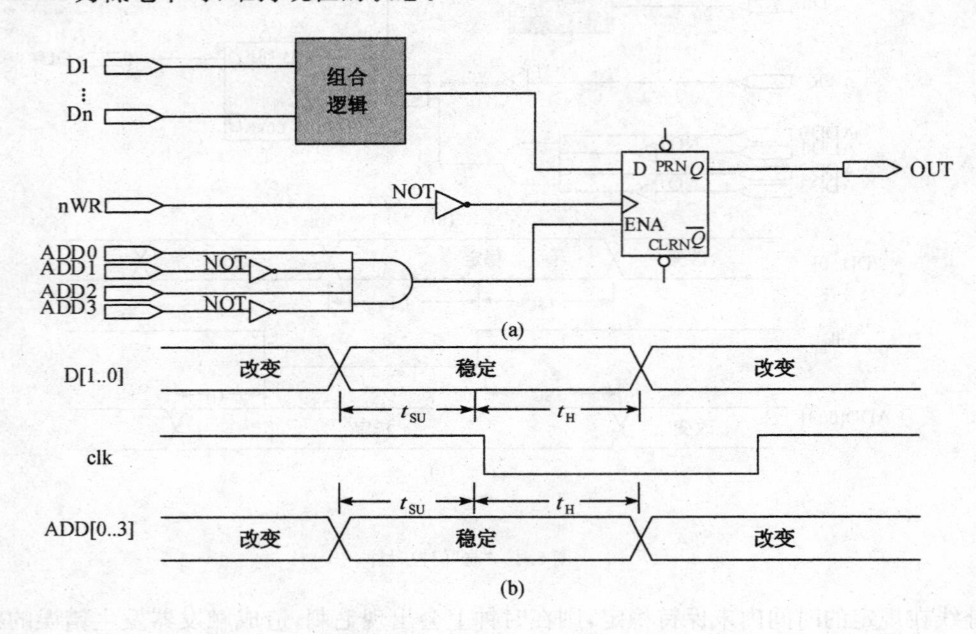

图 5.6 “与”门控时钟转化为全局时钟

图 5.6 中重新设计的电路的定时波形表明地址线不需要在 nWR 有效的整个期间内保持稳定；而只要求它们和数据引脚一样符合同样的建立和保持时间，这样对地址线的要求就少很多。

图 5.7 给出了一个不可靠的门控时钟的例子。3 位同步加法计数器的 RCO 输出用来

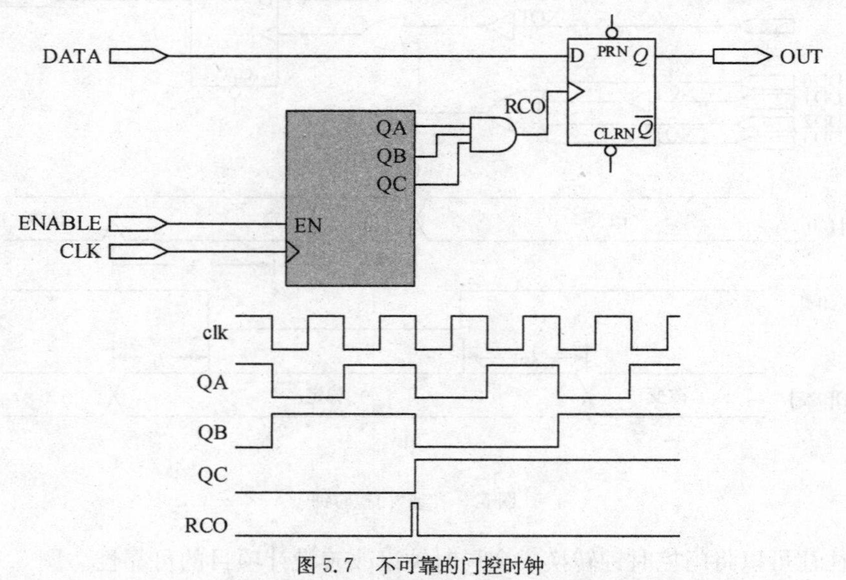

图 5.7 不可靠的门控时钟

(定时波形示出的计数器从 3 到 4 改变时，RCO 信号是如何出现毛刺的)

控制触发器。然而，计数器给出的多个输入起到时钟的作用，这违反了可靠门控时钟所需的条件之一。在产生RCO信号的触发器中，没有一个能被考虑为实际的时钟线，这是因为所有触发器在几乎相同的时刻发生翻转，而并不能保证在PLD/FPGA内部QA、QB、QC到D触发器的布线长短一致，因此，如图5.7的时间波形所示，在计数器从3计到4时，RCO线上会出现毛刺(假设QC到D触发器的路径较短，即QC的输出先翻转)。

图5.8给出了一种可靠的全局钟控的电路，它是图5.7不可靠计数器电路的改进，RCO控制D触发器的使能输入。这个改进不需要增加PLD的逻辑单元。

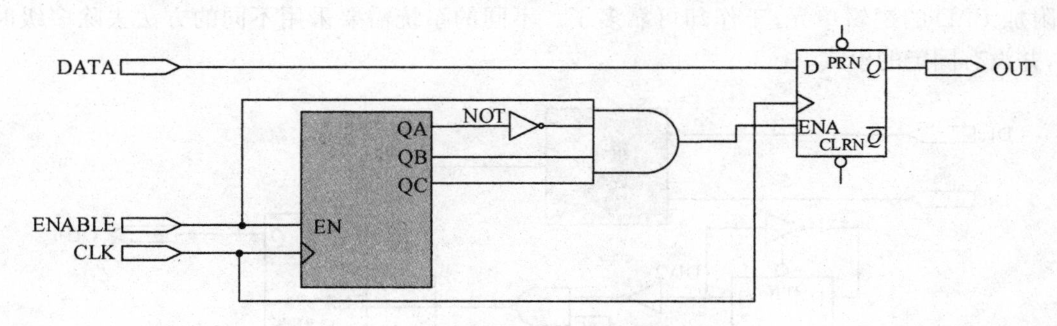

图5.8 不可靠的门控时钟

5.3.3 多级逻辑时钟

当产生门控时钟的组合逻辑超过一级(即超过单个的“与”门或“或”门)时，则设计项目的可靠性变得很困难。即使样机或仿真结果没有显示出静态险象，但实际上仍然可能存在着危险。通常，不应该用多级组合逻辑去钟控PLD设计中的触发器。

图5.9给出了一个含有险象的多级时钟的例子。时钟是由SEL引脚控制的多路选择

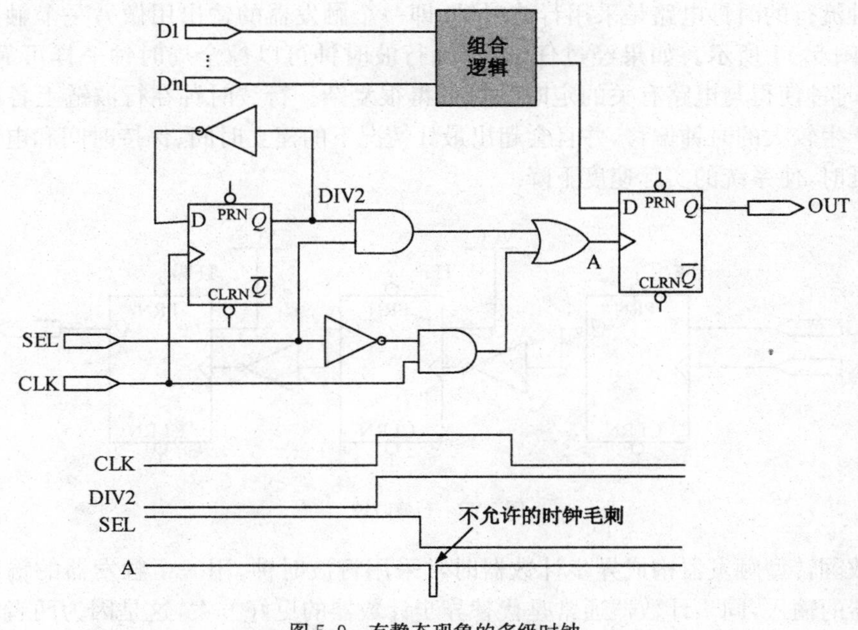

图5.9 有静态现象的多级时钟

器输出的。多路选择器的输入是时钟(CLK)和该时钟的 2 分频(DIV2)。由图 5.9 的定时波形图看出,在两个时钟均为逻辑"1"的情况下,当 SEL 线的状态改变时,存在静态险象,险象的程度取决于工作的条件。多级逻辑的险象是可以去除的。例如,可以插入"冗余逻辑"到设计项目中。然而,PLD/FPGA 编译器在逻辑综合时会去掉这些冗余逻辑,使得验证险象是否真正被去除变得困难了。为此,必须寻求其他方法来实现电路的功能。

图 5.10 给出了图 5.9 电路的一种单级时钟的替代方案。图中 SEL 引脚和 DIV2 信号用于使能 D 触发器的使能输入端,而不是用于该触发器的时钟引脚。采用这个电路并不需要附加 PLD 的逻辑单元,工作却可靠多了。不同的系统需要采用不同的方法去除多级时钟,并没有固定的模式。

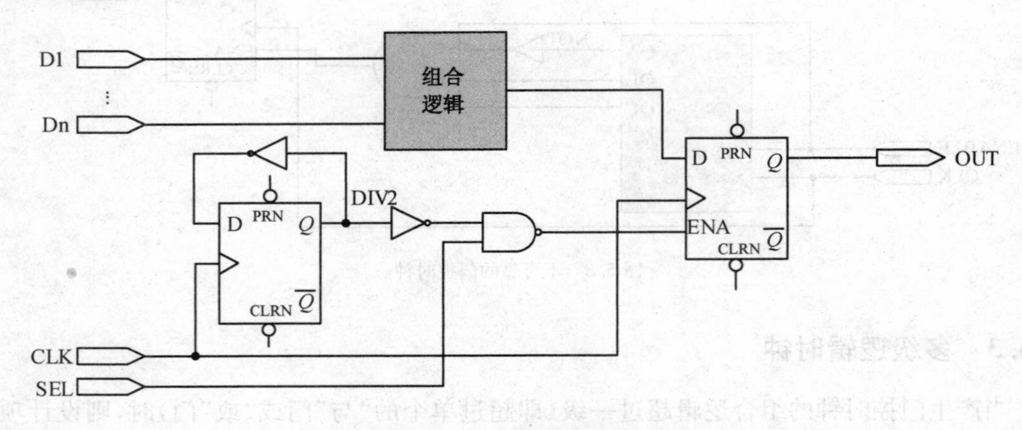

图 5.10 无静态现象的多级时钟

5.3.4 行波时钟

另一种流行的时钟电路是采用行波时钟,即一个触发器的输出用做另一个触发器的时钟输入,如图 5.11 所示。如果经过仔细设计,行波时钟可以像全局时钟一样可靠地工作。然而,行波时钟使得与电路有关的定时计算变得很复杂。行波时钟在行波链上各触发器的时钟之间产生较大的时钟偏移,并且会超出最坏情况下的建立时间、保持时间和电路中时钟到输出的延时,使系统的实际速度下降。

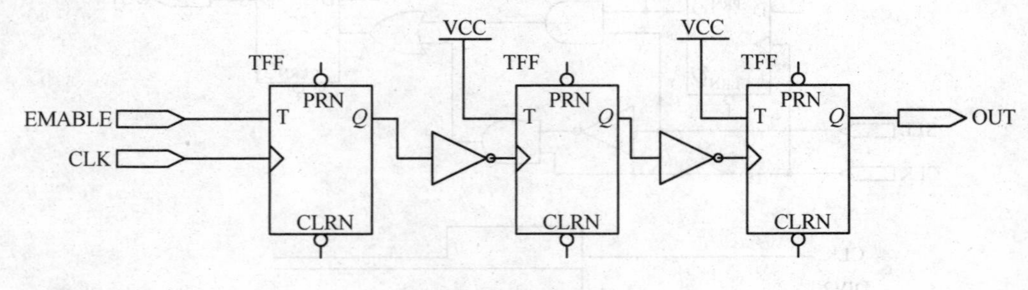

图 5.11 行波时钟

用计数翻转型触发器构成异步计数器时常采用行波时钟,用一个触发器的输出钟控下一个触发器的输入,同步计数器通常是代替异步计数器的更好方案,这是因为两者需要同样多的宏单元而同步计数器有较快的时钟到输出的时间。图 5.12 给出了具有全局时钟的同步计数器，它和图 5.11 所示时钟的功能相同，用了同样多的逻辑单元实现，却有较快的时钟到输出的时间。几乎所有 PLD 开发软件都提供多种多样的同步计数器。

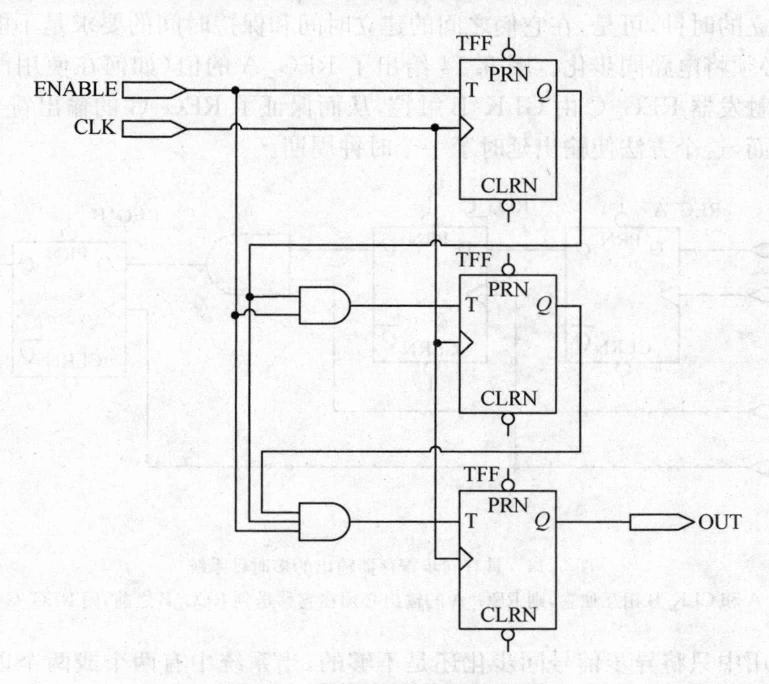

图 5.12　行波时钟转换为全局时钟

图 5.12 所示的 3 位计数器是图 5.11 异步计数器的代替电路，它用了同样的 3 个宏单元，但有更短的时钟到输出端延时。

5.3.5　多时钟系统

许多系统要求在同一个 PLD 内采用多时钟。最常见的例子是两个异步微处理器之间的接口，或微处理器和异步通信通道的接口。因为两个时钟信号之间要求一定的建立时间和保持时间，所以上述应用引进了附加的定时约束条件。它们也会要求将某些异步信号同步化。

图 5.13 给出了一个多时钟系统的实例。CLK_A 用以钟控 REG_A，CLK_B 用于钟控 REG_B，由于 REG_A 驱动着进入 REG_B 的组合逻辑，故 CLK_A 的上升沿相对于 CLK_B

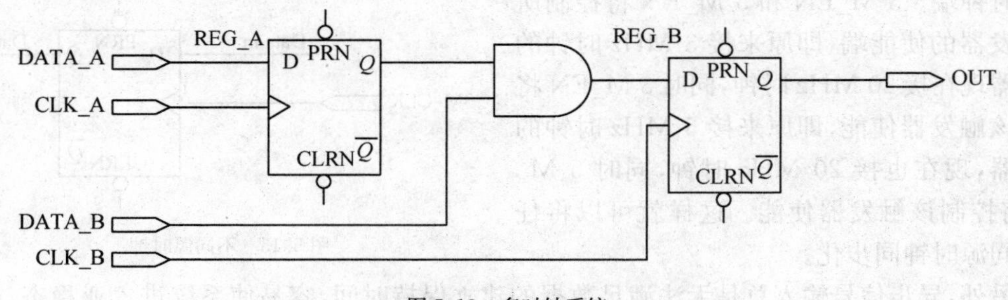

图 5.13　多时钟系统

的上升沿有建立时间和保持时间的要求。由于 REG_B 不驱动馈送到 REG_A 的逻辑，所以 CLK_B 的上升沿相对于 CLK_A 没有建立时间的要求。此外，由于时钟的下降沿不影响触发器的状态，所以 CLK_A 和 CLK_B 的下降沿之间没有时间上的要求。如图 5.13 所示，电路中有两个独立的时钟，可是，在它们之间的建立时间和保持时间的要求是不能保证的。在这种情况下，必须将电路同步化。图 5.14 给出了 REG_A 的值(如何在使用前)与 CLK_B 同步化。新的触发器 REG_C 由 GLK_B 触控，从而保证了 REG_G 的输出符合 REG_B 的建立时间。然而，这个方法使输出延时了一个时钟周期。

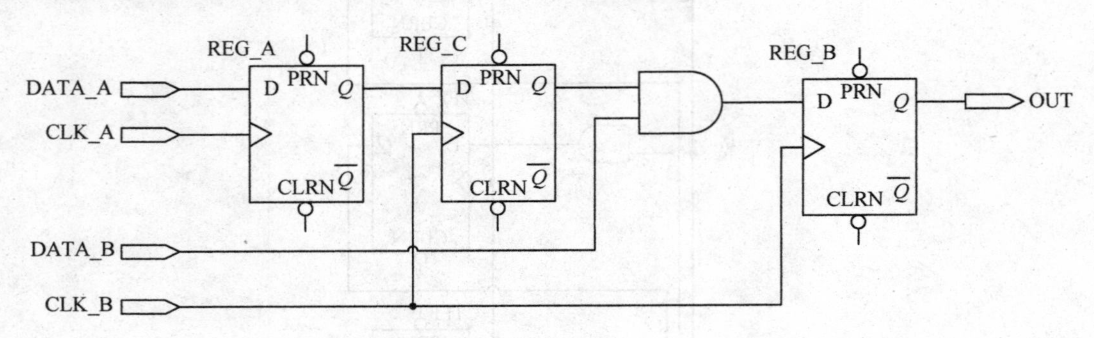

图 5.14　具有同步寄存器输出的多时钟系统

(若 CLK_A 和 CLK_B 相互独立，则 REG_A 的输出必须在它移送到 REG_B 之前，用 REG_C 同步化)

在许多应用中只将异步信号同步化还是不够的，当系统中有两个或两个以上非同源时钟的时候，数据的建立时间和保持时间很难得到保证，我们将面临复杂的时间问题。最好的方法是将所有非同源时钟同步化。使用 PLD 内部的锁相环(PLL 或 DLL)是一个效果很好的方法，但不是所有 PLD 都带有 PLL、DLL，而且带有 PLL 功能的芯片大多价格昂贵，所以除非有特殊要求，一般场合可以不使用带 PLL 的 PLD。这时我们需要使用带使能端的 D 触发器，并引入一个高频时钟。

如图 5.15 所示，系统有两个不同源时钟，一个为 3 MHz，另一个为 5 MHz，不同的触发器使用不同的时钟。为了系统稳定，我们引入一个 20 MHz 时钟，将 3 MHz 和 5 MHz 时钟同步化，如图 5.16 所示。20 MHz 的高频时钟将作为系统时钟，并且输入到所有触发器的时钟端。3 M_EN 和 5 M_EN 将控制所有触发器的使能端，即原来接 3 MHz 时钟的触发器现在接 20 MHz 时钟，同时 3 M_EN 将控制该触发器使能，即原来接 5 MHz 时钟的触发器，现在也接 20 MHz 时钟，同时 5 M_EN 将控制该触发器使能。这样就可以将任何非同源时钟同步化。

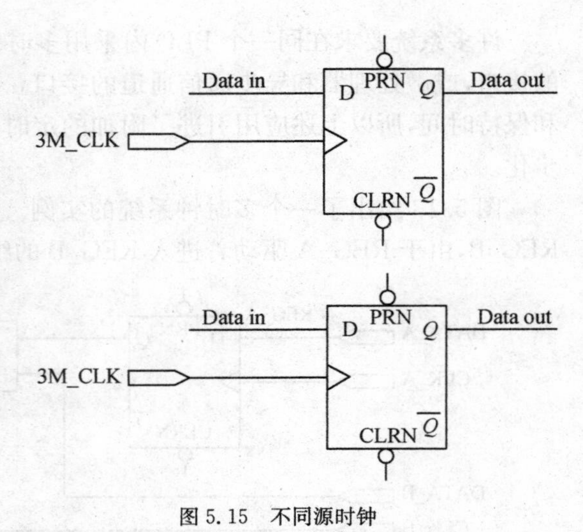

图 5.15　不同源时钟

另外，异步信号输入总是无法满足数据的建立保持时间，容易使系统进入亚稳态，所以也建议设计者把所有异步输入都先经过双触发器进行同步化。

注意：稳定可靠的时钟是系统稳定可靠的重要条件，因此不能将任何可能含有毛刺的输出作为时钟信号，并且尽可能只使用一个全局时钟，对多时钟系统要注意同步异步信号和非同源时钟。

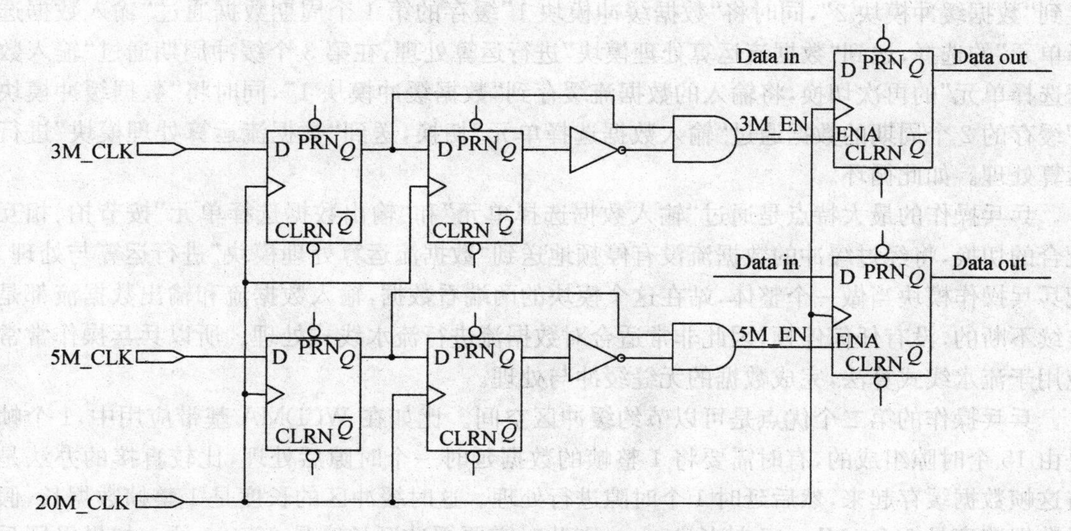

图 5.16　同步化任意非同源时钟

（一个 DFF 和后面的非门、与门一起构成时钟上升沿检测电路）

5.4　FPGA 系统设计的常用技巧

在数字电路优化设计当中，主要包括面积优化和速度优化两个方面，在 5.1.1 节中已经有所提及，本节将介绍三种常用的面积/速度优化技巧：乒乓操作、串并/并串转换和流水线设计。

5.4.1　乒乓操作

"乒乓操作"是一个常常应用于数据流控制的处理技巧，典型的乒乓操作方法如图 5.17 所示。

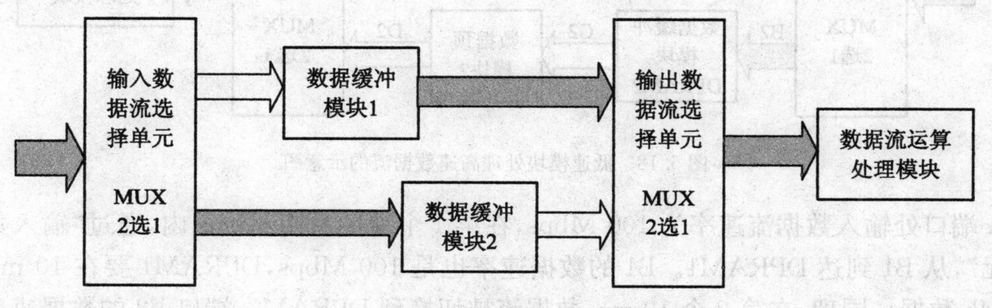

图 5.17　乒乓操作数据缓存结构示意图

乒乓操作的处理流程为：输入数据流通过“输入数据选择单元”将数据流等时分配到两个数据缓冲区，数据缓冲模块可以为任何存储模块，比较常用的存储单元为双口 RAM(DPRAM)、单口 RAM(SPRAM)、FIFO 等。在第一个缓冲周期，将输入的数据流缓存到“数据缓冲模块 1”；在第 2 个缓冲周期，通过“输入数据选择单元”的切换，将输入的数据流缓存到“数据缓冲模块 2”，同时将“数据缓冲模块 1”缓存的第 1 个周期数据通过“输入数据选择单元”的选择，送到“数据流运算处理模块”进行运算处理；在第 3 个缓冲周期通过“输入数据选择单元”的再次切换，将输入的数据流缓存到“数据缓冲模块 1”，同时将“数据缓冲模块 2”缓存的 2 个周期的数据通过“输入数据选择单元”切换，送到“数据流运算处理模块”进行运算处理。如此循环。

乒乓操作的最大特点是通过“输入数据选择单元”和“输出数据选择单元”按节拍、相互配合的切换，将经过缓冲的数据流没有停顿地送到“数据流运算处理模块”进行运算与处理。把乒乓操作模块当做一个整体，站在这个模块的两端看数据，输入数据流和输出数据流都是连续不断的，没有任何停顿，因此非常适合对数据流进行流水线式处理。所以乒乓操作常常应用于流水线式算法，完成数据的无缝缓冲与处理。

乒乓操作的第二个优点是可以节约缓冲区空间。比如在 WCDMA 基带应用中，1 个帧是由 15 个时隙组成的，有时需要将 1 整帧的数据延时一个时隙后处理，比较直接的办法是将这帧数据缓存起来，然后延时 1 个时隙进行处理。这时缓冲区的长度是 1 整帧数据长，假设数据速率是 3.84 Mbps，1 帧长 10 ms，则此时需要缓冲区长度是 38 400 位。如果采用乒乓操作，只需定义两个能缓冲 1 个时隙数据的 RAM(单口 RAM 即可)。当向一块 RAM 写数据的时候，从另一块 RAM 读数据，然后送到处理单元处理，此时每块 RAM 的容量仅需 2 560 位即可，2 块 RAM 加起来也只有 5 120 位的容量。

另外，巧妙运用乒乓操作还可以达到用低速模块处理高速数据流的效果。如图 5.18 所示，数据缓冲模块采用了双口 RAM，并在 DPRAM 后引入了一级数据预处理模块，这个数据预处理可以根据需要的各种数据运算，比如在 WCDMA 设计中，对输入数据流的解扩、解扰、去旋转等。假设端口 A 的输入数据流的速率为 100 Mbps，乒乓操作的缓冲周期是 10 ms。以下分析各个节点端口的数据速率。

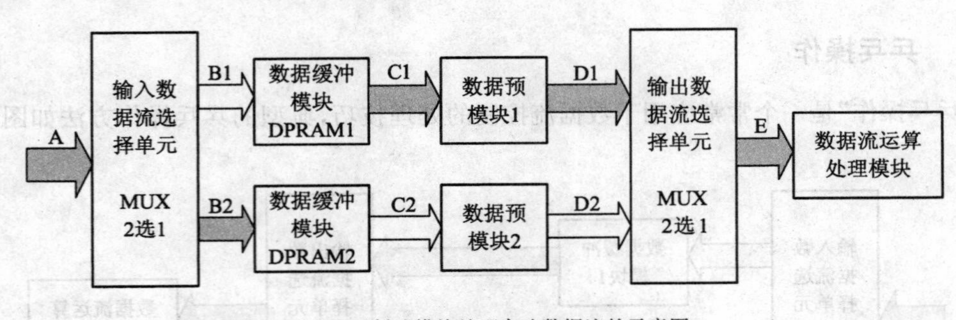

图 5.18 低速模块处理高速数据流的示意图

A 端口处输入数据流速率为 100 Mbps，在第 1 个缓冲周期 10 ms 内，通过“输入数据选择单元”，从 B1 到达 DPRAM1。B1 的数据速率也是 100 Mbps，DPRAM1 要在 10 ms 内写入 1 Mb 数据。同理，在第 2 个 10 ms，数据流被切换到 DPRAM2，端口 B2 的数据速率也是 100 Mbps，DPRAM2 在第 2 个 10 ms 被写入 1 Mb 数据。在第 3 个 10 ms，数据流又切换到

DPRAM1,DPRAM1 被写入 1 Mb 数据。

仔细分析就会发现到第 3 个缓冲周期时,留给 DPRAM1 读取数据并送到“数据预处理模块 1”的时间一共是 20 ms。有的工程师困惑于 DPRAM1 的读数时间为什么是 20 ms,这个时间是这样得来的:首先,在第 2 个缓冲周期向 DPRAM2 写数据的 10 ms 内,DPRAM1 可以进行读操作;另外,在第 1 个缓冲周期的第 5 ms 起(绝对时间为 5 ms 时刻),DPRAM1 就可以一边向 500 K 以后的地址写数据,一边从地址 0 读数,到达 10 ms 时,DPRAM1 刚好写完了 1 Mb 数据,并且读了 500 K 数据,这个缓冲时间内 DPRAM1 读了 5 ms;在第 3 个缓冲周期的第 5 ms 起(绝对时间为 35 ms 时刻),同理可以一边向 500 K 以后的地址写数据一边从地址 0 读数,又读取了 5 个 ms,所以截止 DPRAM1 第一个周期存入的数据被完全覆盖以前,DPRAM1 最多可以读取 20 ms 时间,而所需读取的数据为 1 Mb,所以端口 C1 的数据速率为:1 Mb/20 ms=50 Mbps。因此,“数据预处理模块 1”的最低数据吞吐能力也仅仅要求为 50 Mbps。同理,“数据预处理模块 2”的最低数据吞吐能力也仅仅要求为 50 Mbps。换言之,通过乒乓操作,“数据预处理模块”的时序压力减轻了,所要求的数据处理速率仅仅为输入数据速率的 1/2。

通过乒乓操作实现低速模块处理高速数据的实质是:通过 DPRAM 这种缓存单元实现了数据流的串并转换,并行用“数据预处理模块 1”和“数据预处理模块 2”处理分流的数据,是面积与速度互换原则的体现!

5.4.2 串并/并串转换

串并转换是 FPGA 设计的一个重要技巧,它是高速数据流处理的常用手段。串并转换的实现方法多种多样,根据数据的数量和排序的不同,可以选用寄存器、双口 RAM(DPRAM)、单口 RAM(SPRAM)或 FIFO 实现。当数据量很大时,可以用 DPRAM 或 SPRAM 作为缓冲区;而当数据量很小时,用寄存器即可完成串并转换操作。不同设计的串并数据排序各异,相应的串并实现方式也不同,对数据排列顺序有规定的串并转换,可以用 case 语句来实现,而当串并转换顺序十分复杂时,可以用状态机实现。

总的来说,串并转换是面积和速度互换原则的很好体现。采用串转并设计,即通过复制功能逻辑和增加数据通路来提高设计的数据吞吐率,是面积换速度的典型例子,其目的在于提高运行速度。而采用并转串设计,即通过逻辑复用和提高串行通路逻辑速度等手段,达到节约面积的目的。

5.4.3 流水线设计

流水线(Pipelining)技术在速度优化中是最常用的技术之一。它能显著地提高设计电路的运行速度上限。在现代微处理器(如微机中的 Intel CPU 就使用了多级流水线技术,主要指执行指令流水线)、数字信号处理器、高速数字系统、高速 ADC、DAC 器件设计中,几乎都离不开流水线技术,甚至在有的新型单片机设计中也采用了流水线技术,以期达到高速特性(通常每个时钟周期执行一条指令)。

事实上在设计中加入流水线,并不会减少原设计中的总延时,有时甚至还会增加插入的寄存器的延时及信号同步的时间差,但却可以提高总体的运行速度,这并不存在矛盾。图 5.19 是一个未使用流水线的设计,在设计中存在一个延时较大的组合逻辑块。显然该设计从输入到输出需经过的时间至少为 T_a，就是说，时钟信号 clk 周期不能小于 T_a。图 5.20 是对图 5.19 设计的改进，使用了一级流水线。在设计中表现为把延时较大的组合逻辑块切制成两块延时大致相等的组合逻辑块，它们的延时分别为 T_1、T_2。设置为 $T_1 \approx T_2$，与 T_a 存在关系式：$T_a = T_1 + T_2$。在这两个逻辑块中插入了寄存器。

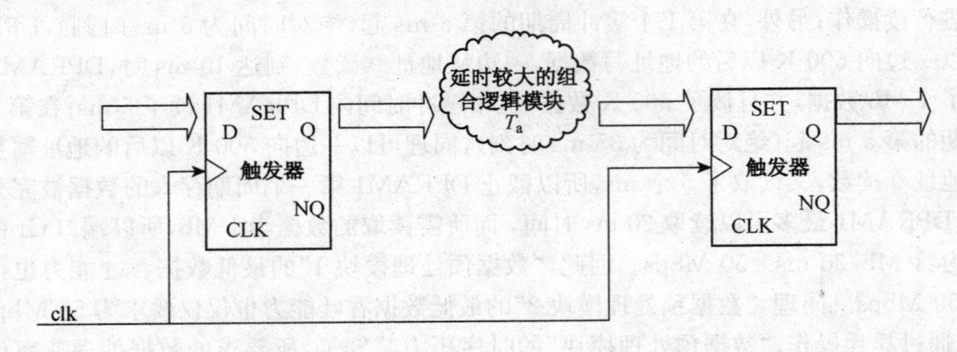

图 5.19　未使用流水线

但是对于图 5.20 中流水线的第 1 级（指输入寄存器与插入寄存器之间的新的组合逻辑设计），时钟信号 clk 的周期可以接近 T_1，即第 1 级的最高工作频率 F_{max1} 可以约等于 $1/T_1$；同样，第 2 级的最高工作频率 F_{max2} 可以约等于 $1/T_1$。由此可以得出图 5.21 的设计，其最高工作频率为 $F_{max} \approx F_{max1} \approx F_{max2} \approx 1/T_1$。

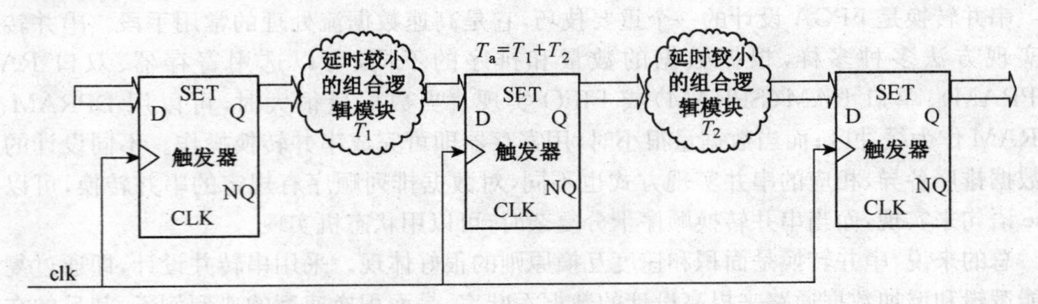

图 5.20　使用流水线结构

显然，最高工作频率比图 5.19 设计的速度提升了近一倍！

图 5.20 中流水线的工作原理是这样的，一个信号从输入到输出需要经两个寄存器（不考虑输入寄存器），共需时间为 $T_1 + T_2 + 2T_{reg}$（T_{reg} 为寄存器延时），时间约为 T_a。但是每隔 T_1 时间，输出寄存器就输出一个结果，输入寄存器输入一个新的数据。这时两个逻辑块处理的不是同一个信号，资源被优化利用了，而寄存器对信号数据做了暂存。显然，流水线工作可以用图 5.21 来表示。例 5.1 和例 5.2 同是 8 位加法器设计描述。前者是普通加法器描述方式，后者是二级流水线描述方式，其结构如图 5.22 所示。将 8 位加法分成两个 4 位加法操作，其中用锁存器隔离。基本原理与图 5.20 和图 5.21 介

未使用流水线	信号1		信号2
流水线第1级	信号1	信号2	
流水线第2级		信号1	信号2

图 5.21　流水线工作图

绍的原理相同。

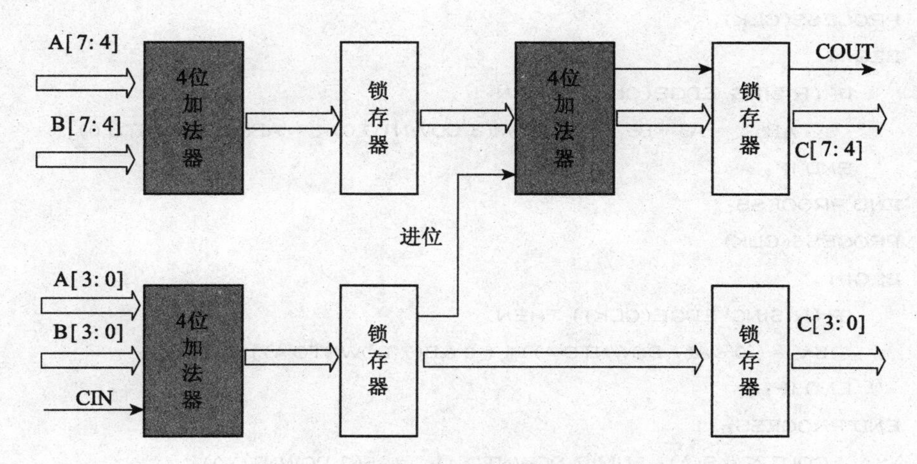

图 5.22　8 位加法器流水线工作图

【例 5.1】　普通加法器

```
library IEEE;
use IEEE.STD_LOGIC_1164.ALL;
use IEEE.STD_LOGIC_ARITH.ALL;
use IEEE.STD_LOGIC_UNSIGNED.ALL;
entity ADDER8 is
    Port ( A,B : in  STD_LOGIC_VECTOR (7 downto 0);
           CLK,CIN : in  STD_LOGIC;
           COUT :out  STD_LOGIC;
           SUM : out  STD_LOGIC_VECTOR (7 downto 0));
end ADDER8;
architecture Behavioral of ADDER8 is
SIGNAL SUMC,A0,B0:STD_LOGIC_VECTOR(8 DOWNTO 0);
begin
        A0<='0' & A;   B0<='0' & B;
    PROCESS(CLK)
    BEGIN
        IF (RISING_EDGE(CLK)) THEN SUMC<=A0+B0+CIN;END IF;
    END PROCESS;
        COUT<=SUMC(8);SUM<=SUMC(7 DOWNTO 0);
end Behavioral;
```

【例 5.2】　流水线加法器

```
……以上部分与例 5.1 相同
architecture Behavioral of ADDER8 is
signal SUMC,A9,B9 :STD_LOGIC_VECTOR(8 DOWNTO 0);
SIGNAL AB5,A5,B5,TA,TB,S:STD_LOGIC_VECTOR(4 DOWNTO 0);
BEGIN
```

```
A5<='0' & A(3 DOWNTO 0);B5<='0' & B(3 DOWNTO 0);
    PROCESS(CLK)
    BEGIN
        IF (RISING_EDGE(CLK)) THEN
            AB5<=A5+B5+CIN; SUM(3 DOWNTO 0)<=AB5(3 DOWNTO 0);
        END IF;
    END PROCESS;
    PROCESS(CLK)
    BEGIN
        IF (RISING_EDGE(CLK)) THEN
            S<=('0'&A(7 DOWNTO 4))+('0'&B(7 DOWNTO 4))+AB5(4);
        END IF;
    END PROCESS;
            COUT<=S(4); SUM(7 DOWNTO 4)<= S(3 DOWNTO 0);
end Behavioral;
```

【设计实践】

5-1 32位流水线加法器的设计

图5.23为采用4级流水线技术的32位加法器的原理框图,采用了5级锁存、4级8位加法。整个加法只受加法器工作速度的限制,从而提高了整个加法器的工作速度。

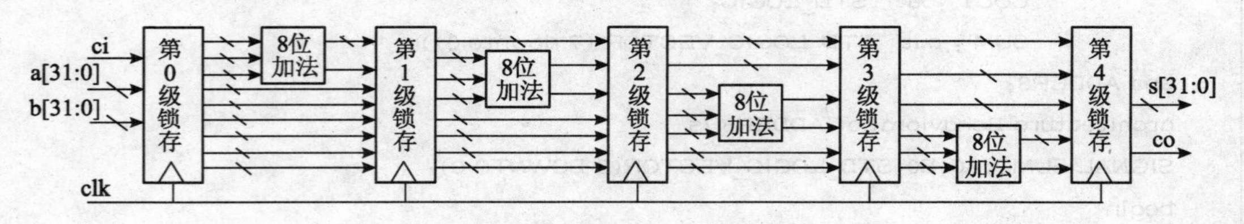

图5.23 4级流水线的32位加法器原理框图

以下为该加法器的VHDL代码。

* *

```
LIBRARY ieee;
    USE ieee.std_logic_1164.all;
    USE ieee.std_logic_unsigned.all;
ENTITY pipeline_add IS
    PORT ( a, b    : IN STD_LOGIC_VECTOR(31 DOWNTO 0);
           cin, clk : IN STD_LOGIC;
           cout    : OUT STD_LOGIC;
           sum     : OUT STD_LOGIC_VECTOR(31 DOWNTO 0) );
END pipeline_add;
```

```
ARCHITECTURE behav OF pipeline_add IS
   SIGNAL tempa, tempb        : STD_LOGIC_VECTOR(31 DOWNTO 0);
   SIGNAL tempci      : STD_LOGIC;
   SIGNAL firstco, secondco, thirdco    : STD_LOGIC;
   SIGNAL firstsum   : STD_LOGIC_VECTOR(7 DOWNTO 0);
   SIGNAL firsta, firstb       : STD_LOGIC_VECTOR(23 DOWNTO 0);
   SIGNAL secondsum : STD_LOGIC_VECTOR(15 DOWNTO 0);
   SIGNAL seconda, secondb    : STD_LOGIC_VECTOR(15 DOWNTO 0);
   SIGNAL thirdsum  : STD_LOGIC_VECTOR(23 DOWNTO 0);
   SIGNAL thirda, thirdb       : STD_LOGIC_VECTOR(7 DOWNTO 0);
BEGIN
   PROCESS (clk)          --输入数据缓存
   BEGIN
      IF (clk'EVENT AND clk = '1') THEN
         tempa <= a; tempb <= b;
         tempci <= cin;
      END IF;
   END PROCESS;

   PROCESS (clk)
     VARIABLE first_tem : STD_LOGIC_VECTOR(8 DOWNTO 0);
   BEGIN
     IF (clk'EVENT AND clk = '1') THEN
         first_tem := ( '0' & tempa(7 DOWNTO 0) ) + ( '0' & tempb(7 DOWNTO 0) ) +
( "00000000" & tempci );       --第一级加(低8位)
         firstco <= first_tem(8); firstsum <= first_tem(7 DOWNTO 0);
         firsta <= tempa(31 DOWNTO 8);        --未参加计算的数据缓存
         firstb <= tempb(31 DOWNTO 8);
      END IF;
   END PROCESS;

   PROCESS (clk)
     VARIABLE second_tem : STD_LOGIC_VECTOR(16 DOWNTO 0);
   BEGIN
     IF (clk'EVENT AND clk = '1') THEN
         --第二级数据加([15:8]位相加)
         second_tem := ( ( '0' & firsta(7 DOWNTO 0) ) + ( '0' & firstb(7 DOWNTO 0) ) +
("00000000" & firstco ) & firstsum);
         secondco <= second_tem(16); secondsum <= second_tem(15 DOWNTO 0);
         seconda <= firsta(23 DOWNTO 8);      --数据缓存
         secondb <= firstb(23 DOWNTO 8);
     END IF;
   END PROCESS;
```

```
PROCESS (clk)
  VARIABLE third_tem : STD_LOGIC_VECTOR(24 DOWNTO 0);
BEGIN
   IF (clk'EVENT AND clk = '1') THEN
      --第三级数据加([23:15]位相加)
      third_tem := ( ('0' & seconda(7 DOWNTO 0)) + ('0' & secondb(7 DOWNTO 0)) +
("00000000" & secondco) & secondsum);
      thirdco <= third_tem(24); thirdsum <= third_tem(23 DOWNTO 0);
      thirda <= seconda(15 DOWNTO 8);
      thirdb <= secondb(15 DOWNTO 8);
   END IF;
END PROCESS;

PROCESS (clk)
  VARIABLE four_tem : STD_LOGIC_VECTOR(32 DOWNTO 0);
BEGIN
   IF (clk'EVENT AND clk = '1') THEN
      --第四级数据加([31:24]位相加)
      four_tem := ( ('0' & thirda(7 DOWNTO 0)) + ('0' & thirdb(7 DOWNTO 0)) +
("00000000" & thirdco) & thirdsum);
      cout <= four_tem(32); sum<= four_tem(31 DOWNTO 0);
   END IF;
END PROCESS;
END behav;
```

****

注意:留心在加法的过程中的位宽问题。

第六章　综合设计实例

本章的主要实验内容为综合设计实验，每个实验均包含多个知识点，同时又有重点训练目标。通过对设计实例的分析，结合开发平台和相关实验装置，进行预设计电路的仿真、下载与调试。通过这一系列流程的操作，使学生清楚基于FPGA芯片设计的一个较为完整的开发流程，并能熟练应用硬件编程语言对电路进行建模、仿真与测试，从而进一步理解EDA自顶向下的设计思想。

6.1　数码管扫描显示电路

数码管显示一般分静态显示和动态显示两种驱动方式。静态驱动方式的主要特点是，每个数码管都有相互独立的数据线，并且所有的数码管被同时点亮；这种驱动方式的缺点是占用I/O口线比较多。动态驱动方式则是所有数码管共用一组数据线(a～g)，数码管轮流被点亮。因此，动态显示驱动方式中每个数码管都要有一个点亮控制输入端口，该端口即为数码管的共阳极端或共阴极端。图6.1中的B5～B0分别为6个数码管点亮控制输入端口。

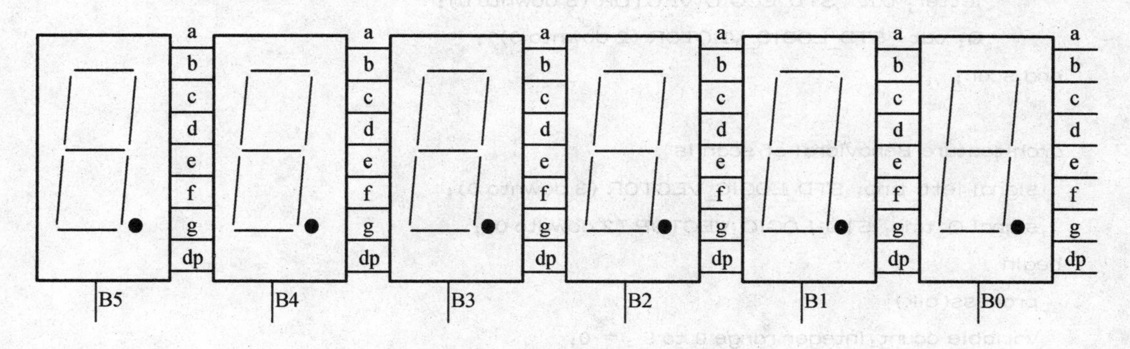

图6.1　动态显示数码管

下面以共阴极数码管(高电平点亮)为例，说明6位动态扫描显示原理。工作时，6个数码管轮流显示：控制器先送出第一位数码管的数据(a～g)，同时使B0为高电平(B1～B5为低电平)，此时只有第一位数码管被点亮；再送出第二位数码管的数据并置B1为高电平(B0、B2～B5为低电平)，点亮第二位数码管……；依此类推，循环往复。虽然动态扫描同一时刻只有一个数码管点亮，但当扫描频率较快时(每个数码管每秒显示50次以上)，可稳定不闪烁地显示6个数据。

根据以上原理可得知数码管扫描电路有两路输出，分别是数码管的位选信号和数据信号，从而不难得到整个扫描显示电路的结构框图，如图6.2所示。

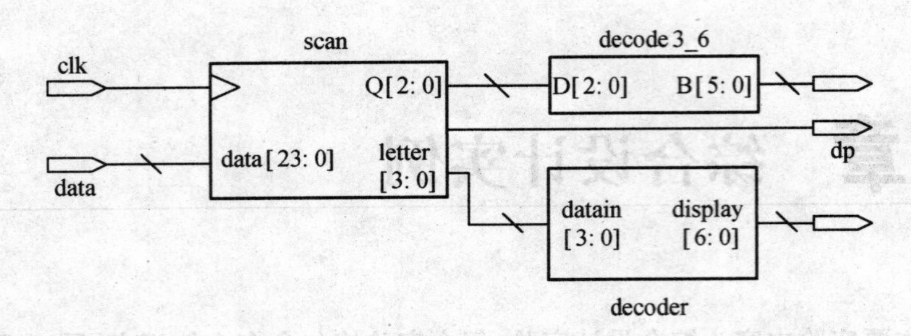

图 6.2 数码管扫描显示电路结构框图

1. 模块代码

(1) 扫描模块

扫描模块实则是一个 6 进制计数器，相应输出位选信号和对应的数据。由于每个数码管需至少显示 50 次每秒，即输入时钟至少为 300 Hz，此处假设时钟为 1 kHz(实际应用中可通过对主时钟分频得到)。data 端的输入是欲显示在数码管上的数据，若只显示 0～9 等 10 个阿拉伯数字，仅需 4 bits 就可代表这些数字，因此 6 个数码管需要 24 位宽的数据输入。该模块的 VHDL 代码如下：

```
**************************************************************
entity scan is
Port ( clk: in  STD_LOGIC;  --1kHz 时钟
       data: in STD_LOGIC_VECTOR(23 DOWNTO 0);
       dp: out  STD_LOGIC;  --小数点(高电平有效)
       letter: out  STD_LOGIC_VECTOR (3 downto 0);
       Q: out  STD_LOGIC_VECTOR (2 downto 0));
end scan;

architecture Behavioral of scan is
  signal lett_tmp: STD_LOGIC_VECTOR (3 downto 0);
  signal Q_tmp: STD_LOGIC_VECTOR (2 downto 0);
begin
  process(clk)
  variable count: integer range 0 to 5 := 0;
  begin
  if clk'event and clk = '1' then
    if(count=5)then
       count: =0;
    else
       count: =count+1;
    end if;
    case count is
       when 0=> lett_tmp <= data(3 DOWNTO 0);  Q_tmp <="101"; dp<='0';
       when 1=> lett_tmp <= data(7 DOWNTO 4);  Q_tmp <="100"; dp<='0';
```

```
          when 2 => lett_tmp <= data(11 DOWNTO 8); Q_tmp <= "011"; dp <= '0';
          when 3 => lett_tmp <= data(15 DOWNTO 12); Q_tmp <= "010"; dp <= '1';
               --显示小数点
          when 4 => lett_tmp <= data(19 DOWNTO 16); Q_tmp <= "001"; dp <= '0';
          when 5 => lett_tmp <= data(23 DOWNTO 20); Q_tmp <= "000"; dp <= '0';
          when others => null;
      end case;
   end if;
   end process;
      letter <= lett_tmp; Q <= Q_tmp;
end Behavioral;
```

* *

(2) decode3_6 模块

用于将六进制数译码为硬件可识别的位选信号,输出高电平有效。

* *

```
entity decode3_6 is
Port (D : in  STD_LOGIC_VECTOR (2 downto 0);
      B : out  STD_LOGIC_VECTOR (5 downto 0));
end decode3_6;
architecture Behavioral of decode3_6 is
begin
process(D)
   begin
     caseD IS
          when "000" => B <= "000001";
          when "001" => B <= "000010";
          when "010" => B <= "000100";
          when "011" => B <= "001000";
          when "100" => B <= "010000";
          when "101" => B <= "100000";
          when others => NULL;
     end case;
   end process;
end Behavioral;
```

* *

(3) decoder 模块

该模块的功能是将上一级送来的 BCD 码翻译成相应的数码管显示编码。

* *

```
entity decoder is
Port ( datain : in  STD_LOGIC_VECTOR (3 downto 0);
       display : out  STD_LOGIC_VECTOR (6 downto 0));   --不含小数点位
end decoder;
```

```
architecture Behavioral of decoder is
begin
process(datain)
   begin
     case datain IS
          when "0000" => display <= "0111111";    --0
          when "0001" => display <= "0000110";    --1
          when "0010" => display <= "1011011";    --2
          when "0011" => display <= "1001111";    --3
          when "0100" => display <= "1100110";    --4
          when "0101" => display <= "1101101";    --5
          when "0110" => display <= "1111101";    --6
          when "0111" => display <= "0000111";    --7
          when "1000" => display <= "1111111";    --8
          when "1001" => display <= "1101111";    --9
          when others=> display <= "0000000";
     end case;
   end process;
end Behavioral;
```

* *

（4）顶层模块

顶层模块用于按照结构设计图连接各个模块，主要用到元件例化相关语法。

* *

```
entity top is
    Port ( clk : in  STD_LOGIC;
           data : in  STD_LOGIC_VECTOR (23 downto 0);
           B : out  STD_LOGIC_VECTOR (5 downto 0);
           dp : out  STD_LOGIC;
           display : out  STD_LOGIC_VECTOR (6 downto 0));
end top;

architecture Behavioral of top is
    COMPONENT scan        --模块申明
    PORT(
          clk : IN std_logic;
          data : IN std_logic_vector(23 downto 0);
          dp : OUT std_logic;
          letter : OUT std_logic_vector(3 downto 0);
          Q : OUT std_logic_vector(2 downto 0) );
    END COMPONENT;

    COMPONENT decode3_6
    PORT(
```

```
            D : IN std_logic_vector(2 downto 0);
            B : OUT std_logic_vector(5 downto 0));
    END COMPONENT;

    COMPONENT decoder
    PORT(
            datain : IN std_logic_vector(3 downto 0);
            display : OUT std_logic_vector(6 downto 0) );
    END COMPONENT;

    SIGNAL BCDdata : std_logic_vector(3 downto 0);
    SIGNAL D : std_logic_vector(2 downto 0);

BEGIN
            Inst_decoder: decoder PORT MAP(
            datain => BCDdata,
            display => display );

    Inst_decode3_6: decode3_6 PORT MAP(
            D => D,
            B => B );

    Inst_scan: scan PORT MAP(
            clk => clk,
            data => data,
            dp => dp,
            letter => BCDdata,
            Q => D );
end Behavioral;
```

* *

2. 综合验证

在 ISE10.1 中新建工程,并把上述代码分模块输入,自行编写对应的仿真测试文件。该扫描显示电路的仿真波形如图 6.3 所示。

Virtex-II Pro FPGA 开发板并未集成数码管资源,因而不能直接在 FPGA 上下载和实

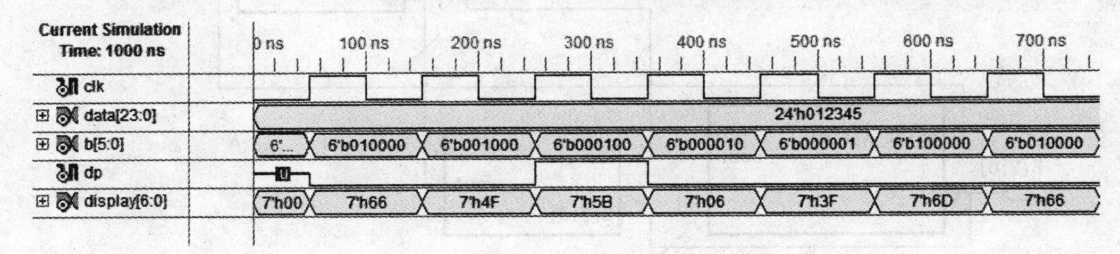

图 6.3　仿真波形

现硬件验证，只能通过外接集成有数码管资源的扩展板加以实现。在下一章节的实验中将介绍扩展板上数码管的连接配置，本综合实例不做进一步的展开。

6.2 八位除法器的设计

除法是数值计算和数据分析中最常用的运算之一，许多高级运算如平方根、指数、三角函数等都与其有关。由于除法运算包含了减法、试商、移位等多种操作过程，因此运算比较复杂。

1. 算法流程

本设计实现的是任意八位数的除法器设计，设计原理如下：

(1) 对于八位无符号被除数 A 和除数 B，先对 A 转换成高八位是 0 低八位是 A 的 16 位数数 C，并将 C 左移一位末尾补零，准备进入运算流程。

(2) 在时钟脉冲的上升沿判断 C 的高八位是否大于除数 B，如是则 C 的高八位减去 B，将 C 的第 0 位置 1，同时进行移位操作；否则，继续移位操作。

(3) 经过八个周期后，所得到的 C 的高八位为余数，低八位为商(注意最后一个周期时，不需要左移)，运算结束。

图 6.4 是该除法器的算法流程图。

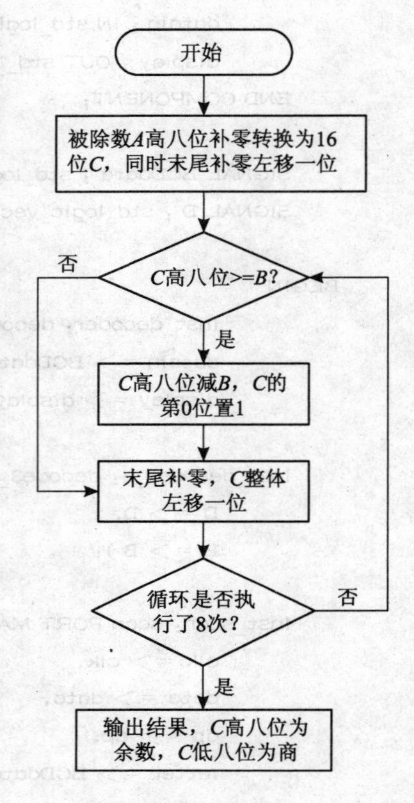

图 6.4 算法流程图

从图 6.5 可清楚地看出此除法器的工作原理。此除法器主要包括比较器、减法器、移位器、控制器等模块。

2. 模块代码

(1) 运算控制模块

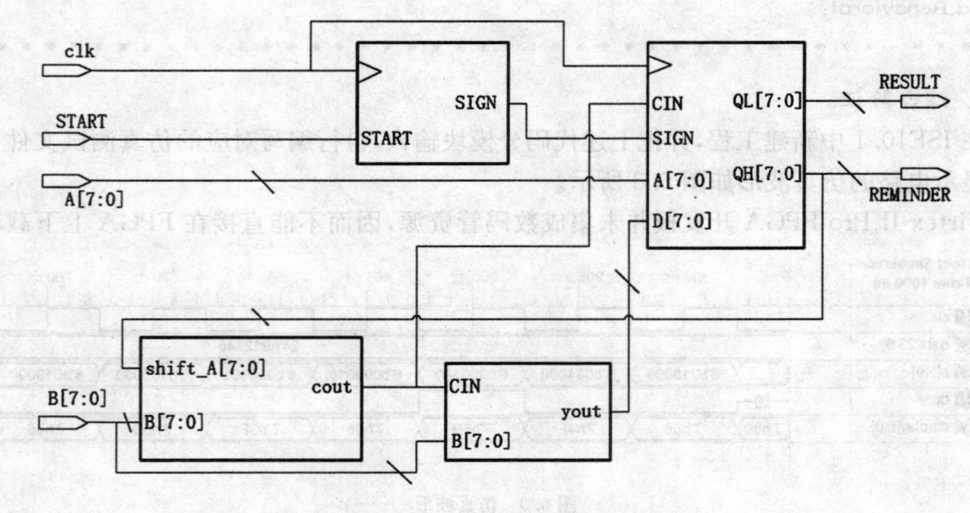

图 6.5 除法器结构框图

控制模块的主要在外部运算时钟和起始信号的作用下，产生控制其他模块所需的数据调用、运算同步时钟以及乘法运算结束标志信号等。其 VHDL 语言描述如下：

```
**********************************************
entity ARICTL is
    Port ( CLK : in  STD_LOGIC;
           START : in  STD_LOGIC;
           SIGN : out STD_LOGIC_VECTOR(3 DOWNTO 0));
end ARICTL;

architecture Behavioral of ARICTL is
    SIGNAL sign_temp : STD_LOGIC_VECTOR(3 DOWNTO 0);
BEGIN
     SIGN <= sign_temp;
    PROCESS (CLK,START)
    BEGIN
        IF START='0' THEN                    --高电平清零计数器
            sign_temp<="0000";
        ELSIF CLK'EVENT AND CLK='1' THEN
            IF sign_temp<"1010" THEN          --从0计数至9
                sign_temp<=sign_temp+"0001";
            END IF;
        END IF;
    END PROCESS;
end Behavioral;
**********************************************
```

(2) 比较模块

设计中所用的八位比较器是通过减法实现，根据所得结果判断两个比较数的大小。比较器输出信号决定减法器是否进行减法运算。

```
**********************************************
entity comp2 is
    PORT(   a: IN STD_LOGIC_VECTOR(7 DOWNTO 0);
            b: IN STD_LOGIC_VECTOR(7 DOWNTO 0);
            COUT: OUT STD_LOGIC);
end comp2;

architecture Behavioral of comp2 is
  signal tmp:std_logic_vector(8 downto 0);
begin
  tmp  <=('0'&a)-('0'&b);              --做减法
  COUT <= tmp(8);          --由最高位进行判别，当A<B时为'1'，其余为'0'
end Behavioral;
**********************************************
```

(3) 减法器

减法器接收比较器所输出的信号，如果 $A \geqslant B$，则进行减法，输出 $A-B$，否则输出 A，减法器的输出到移位器中进行循环。减法器由组合逻辑构成。

* *

```
entity dec8 is
PORT(   CIN: IN STD_LOGIC;
        a: IN STD_LOGIC_VECTOR(7 DOWNTO 0);
        b: IN STD_LOGIC_VECTOR(7 DOWNTO 0);
        yout: OUT STD_LOGIC_VECTOR(7 DOWNTO 0) );
end dec8;

architecture Behavioral of dec8 is
   signal c,y,cin_bus:std_logic_vector(7 downto 0);
   begin
       cin_bus <= (OTHERS => cin);          --扩展进位成 8 位总线
y(0)<= a(0) xor b(0) xor cin;
       c(0)<= (cin and not a(0)) or (cin and b(0)) or (not a(0) and b(0));
       gen:for i in 1 to 7 generate
         y(i)<= a(i) xor b(i) xor c(i-1);
         c(i)<= (c(i-1) and not a(i)) or (c(i-1) and b(i)) or (not a(i) and b(i));
       end generate;
       yout<= ((not cin_bus) and y) or (cin_bus and a);   --A≥B,输出减法结果 y;A<B,则
输出 A
   end Behavioral;
```

* *

(4) 移位器

移位器除法器实现中的核心部分，主要实现数据的移位和最后结果的输出，其 VHDL 程序如下：

* *

```
ENTITY shifter IS
PORT(   CLK,CIN: IN STD_LOGIC;
        SIGN: IN STD_LOGIC_VECTOR(3 DOWNTO 0);
        A: IN STD_LOGIC_VECTOR(7 DOWNTO 0);
        D: IN STD_LOGIC_VECTOR(7 DOWNTO 0);
        QL,QH,shift_A: OUT STD_LOGIC_VECTOR(7 DOWNTO 0) );
END shifter;

ARCHITECTURE BEHAV OF shifter IS
SIGNAL R16S: STD_LOGIC_VECTOR(15 DOWNTO 0);
   BEGIN
   PROCESS (CLK,SIGN)
   BEGIN
```

```
            IF(CLK'EVENT AND CLK='1') THEN
                IF SIGN="0000" THEN            --输出复位
                    R16S(15 DOWNTO 0)<= (OTHERS => '0');
                ELSIF SIGN="0001" THEN                  --装载新数据同时左移
                    R16S(15 DOWNTO 0)<= "0000000" & A(7 DOWNTO 0) & '0';
                ELSIF ( SIGN > "0001" and SIGN < "1001") THEN  --除法过程主要运算步骤
                    R16S(15 DOWNTO 9)<= D(6 DOWNTO 0);
                    R16S(8 DOWNTO 1) <= R16S(7 DOWNTO 1) & (NOT CIN); --加上比较器的输出并数
据左移
                    R16S(0)<='0';                --最后一位补0
                ELSIF ( SIGN ="1001") THEN       --最后一个周期无需移位
                    R16S(15 DOWNTO 8)<=D(7 DOWNTO 0);
                    R16S (7 DOWNTO 0)<=R16S (7 DOWNTO 0) + (NOT CIN);   --商加上进位
                END IF;
            END IF;
        END PROCESS;
            shift_A <= R16S(15 DOWNTO 8);   --移位后的结果输出至比较模块和减法模块
            QH <= R16S(15 DOWNTO 8);        --输出余数
            QL <= R16S(7 DOWNTO 0);         --输出商
        END BEHAV;
```

* *

(5) 顶层模块

顶层模块用于按照结构设计图连接各个模块。

* *

```
entity chufaqi is
    Port ( CLK,START : in  STD_LOGIC;    --时钟和"开始"信号
           A,B : in  STD_LOGIC_VECTOR (7 downto 0);   --被除数A ,除数B
           RESULT,REMAINDER : out  STD_LOGIC_VECTOR (7 downto 0) --商和余数
         );
end chufaqi;

architecture Behavioral of chufaqi is
    COMPONENT ARICTL
    PORT(
        CLK : IN std_logic;
        START : IN std_logic;
        SIGN :  OUT std_logic_vector(3 downto 0));
    END COMPONENT;

    COMPONENT comp2
    PORT(
        a : IN std_logic_vector(7 downto 0);
```

```
        b : IN std_logic_vector(7 downto 0);
        COUT : OUT std_logic);
    END COMPONENT;

    COMPONENT dec8
    PORT(
        CIN : IN std_logic;
        a : IN std_logic_vector(7 downto 0);
        b : IN std_logic_vector(7 downto 0);
        yout : OUT std_logic_vector(7 downto 0) );
    END COMPONENT;

    COMPONENT shifter
    PORT(
        CLK : IN std_logic;
        CIN : IN std_logic;
        SIGN : IN std_logic_vector(3 downto 0);
        A : IN std_logic_vector(7 downto 0);
        D : IN std_logic_vector(7 downto 0);
        QL : OUT std_logic_vector(7 downto 0);
        QH,shift_A : OUT std_logic_vector(7 downto 0));
    END COMPONENT;

SIGNAL CIN : STD_LOGIC;
SIGNAL shift_A,D : STD_LOGIC_VECTOR(7 downto 0);
SIGNAL SIGN : STD_LOGIC_VECTOR(3 downto 0);
BEGIN
    Inst_shifter: shifter PORT MAP(
        CLK => CLK,
        CIN => CIN,
        SIGN => SIGN,
        A => A,
        D => D,
        shift_A => shift_A,
        QL => RESULT,
        QH => REMAINDER);

    Inst_dec8: dec8 PORT MAP(
        CIN => CIN,
        a => shift_A,
        b => B,
        yout => D);
```

```
    Inst_comp2: comp2 PORT MAP(
        a => shift_A,
        b => B,
        COUT => CIN );

    Inst_ARICTL: ARICTL PORT MAP(
        CLK => CLK,
        START => START,
        SIGN => SIGN);

end Behavioral;
```

* *

3. 综合仿真

在 ISE10.1 中新建相应工程,并将上述代码分模块输入,自行编写对应的仿真测试文件。图 6.6 为该除法器的仿真波形。此处被除数为十进制 255,除数为十进制 14。得到结果,商为 18,余数 3。

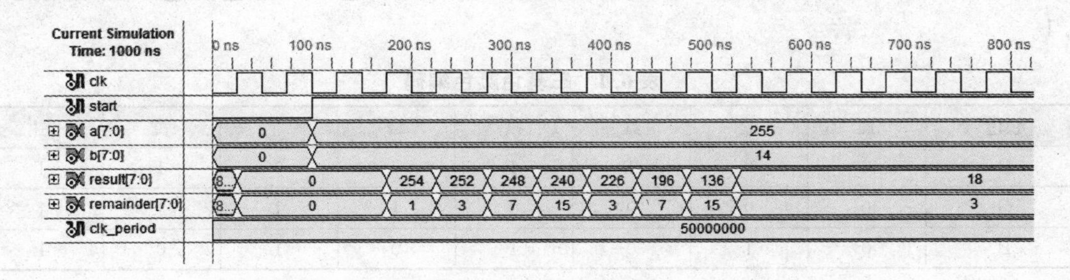

图 6.6 除法器仿真波形

读者还可参考【设计实践 3-1】和【设计实践 4-3】,通过调用 ChipScope Pro 工具,实时改变 a[7:0]和 b[7:0]的数值,观察结果是否正确。

6.3 Virtex-II Pro 的 SVGA 显示控制器设计

利用 FPGA 实现 VGA(Video Graphics Array)彩显控制器的功能在工业上有许多实际的应用,VGA 支持在 640×480 像素的较高分辨率下同时显示 16 种色彩和 256 种灰度,Virtex-II Pro 的 SVGA(Super VGA)是在 VGA 基础上,支持更高的分辨率,如 800 像素×600 像素或 1 024 像素×768 像素,以及更多的颜色种类的显示模式。

1. VGA 工作原理

常见的彩色显示器一般都是由 CRT(阴极射线管)构成,每一个像素的色彩由 R(红,Red)、G(绿,Green)、B(蓝,Blue)三基色构成。显示时采用的是逐行扫描的方式。由 VGA 显示模块产生的水平同步信号和垂直同步信号控制阴极射线管中的电子枪产生电子束,轰击涂有荧光粉的屏幕,产生 RGB 三基色,于显示屏上合成一个彩色像素点。图 6.7 表示的是 VGA 显示模块与 CRT 显示器的控制框图。

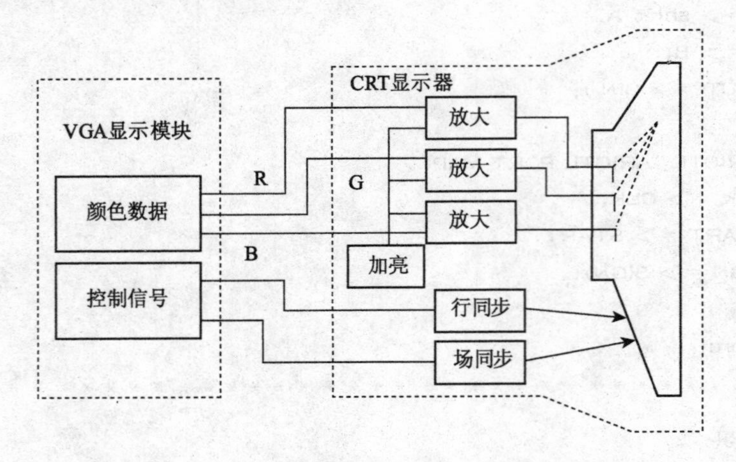

图 6.7 VGA 显示模块与 CRT 显示器的控制框图

像素是产生各种颜色的基本单元。根据物理学中的混色原理，三色发光的亮度比例适当，可呈现白色。适当的调整发光比例可以出现不同的颜色。三基色混色原理编码见表 6.1。

表 6.1 三基色颜色编码

颜色	黑	蓝	红	紫	绿	青	黄	白
R	0	0	1	1	0	0	1	1
G	0	0	0	0	1	1	1	1
B	0	1	0	1	0	1	0	1

电子束扫描一幅屏幕图像上的各个点的过程称为屏幕扫描。现在显示器都是通过光栅扫描方式来进行屏幕扫描。在光栅扫描方式下，电子束按照固定的路径扫过整个屏幕，在扫描过程中通过电子束的通断强弱来控制电子束所经过的每个点是否显示或显示的颜色。电子枪在 VGA 显示模块产生的行同步、场同步等控制信号的作用下进行包括水平扫描、水平回扫、垂直扫描、垂直回扫等过程。由图 6.8 可以看出，扫描从屏幕的左上方开始，从左到右，从上到下，进行扫描，每扫完一行，电子束回到屏幕的左边下一行的起始位置，在这期间，CRT 对电子束进行行消隐，每行结束时，用行同步信号(HS)进行行同步；扫描完所有行，用场同步信号(VS)进行场同步，并使扫描回到屏幕的左上方，同时进行场消隐。

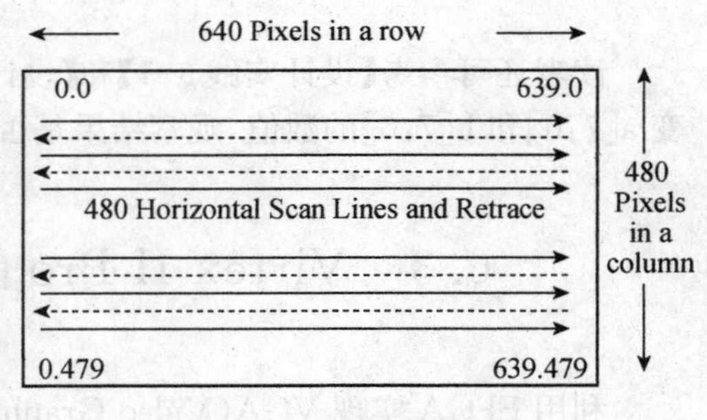

图 6.8 屏幕扫描原理

VGA 时序控制模块原理

VGA 时序控制模块是整个显示控制器的关键部分，最终的输出信号及行、场同步信号必须严格按照 VGA 时序工业标准产生相应的脉冲信号。对于 CRT 显示器的 VGA 接口，其中的R、G、B(三基色信号)、HS(行同步信号)、VS(场同步信号)必须严格遵循"VGA工业标准",即640 Hz×480 Hz×60 Hz模式。图6.9所示是计算机VGA(640 Hz×480 Hz,60 Hz)图像格式的信号时序图,其点时钟DCLK为25.175 MHz,场频为59.94 Hz。图中,Vsync为场同步信号,场周期T_{Vsync}为16.683 ms,每场有525行,其中480行为有效显示行,45行为场消隐期。场同步信号V_{sync}每场有一个脉冲,该脉冲的低电平宽度t_{WV}为63 μs(2行)。场消隐期包括场同步时t_{WV}、场消隐前肩t_{HV}(13行)、场消隐后肩t_{VH}(30行),共45行。行周期T_{Hsync}为31.78 μs,每显示行包括800点,其中640点为有效显示区,160点为行消隐期(非显示区)。行同步信号Hsync每行有一个脉冲,该脉冲的低电平宽度t_{WH}为3.81 μs(即96个DCLK),行消隐期包括行同步时间t_{WH},行消隐前肩t_{HC}(19个DCLK)和行消隐后肩t_{CH}(45个DCLK),共160个点时钟。复合消隐信号是行消隐信号和场消隐信号的逻辑"与",在有效显示期复合消隐信号为高电平,在非显示区域是低电平。

具体的行、场扫描时序如图6.10、图6.11及表6.2、表6.3所示。

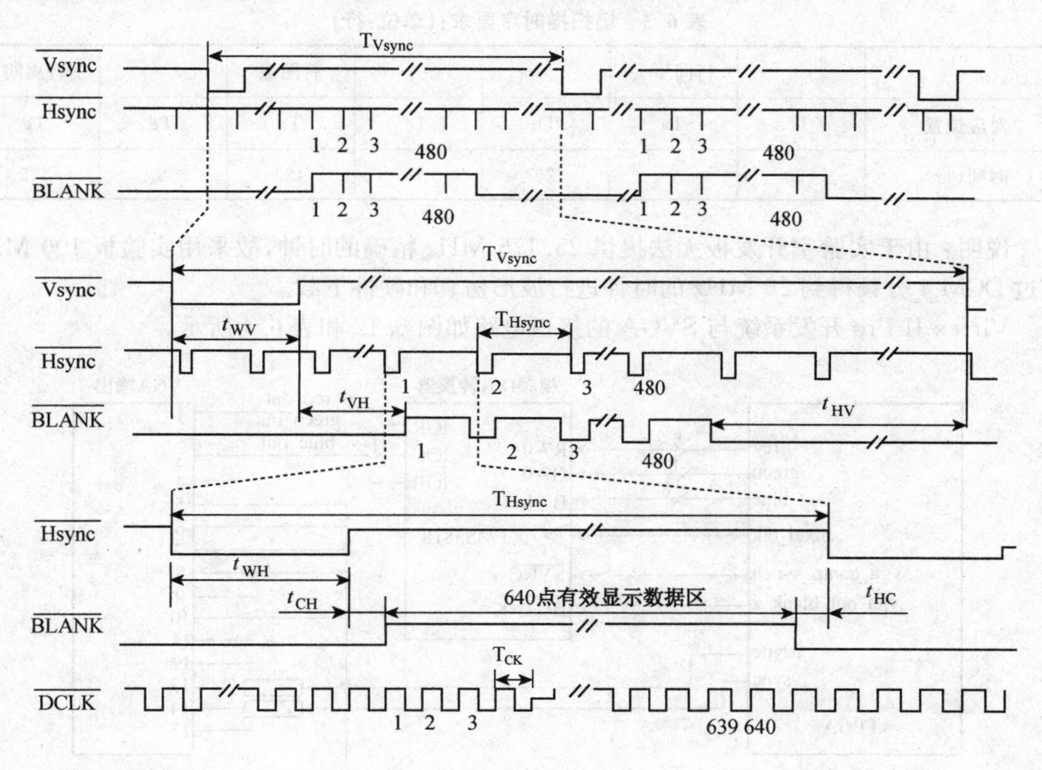

图6.9　VGA信号时序图

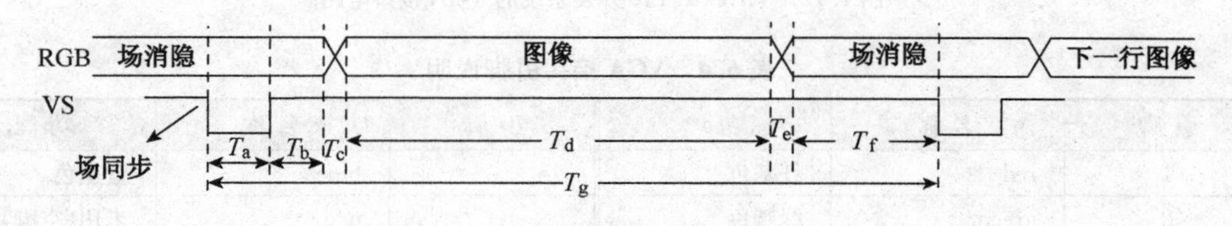

图6.10　行同步时序

图 6.11 场同步时序

表 6.2 行扫描时序要求:(单位:像素)

	行同步头				行图像		行周期
对应位置	Tf	Ta	Tb	Tc	Td	Te	Tg
时间(像素)	8	96	40	8	640	8	800

表 6.3 场扫描时序要求:(单位:行)

	行同步头				行图像		行周期
对应位置	Tf	Ta	Tb	Tc	Td	Te	Tg
时间(行)	2	2	25	8	480	8	525

说明：由于实验室开发板无法提供 25.175 MHz 精确的时钟，故采用实验板 100 MHz 通过 DCM 4 分频得到 25 MHz 的时钟进行波形仿真和硬件下载。

Virtex-II Pro 开发系统与 SVGA 的接口电路如图 6.12 和表 6.4 所示。

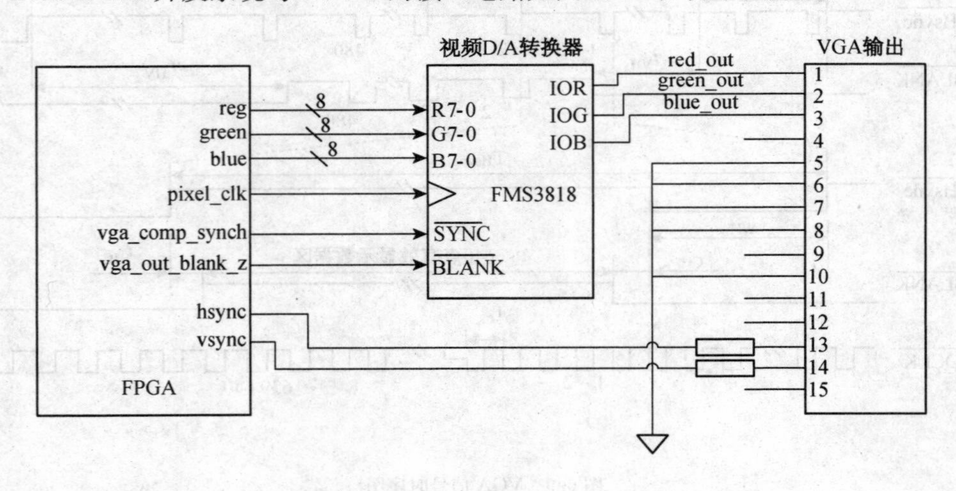

图 6.12 Virtex-II Pro 开发系统的 VGA 接口电路

表 6.4 VGA 接头引脚说明

引 脚	名 称	功 能	引 脚	名 称	功 能
1	red	红基色	3	blue	蓝基色
2	green	绿基色	4	n/c	未用(空脚)

（续表）

引脚	名称	功能	引脚	名称	功能
5	GND	信号地	11	n/c	未用（空脚）
6	red_gnd	红基色地	12	SD A	I²C数据线
7	green_gnd	绿基色地	13	hsync	行同步信号
8	blue_gnd	蓝基色地	14	vsync	场同步信号
9	V_{DC}	5V直流供电	15	SLC	I²C时钟线
10	GND	信号地			

整个VGA接口显示实验的顶层设计框图见图6.13。

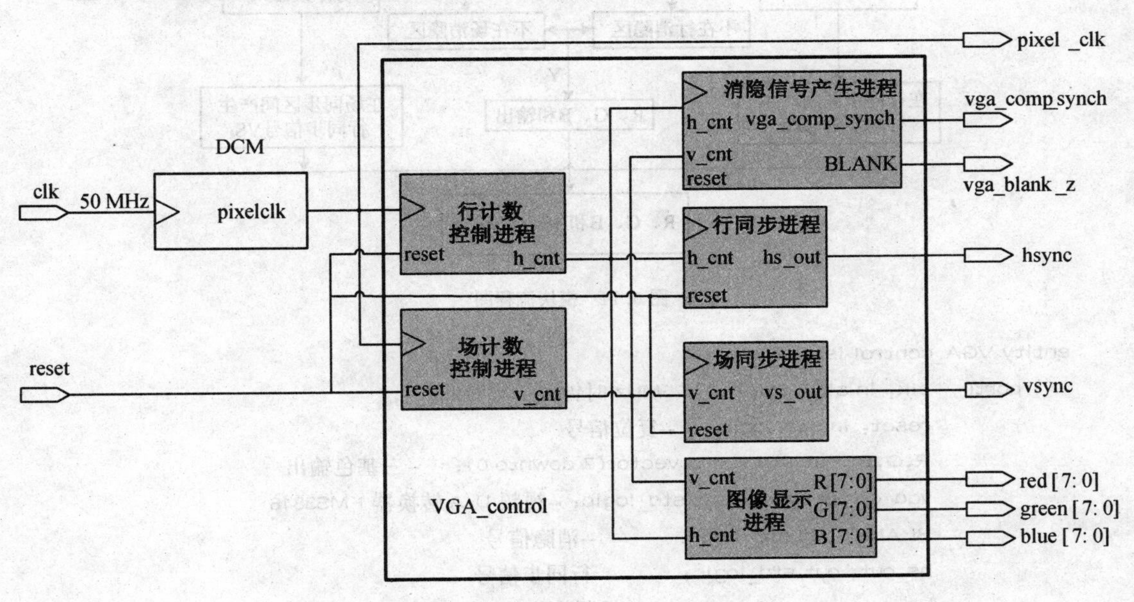

图6.13　VGA显示控制器结构框图

2. 模块代码

(1) VGA控制模块

本模块的编程思想为：在程序中定义两个计数器，分别进行行计数和场计数。在规定的行周期和场周期下进行计数；当计数器值达到行同步信号和场同步信号规定值时就进行行/场同步信号的输出，并控制其他信号的输出。根据图6.10、图6.11、图6.13、表6.2、表6.3及程序流程图6.14进行程序编写。

时序模块的程序详细分析如下各个程序段所示：

```
* * * * * * * * * * * * * * * * * * * * * * * * * * * * * * * * * * * * * * * * * * * * *
library ieee;
use ieee.std_logic_1164.all;
use ieee.std_logic_unsigned.all;
```

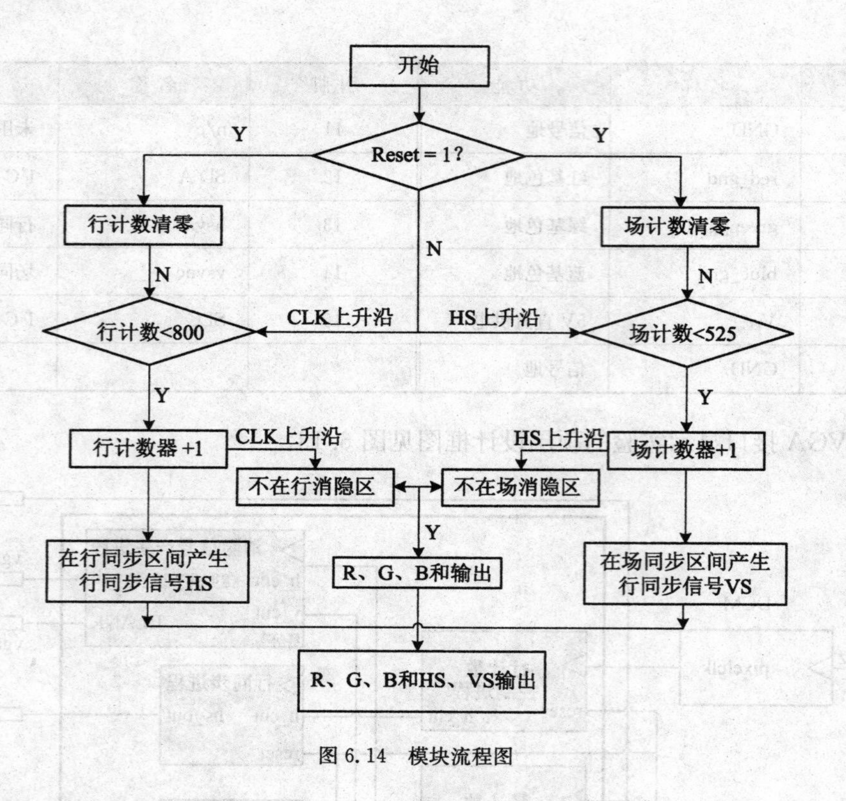

图 6.14　模块流程图

```
entity VGA_control is
    port(   clk: in std_logic;    --25MHz 时钟
            reset: in std_logic;    --复位信号
            R,G,B: out std_logic_vector(7 downto 0);    --三基色输出
            vga_comp_synch: out std_logic; --视频 D/A 转换器 FMS3818
            BLANK: out std_logic;            --消隐信号
            hs_out: out std_logic;           --行同步信号
            vs_out: out std_logic        --场同步信号
        );
end entity;
architecture control of VGA_control is
signal ena_vedio: std_logic;
signal h_cnt,v_cnt: integer range 0 to 799;
    begin
--------------------行计数控制程序段-------------------------------------------------------------------------
```

程序中定义一个信号:h_cnt 为点计数器,若 reset 为高电平,则点计数器清零。否则在行扫描周期内(0—799 像素),时钟信号的上升沿到达时,点计数器就加 1,当点计数到达计数周期时,点计数器将清零。

```
----------------------------------------------------------------------------------------------------------
PROCESS(clk,reset)
BEGIN
    if reset='1' then
        h_cnt <= 0;         --复位时点计数器清零
```

```
    elsif (clk'event and clk='1') then
        if (h_cnt = 799 ) then
            h_cnt <= 0;
        else
            h_cnt <= h_cnt + 1;      --当点计数到达计数周期时将重置
        end if;
    end if;
end process;
```

-------------------------场计数控制程序段---

程序中定义一个信号:v_cnt 为行计数器,若 reset 为高电,平则行计数器清零。否则在场周期(0～524 行)内,时钟信号的上升沿到达时,行计数器就加 1,当行计数到达计数周期时行计数器将清零。

```
PROCESS(clk,h_cnt,reset)
BEGIN
    if reset='1' then
        v_cnt<= 0;--复位时行计数器清零
    elsif (clk'event and clk='1') then
        if (h_cnt = 799) then
          if v_cnt = 524 then
            v_cnt<= 0;
          else
            v_cnt<= v_cnt+1;--当行计数到达计数周期时将重置
          end if;
        end if;
    end if;
end process;
```

--------------------------行同步程序段--

程序中定义一个信号:hs_out 为行同步信号,若 reset 为高电平,则行同步信号输出低电平,在时钟信号的上升沿到来时,当点计数器在计到行同步脉冲区时,才产生行同步时间(高电平),否则不产生行同步信号。

```
PROCESS(clk,h_cnt,reset)
BEGIN
    if reset='1' then
        hs_out<='0';--复位时不产生行同步脉冲
    elsif (clk'event and clk='1') then
        if (h_cnt>=96 and h_cnt<799) then
            hs_out<='1';--产生行同步信号
        else
            hs_out<='0';
        end if;
    end if;
```

```
    end process;
------------------------------------------------------------------------------------------
--------------------------场同步程序段------------------------------------------------------
```

程序中定义一个信号:vs_out 为场同步信号,若 reset 为高电平,则场同步信号输出低电平,在行同步信号的上升沿到来时,当行计数器在计到场同步脉冲区时,才产生场同步信号(高电平),否则不产生场同步信号。

```
------------------------------------------------------------------------------------------
    PROCESS(clk,v_cnt,reset)
    BEGIN
        if reset='1' then
            vs_out <='0';                --复位时不产生场同步脉冲
        elsif (clk'event and clk='1') then
            if (v_cnt>=2 and v_cnt<525) then
                vs_out<='1';             --产生场同步信号
            else
                vs_out<='0';
            end if;
        end if;
    end process;
------------------------------------------------------------------------------------------
--------------------------图像显示程序段----------------------------------------------------
```

为了验证 VGA 控制器是否工作正常,则需要用一个图案来加以检验。此处设定显示竖条的彩带图案,但注意若点计数器在行图像和场图像消隐区(分为消隐前肩、同步脉冲区和消隐后肩)时,输出的 RGB 图像信号必须清零,用以控制 RGB 三基色的输出保证在图像有效区 640×480 下。Virtex-II Pro 板上的芯片 FMS3818 是 8 位的 D/A 转换器,故时序模块的 R、G、B 输出也必须为 8 位的

```
------------------------------------------------------------------------------------------
    process(clk)
    begin
        if(rising_edge(clk)) then             --竖条纹颜色输出
          if (h_cnt<=223) and (h_cnt>=143) and (v_cnt<=514) and (v_cnt>=34) then
              R<="11111111"; G<="11111111"; B<="00000000";          --黄色
          elsif (h_cnt<=303) and (h_cnt>=223) and (v_cnt<=514) and (v_cnt>=34) then
              R<="11111111"; G<="11111111"; B<="00000000";          --白色
          elsif (h_cnt<=383) and (h_cnt>=303) and (v_cnt<=514) and (v_cnt>=34) then
              R<="00000000"; G<="11111111"; B<="00000000";          --绿色
          elsif (h_cnt<=463) and (h_cnt>=383) and (v_cnt<=514) and (v_cnt>=34) then
              R<="00000000"; G<="00000000"; B<="11111111";          --蓝色
          elsif (h_cnt<=543) and (h_cnt>=463) and (v_cnt<=514) and (v_cnt>=34) then
              R<="11111111"; G<="00000000"; B<="11111111";          --紫色
          elsif (h_cnt<=623) and (h_cnt>=543) and (v_cnt<=514) and (v_cnt>=34) then
              R<="11111111"; G<="00000000"; B<="00000000";          --红色
          elsif (h_cnt<=703) and (h_cnt>=623) and (v_cnt<=514) and (v_cnt>=34) then
              R<="00000000"; G<="11111111"; B<="11111111";          --青色
```

```
    elsif (h_cnt<=783) and (h_cnt>=703) and (v_cnt<=514) and (v_cnt>=34)then
        R<="00000000"; G<="00000000"; B<="0000000";      --黑色
    else
        R<="00000000"; G<="00000000"; B<="0000000";      --黑色
    end if;
  end if;
end process;
```

--------------------------消隐信号输出程序段 ---

由于视频输出不使能时即为消隐区，点计数器在行图像和场图像使能区的时候，图像使能信号 ena_vedio 为高电平，此时把 ena_vedio 指向 BLANK 端口输出，即可实现对消隐信号的控制。$\overline{\text{SYNC}}$信号的作用是给绿基色加上同步信号，本实验系统因有行、帧同步 信号直接接入 VGA，故无需给绿基色加上同步信号，$\overline{\text{SYNC}}$可直接接低电平。

```
process(clk)
begin
  if( rising_edge(clk) ) then
    if (h_cnt<=783) and (h_cnt>=143) and (v_cnt<=514) and (v_cnt>=34) then
      ena_vedio <='1';
    else
      ena_vedio <='0';
    end if;
  end if;
end process;
      vga_comp_synch<='0';
      BLANK<= ena_vedio;
endarchitecture;
```

* *

注：视频 D/A 转换器 FMS3818 的功能与使用方法详见手册，其中输入输出关系为

$$\begin{cases} \text{red\_out}=G_{7\sim 0}\ \&\ \overline{\text{BLANK}}/256\times 0.7\ \text{mV} \\ \text{green\_out}=(G_{7\sim 0}\ \&\ \overline{\text{BLANK}}+\overline{\text{SYNC}}\times 112)/256\times 0.7\ \text{mV} \\ \text{blue\_out}=G_{7\sim 0}\ \&\ \overline{\text{BLANK}}/256\times 0.7\ \text{mV} \end{cases}$$

颜色合成对照表如表 6.5 所示。

表 6.5　颜色合成对照

颜　色	红基色(red)分量	绿基色(green)分量	蓝基色(blue)分量	颜　色	红基色(red)分量	绿基色(green)分量	蓝基色(blue)分量
白	255	255	255	紫	255	Te	255
黄	255	255	0	红	255	0	0
青	0	255	255	蓝	0	0	255
绿	0	255	0	黑	0	0	800

(2) DCM 分频模块

参照【实验设计 4-5】添加 DCM IP 模块，分频系数为 4。

3. 综合仿真

在 ISE10.1 中新建相应工程，完成上述代码的输入，综合编译通过后，编写相应的测试文件进行仿真，图 6.15 为 VGA 控制模块的仿真波形。

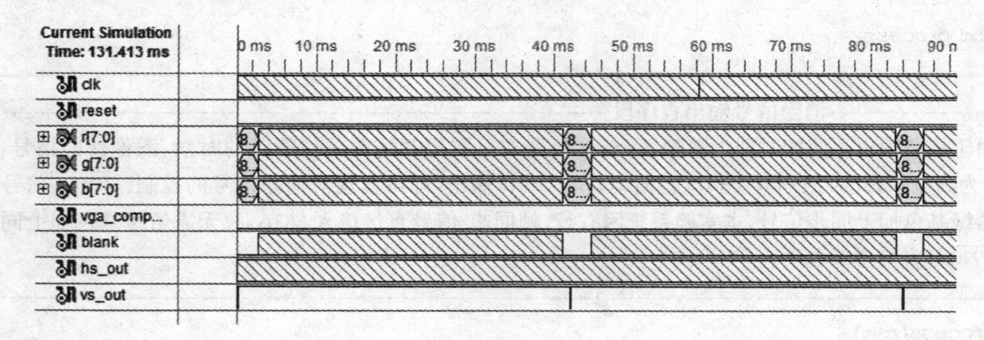

图 6.15 VGA 控制模块仿真波形

当读者身边有含 VGA 接口的显示设备，可用 VGA 视频连接线连接 Virtex-II Pro 开发板和该显示器，并把这个工程下载至 FPGA 中，完成硬件验证。FPGA 的引脚约束可参考表 6.6。

表 6.6 FPGA 引脚约束内容

引脚名称	I/O	引脚编号	说　明
clk	Input	AJ15	系统 100 MHz 主时钟
reset		AG5	Enter 按键
pixel_clk	Output	H12	像素时钟
vga_comp_synch		G12	绿基色同步信号
vga _blank_z		A8	消隐信号
hsync		B8	行同步信号
vsync		D11	场同步信号
red[0]		G8	
red[1]		H9	
red[2]		G9	
red[3]		F9	
red[4]		F10	
red[5]		D7	
red[6]		C7	
red[7]		H10	
green[0]		G10	
green[1]		E10	
green[2]		D10	

（续表）

引脚名称	I/O	引脚编号	说　明
green[3]	Output	D8	
green[4]		C8	
green[5]		H11	
green[6]		G11	
green[7]		E11	
blue[0]		D15	
blue[1]		E15	
blue[2]		H15	
blue[3]		J15	
blue[4]		C13	
blue[5]		D13	
blue[6]		D14	
blue[7]		E14	

第七章　数字系统综合实验

本章的实验强调设计性、综合性和系统性，应用“自顶而下”的数字系统设计方法，并结合算法流程图设计控制器的方法。为了提高实验的积极性和主动性，本着“新颖性、实用性、创造性和趣味性”的原则来设置实验，实验项目可分为三大类。

7.1 节（实验 7.1）为实用性的小数字系统实验。数字时钟的实用性实验可让学生在短时间内认识到课程的重要性。同时，容易成功的小系统实验让学生获得成就感，从而激发学习兴趣。

7.2 节（实验 7.2）和 7.3 节（实验 7.3）注重“寓教于乐”的教学方式，合成波形、音乐播放等游戏类实验项目可提高学生实验的积极性和主动性。

后续实验则强调知识的综合应用，需要在掌握电子线路、电子测址、数字信号处理、通信和数字系统等相关学科知识后才能完成该类实验项目。

7.1　数字时钟设计

一、实验目的

（1）熟练掌握分频器、各种进制的同步计数器的设计。

（2）熟练掌握同步计数器的级联方法。

（3）掌握数码管的动态显示驱动方式。

二、LED 数码管动态显示原理

数码管显示原理在 6.1 节已经诠释过一遍，此处我们稍加回顾。LED 数码管动态驱动方式是所有数码管共用一组数据线（a～g），数码管轮流被点亮。因此，动态显示驱动方式中每个数码管都要有一个点亮控制输入端口，该端口即为数码管的共阴极端或共阴极端。图 7.1 中的 B5～B0 分别为 6 个数码管点亮控制输入端口。

下面以共阴极数码管（高电平点亮）为例，说明 6 位动态扫描显示原理。工作时，6 个数码管轮流显示：控制器先送出第一位数码管的数据（a～g），同时使 B0 为高电平（B1～B5 为低电平），此时只有第一位数码管被点亮；再送出第二位数码管的数据并置 B1 为高电平（B0、B2～B5 为低电平），点亮第二位数码管……；依此类推，循环往复。虽然动态扫描同一时刻只有一个数码管点亮，但当扫描频率较快时（每个数码管每秒显示 50 次以上），可稳定不闪烁地显示 6 个数据。

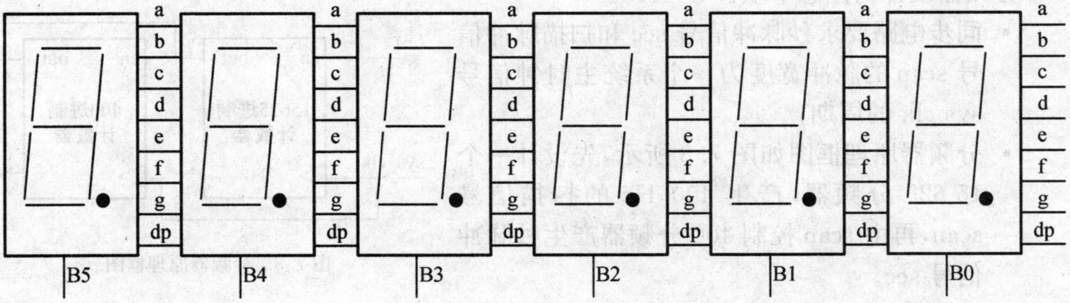

图 7.1　动态显示数码管

三、设计任务

(1) 设计一个 24 时制的数字钟，用 LED 数码管显示时、分、秒。

(2) 具有校时功能，即设置 mines_adj、hour_adj 两个按钮，分别对“时”、“分”进行校正。

四、实验原理

暂不考虑校时功能，数字钟电路的原理框图如图 7.2 所示，由时钟管理模块(DCM)、分频器模块、计时模块和显示模块组成，下面分别对各模块的功能及要求进行说明。

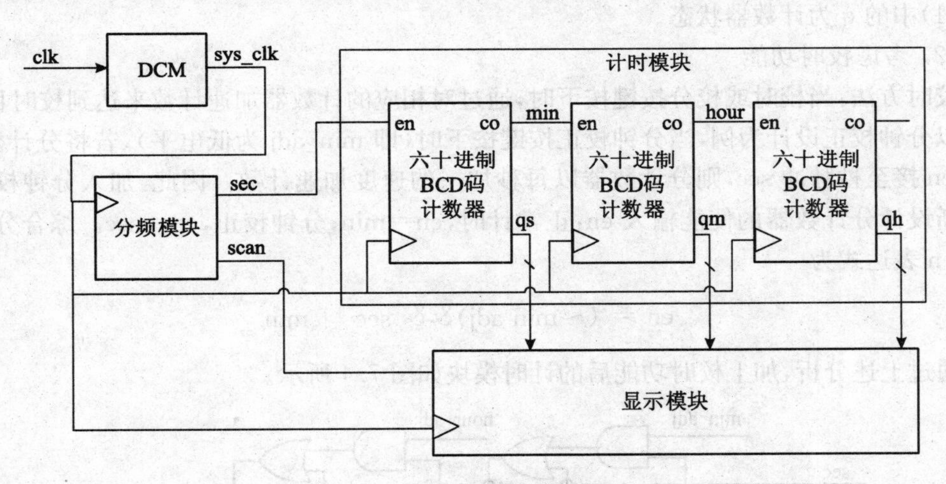

图 7.2　数字时钟电路的原理框图

1. DCM 模块

由于数字钟为低速电路，而 XUP Virtex-II Pro 开发系统只提供 100 MHz 主时钟，因此需插入 DCM 分频模块以降低系统的工作时钟，从而提高系统可靠性。DCM 可采用 16 分频，输出 6.25 MHz 的 sys_clk 信号作为系统的主时钟。

2. 分频器模块

分频器的功能有：

(1) 产生用于计时的秒脉冲信号 sec，频率为 1 Hz；

(2) 产生用于显示模块的扫描脉冲信号 scan，频率为 400 Hz。

分频器设计的注意事项：

- 同步电路要求秒脉冲信号 sec 和扫描脉冲信号 scan 的脉冲宽度为一个系统主时钟信号 sys clk 的周期；
- 分频器原理框图如图 7.3 所示，先设计一个 15 625 分频器，产生 400 Hz 的扫描信号 scan，再由 scan 控制 400 分频器产生秒脉冲信号 sec。

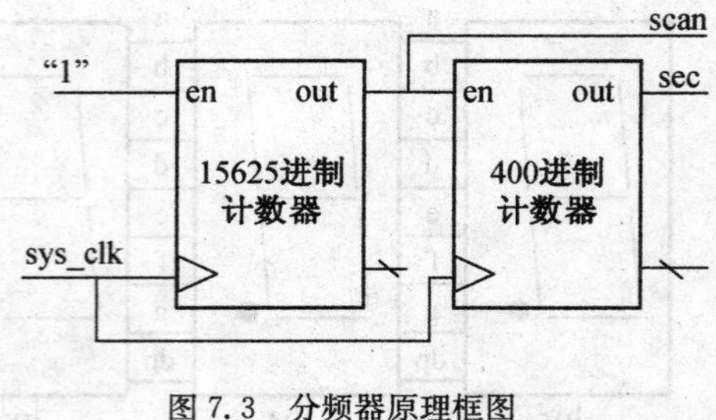

图 7.3　分频器原理框图

3. 计时模块

(1) 不考虑校时功能

如图 7.2 所示，计时模块实质上是由三个两位 BCD 码计数器级联而成的。虽然两位 BCD 码计数器设计比较简单，但必须注意同步计数器的级联方法，即所有计数器的时钟连接在一起，前级计数器的进位(co)控制下级计数器的使能(en)。使用 VHDL/Verilog HDL 设计同步计数器时，初学者在进位输出 co 的设计上容易犯错。实际上，同步计数器是一个 Mealy 型时序电路，进位输出 co 与计数使能 en 和计数器状态有关，如六十进制 BCD 码计数器的进位输出应为

$$co=en\&\&(q==8'b0101\_1001) \quad (7.1)$$

式(7.1)中的 q 为计数器状态。

(2) 考虑校时功能

校时方法：当校时或校分按键按下时，通过对相应的计数器加速计数来达到校时目的。

以分钟校正设计为例，当分钟校正按键按下时(即 min_adj 为低电平)，若将分计数器的使能 en 接至秒脉冲 sec，则分计数器以每秒加一的速度加速计数。因此，加入分钟校正后，需重新设计分计数器的使能输入 en：正常计时，en=min；分钟校正，en=sec。综合分析，可得到 en 表达式为

$$en = (\sim min\ adj)\&\&\ sec\ ||\ min \quad (7.2)$$

通过上述分析，加上校时功能后的计时模块如图 7.4 所示。

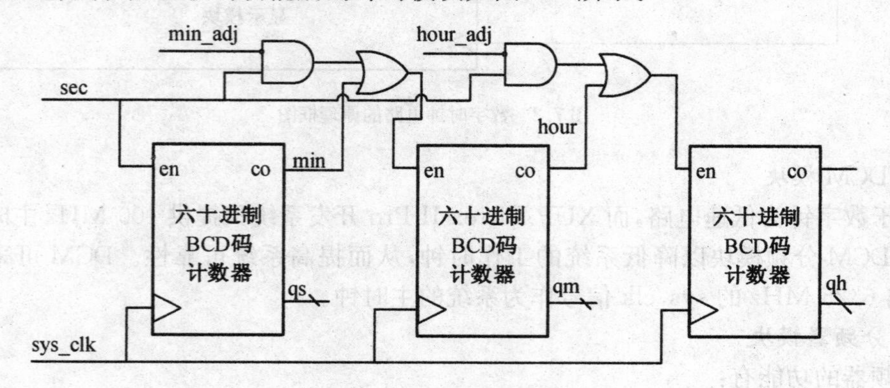

图 7.4　带校时功能的计时模块原理框图

4. 显示模块

XUP Virtex-II Pro 开发系统没有提供数码显示功能，可用扩展板上的 6 位动态显示数码管来显示“时”、“分”、“秒”。动态显示电路的原理框图如图 7.5 所示。

“时”、“分”、“秒”共有 6 位 BCD 码需显示。六进制计数器状态 q 控制数据选择器依次选出当前显示的 BCD 码(data)送入显示译码器。计数器状态 q 同时表征显示在哪个数码管上，通过二进制译码器输出 position 控制对应的数码管点亮。

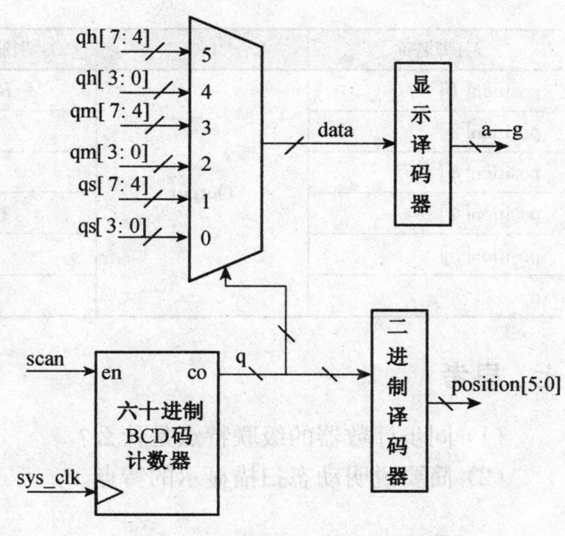

图 7.5　动态显示电路原理框图

五、实验设备

(1) XUP Virtex-II Pro 开发系统一套。

(2) 通用型开发板底板普及板 V11.0.1(见附录三)一块。

六、实验内容

(1) 编写分频器模块、计时模块和显示模块的 VHDL/Verilog HDL 代码及其测试代码，并用 Isim/Modelsim 仿真。

(2) 生成系统所需的 DCM 内核。

(3) 编写数字钟系统的 top 文件，建立数字钟系统的 ISE 工程文件。

(4) 工程进行综合、约束、实现并下载至 Virtex-II Pro 开发系统中，其中引脚约束内容如表 7.1 所示。

(5) 接通扩展板电源，分别进行计时和校时功能测试，验证设计是否符合要求。

表 7.1　FPGA 引脚约束内容

引脚名称	I/O	引脚编号	说明
clk		AJ15	系统 100 MHz 主时钟
min_adj	Input	AG5	Enter 按键
hour_adj		AH4	UP 按键
a		D0	
b		D1	
c		D2	
d		D3	七段码(引脚为扩展板上的管脚位置)
e	Output	D4	
f		D5	
g		D6	
position[0]		RS	六个数码管的点亮控制端(引脚为扩展板上的管脚位置)

（续表）

引脚名称	I/O	引脚编号	说明
position[1]	Output	R/W	六个数码管的点亮控制端（引脚为扩展板上的管脚位置）
position[2]		E	
position[3]		S3	
position[4]		PSB	
position[5]		S5	
dp		D7	可对 dp 置低电平来隐匿小数点

七、思考

(1) 同步计数器的级联特点是什么？

(2) 简要说明动态扫描显示的特点。

7.2　直接数字频率合成技术(DDS)的设计与实现

一、实验目的

(1) 掌握 DDS 技术，了解 DDS 技术的应用。

(2) 掌握用 ChipScope Pro 观察波形的方法。

二、DDS 的基本原理

DDS 的主要思想是，从相位的概念出发合成所需的波形。其结构由相位累加器、相位-幅值转换器(Sine ROM)、D/A 转换器和低通滤波器组成。它的基本原理框图如图 7.6 所示。

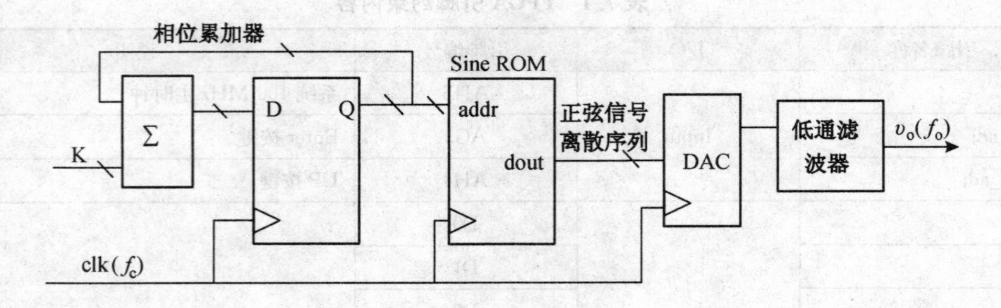

图 7.6　DDS 原理框图

在图 7.6 中，Sine ROM 中存放个完整的正弦信号样品，正弦信号样品根据式(7.3)的映射关系构成，即

$$S(i) = (2^{n-1} - 1) \times \sin\left(\frac{2\pi i}{2^m}\right) \quad (i = 0, 1, 2, \cdots, 2^{m-1}) \tag{7.3}$$

式中，m 为 Sine ROM 地址线位数；n 为 ROM 的数据线宽度；$S(i)$ 的数据形式为补码。

f_c 为取样时钟 clk 的频率，K 为相位增量(也称为频率控制字)，输出正弦信号的频率 f_o 由 f_c 和 K 共同决定，即

$$f_o = \frac{K \times f_c}{2^m} \tag{7.4}$$

注意：m 为图 7.6 中相位累加器的位数。为了得到更准确的正弦信号频率，相位累加器位数会增加 p 位小数。也就是说，相位累加器的位数是由 m 位整数和 p 位小数组成。相位累加器的高 m 位整数部分作为 Sine ROM 的地址。

因为 DDS 遵循奈奎斯特(Nyquist)取样定律，即最高的输出频率是时钟频率的一半，即 $f_o \leqslant f_c/2$。实际中 DDS 的最高输出频率由允许输出的杂散电平决定，一般取值为 $f_o \leqslant 40\% \times f_c$，因此 K 的最大值一般为 $40\% \times 2^{m-1}$。

DDS 可以很容易实现正弦信号和余弦信号正交两路输出，只需用相位累加器的输出同时驱动固化有正弦信号波形的 Sine ROM 和余弦信号波形的 Cos ROM，并各自经数模转换器和低通滤波器输出即可。

另外，DDS 也容易实现调幅和调频，图 7.7 和图 7.8 所示为 DDS 实现调幅和调频的原理框图。

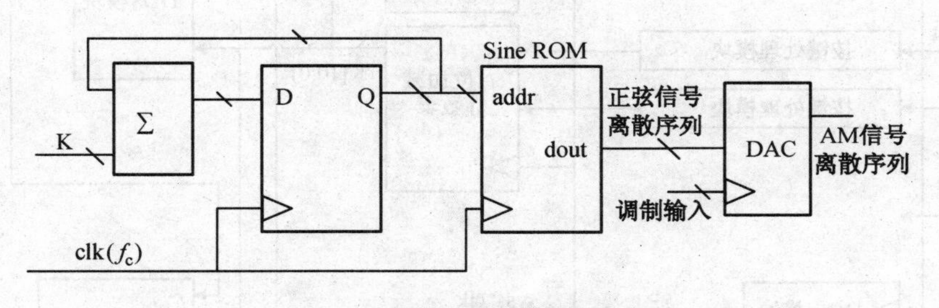

图 7.7 DDS 实现调幅原理框图

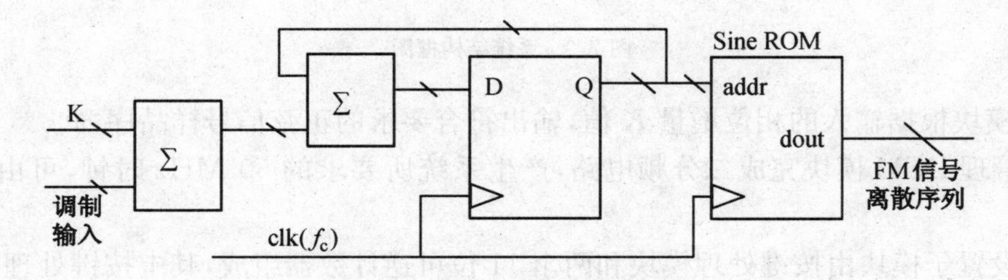

图 7.8 DDS 实现调频原理框图

三、实验任务

(1) 设计一个 DDS 正弦信号序列发生器，指标要求：

- 采样频率 f_c = 50 MHz；

- 正弦信号频率范围为 20 kHz～20 MHz；
- 正弦信号序列宽度 16 位，包括一位符号；
- 复位后正弦信号初始频率约 1 MHz。

（2）本实验要求采用 ChipScope Pro 内核逻辑分析仪观察信号波形，验证实验结果。为了更好地验证实验结果，设置 UpK、DownK、UpKPoint、DownKPoint 四个按键调节输出正弦信号频率，其中 UpK、DownK 分别控制相位增量 K 的整数部分增减，UpKPoint、DownKPoint 为频率细调按键，分别控制相位增量 K 的小数部分增减。

四、实验原理

1. 系统的总体设计

首先，根据 DDS 输出信号频率范围标要求，结合式(7.4)计算出 $m=12$，相位增量 K 值应用 11 位二进制数表示。但为了得到更准确的正弦信号频率，相位累加器位数会增加 11 位小数。其次，根据实验要求可将系统划分为 DDS 模块、时钟管理 DCM 模块、K 值设置模块和 ChipScope 四个子模块，如图 7.9 所示。

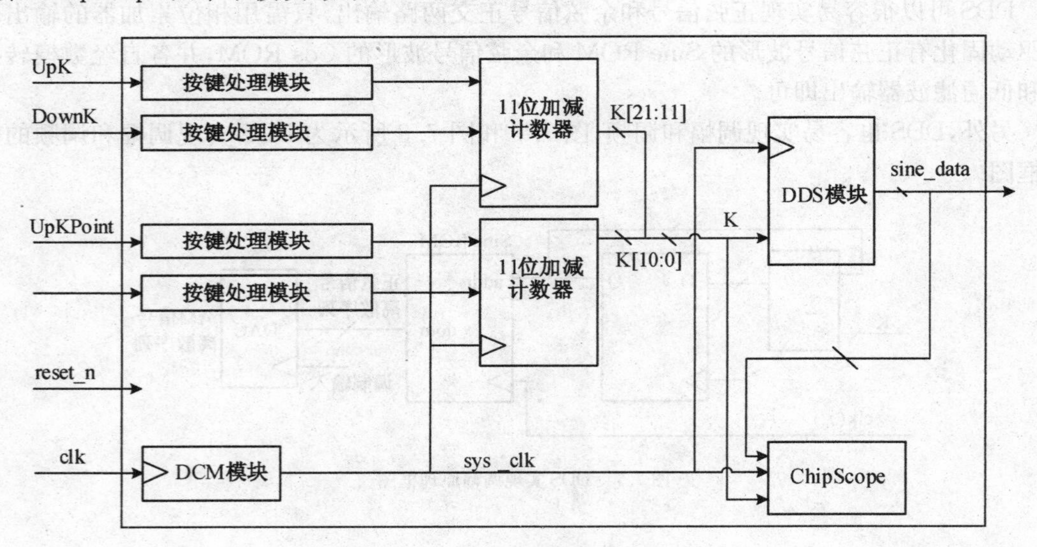

图 7.9 系统结构框图

DDS 模块根据输入的相位增量 K 值，输出符合要求的正弦信号样品序列。

时钟管理 DCM 模块完成二分频电路，产生系统所要求的 50 MHz 时钟，可由 DCM 内核实现。

K 值设置子模块由按键处理模块和两个 11 位可逆计数器组成，其中按键处理模块由输入同步器、按键防颤动和脉宽变换电路组成。

ChipScope 子模块可采用实验 4-3 中介绍的核插入器的流程完成，不过本例触发信号与数据信号不同，数据包括 K 值和 sine_data 共 38 位，而触发信号只用 sine_data 的 16 位。

2. DDS 模块的设计

（1）优化构想

优化的目的是，在保持 DDS 原有优点的基础上，尽量减少硬件复杂性，降低芯片面积和功耗，提高芯片速度。

因为$m=12$，所以若存储一个完整周期的正弦信号样品就需要 $2^{12}\times16$ bit 的ROM。但由于正弦波形的对称性，如图7.10所示，只需要在 Sine ROM 中存储 1/4 的正弦信号样品即可。本实验提供的Sine ROM 容量为$2^{10}\times16$ bit，即 10 位地址，存储 1/4 的正弦信号样品(00 区)，共 1 024 个。值得注意的有两点：

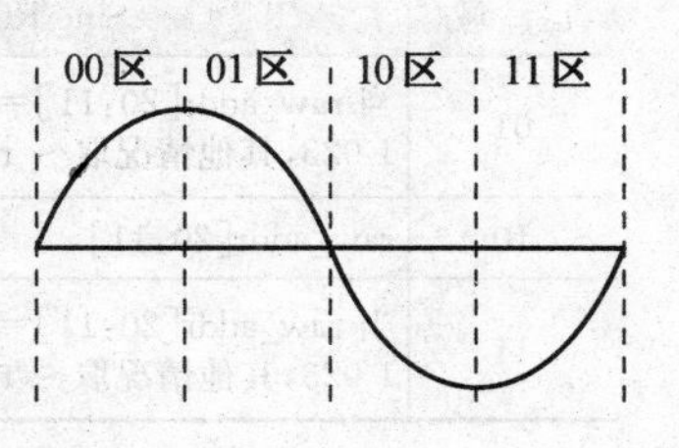

图 7.10 正弦信号波形

① Sine ROM 存放的是 1/4 的正弦信号样品，一个完整的正弦周期是它的 4 倍，也就是说存储一个完整的周期需要 $4\times2^{10}\times16$ bit 的容量，即 12 位地址，因此本实验中的$m=12$。

② 1/4 周期的正弦信号样品未给出 90°的样品值，因此在地址为 1 024(即 90°)时可取地址为 1 023 的值(实际上地址为 1 023 时，正弦信号样品已达最大值)。

因为必须利用 1 024 个样品复制出一个完整正弦周期的 4 096 个样品，所以对 DDS 结构要进行必要处理，如图 7.11 所示。为了准确得到正弦频率，用 22 位二进制定点数表示相位增量 K 值，其中后 11 位为小数部分。地址累加得到 23 位原始地址 raw_addr[22:0]，其中整数部分 raw_addr[22:11]即为完整周期正弦信号样品的地址，根据高两位地址可把正弦信号分为四个区域，如图 7.10 所示。从图 7.10 可以看出，只有在 00 区域 Sine ROM 地址可直接使用 raw_addr[20:11]，且 Sine ROM 输出的数据(raw_data)可直接用做正弦幅度序列，在其他三个区域的 Sine ROM 地址或数据必须进行必要处理，处理方法如表 7.2 所示。

另外，图 7.11 所示的 DDS 结构采用了流水线结构，所以控制“数据处理”电路的最高地址位 raw_addr[22]需要一级缓冲。

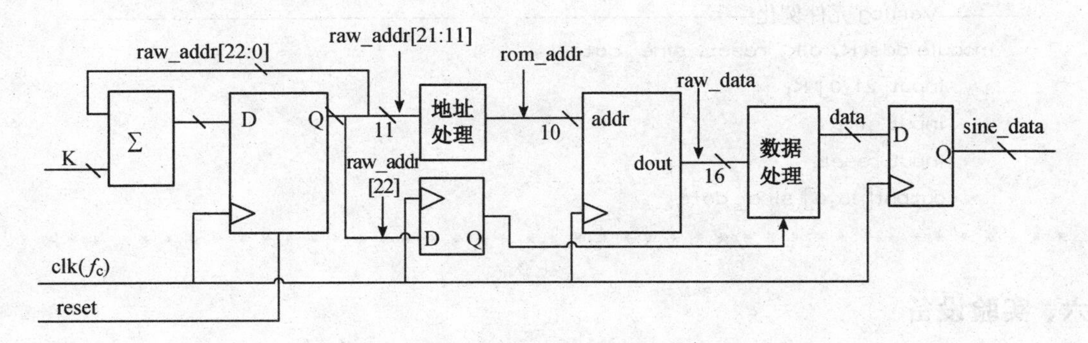

图 7.11 优化后的 DDS 结构

(2) 快速加法器的设计

实验要求采样频率 $f_c=50$ MHz，也就是说对系统的工作速度要求很高。从图 7.11 可知，对速度影响最大的主要有三个加法器：累加器中的 23 位加法器(实际上用 24 位加法器实现)、地址处理电路中的 10 位加法器和数据处理电路中的 16 位加法器。快速加法器的设计参考实验 4-1。

表 7.2 Sine ROM 的地址和数据处理方法

区 域	Sine ROM 地址	data	备注
00	raw_addr[20:11]	raw_addr[15:0]	—

（续表）

区　域	Sine ROM 地址	data	备注
01	当 raw_addr[20:11]＝1 024 时，rom_addr 取 1 023，其他情况取～ raw_addr[20:11]＋1	raw_addr[15:0]	1 024- raw_addr[20:11]＝～ raw_addr[20:11]＋1
10	raw_addr[20:11]	～ raw_addr[15:0]＋1	数据去反
11	当 raw_addr[20:11]＝1 024 时，rom_addr 取 1 023，其他情况取～ raw_addr[20:11]＋1	～ raw_addr[15:0]＋1	数据去反

五、提供的文件

本实验工作量较大，为了减轻实验工作量，本书光盘提供了较多代码，如果需要用到代码，DDS 模块端口必须有如下描述：

```
****************************************************
----------VHDL 元件例化----------------------------------------
  component dds
  port(
      clk: in std_logic;
      reset:in std_logic;
      K: in std_logic_vector(21 downto 0);
      sine_data: out std_logic_vector(3 downto 0)
  );
  end component;
----------Verilog 元件例化--------------------------------------
  module dds(K, clk, reset, sine_ data)
      input[21:0] K;
      input clk;
      input reset;
      output[15:0] sine_ data;
****************************************************
```

六、实验设备

（1）装有 ISE 和 ChipScope Pro 软件的计算机。

（2）XUP Virtex-II Pro 开发系统一套。

七、实验内容

（1）编写 DDS 模块的 VHDL/Verilog HDL 代码及其测试代码，并用 Isim/ModelSim 仿真。

（2）将光盘中的 experiment8-2\DDS 文件夹复制到硬盘中，打开 dds_exam.ise 工程文件，ISE 的文件结构如图 7.12 所示。

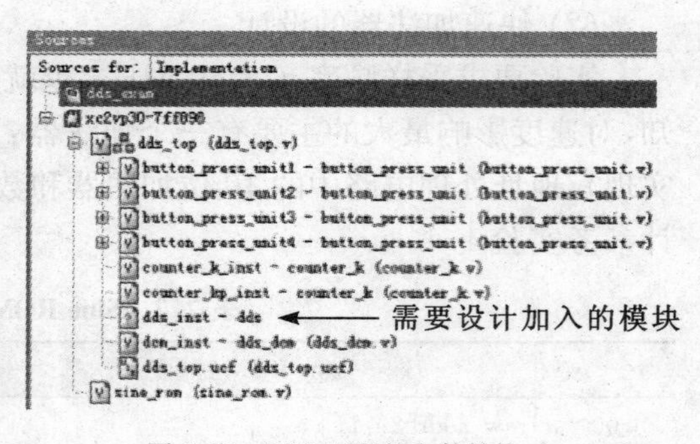

图 7.12　DDS 工程的文件结构

① 模块 button_press_unit 为按键处理模块，由 brute_force_synchronizer（同步器）、debounce（按键防抖）、one_pulse（脉宽变换）三个子模块组成。

② 模块 counter_k 为 11 位可逆计数器，由于实验要求复位时频率约 1 MHz，所以 K 的初值为 81.92，这样复位时 K 值为{11′d81，11′d92}。

③ 模块 sine_rom 为 DDS 模块的子模块，存放一个 1/4 周期的正弦信号样品。

（3）添加编写的 DDS 模块（包括 DDS 的子模块）到 ISE 工程中，并对工程进行综合。

（4）利用 ChipScope Pro 的核插入器 ICON、ILA 核。注意：本例触发信号与数据信号不同，数据包括 K 值和 sine_data 共 38 位，而触发信号只用 sine_data 的 16 位。

（5）对工程进行约束、实现，并下载工程文件到 XUP Virtex-II Pro 开发实验板中。本实验已提供约束文件 dds_top. ucf，其 FPGA 引脚约束如表 7.3 所示。

表 7.3 FPGA 引脚约束内容

引脚名称	I/O	FPGA 引脚编号	说 明
clk	Input	AJ15	系统 100 MHz 主时钟
reset_n		AG5	Enter 按键
UpK		AH4	Up 按键
DownK		AG3	Down 按键
UpKPoint		AH2	Right 按键
DownKPoint		AH1	Left 按键

（6）启动 ChipScope Pro Analyzer 对设计进行分析。

触发条件可设置 M0：TriggerPort0＝＝0000（Hex）。将 K 的高 11 位、低 11 位分别组成数组 K 和 KP，用 unsigned decimal 方式显示数值；将 sine_data 组成数组，必须用 signed decimal 方式显示数值。并利用 Bus Plot 功能绘制 sine_data 波形。实验结果从 Waveform 窗口中读取 K 值，在 Bus Plot 窗口分析正弦信号。

单击 Up、Down、Left 或 Right 按键，调节 K 值，重新采集数据，分析输出的正弦波形是否符合要求。

八、思考

若要实现正弦信号和余弦信号正交两路输出，那么应怎样修改 Sine ROM？

7.3 音乐播放器实验

一、实验目的

（1）掌握音符产生的方法，了解 DDS 技术的应用。

（2）了解 AC97 音频接口电路的应用。

（3）掌握系统“自顶而下”的设计方法。

二、音乐产生原理

在简谱中，记录音的高低和长短的符号叫做音符。音符最主要的要素是“音的高低”和“音的长短”。“音的高低”指每个音符的频率不同，表 7.4 列出主要音符的发声频率。音乐术语中用“拍子”表示“音的长短”，这里一拍的概念是一个相对时间度量单位。一拍的长度没有限制，一般来说，一拍的长度可定义为 1 s。

实验中，用数组{note, duration}表示音符，note、duration 均为 6 位二进制数。note 为音符标记，其值如表 7.4 所示；duration 表示“音的长短”，其单位为 1/48s。实验用 128×12bit 的 song_rom 存放乐曲，每首乐曲最长由 32 个音符组成，可存放四首乐曲。如乐曲不足 32 个音符，可用{6′d0, 6′d0}填补。

表 7.4　音符频率对照表

音　符		频率/Hz	Note	step_size	备　注
低音	1	262	16	{10′d22, 10′d365}	2C
	1#	277	17	{10′d23, 10′d652}	2C#Db
	2	294	18	{10′d25, 10′d90}	2D
	2#	311	19	{10′d26, 10′d551}	2D#Eb
	3	330	20	{10′d28, 10′d163}	2E
	4	349	21	{10′d29, 10′d800}	2F
	4#	370	22	{10′d31, 10′d587}	2F#Gb
	5	392	23	{10′d33, 10′d461}	2G
	5#	415	24	{10′d35, 10′d423}	2G#Ab
	6	440	25	{10′d37, 10′d559}	2A
	6#	466	26	{10′d39, 10′d783}	A#Bb
	7	495	27	{10′d42, 10′d245}	2B
中音	1	524	28	{10′d44, 10′d731}	3C
	1#	554	29	{10′d47, 10′d281}	3C#Db
	2	588	30	{10′d50, 10′d180}	3D
	2#	622	31	{10′d53, 10′d79}	3D#Eb
	3	660	32	{10′d56, 10′d327}	3E
	4	698	33	{10′d59, 10′d576}	3F
	4#	740	34	{10′d63, 10′d150}	3F#Gb
	5	784	35	{10′d66, 10′d922}	3G
	5#	830	36	{10′d70, 10′d846}	3G#Ab
	6	880	37	{10′d75, 10′d95}	4A
	6#	932	38	{10′d79, 10′d543}	4A#Bb
	7	990	39	{10′d84, 10′d491}	4B
高音	1	1 048	40	{10′d89, 10′d439}	4C
	1#	1 108	41	{10′d94, 10′d562}	4C#Db

（续表）

音　符		频率/Hz	Note	step_size	备　注
高音	2	1 176	42	{10'd100, 10'd360}	4D
	2#	1 244	43	{10'd106, 10'd158}	4D#Eb
	3	1 320	44	{10'd112, 10'd655}	4E
	4	1 396	45	{10'd119, 10'd128}	4F
	4#	1 480	46	{10'd126, 10'd300}	4F#Gb
	5	1 568	47	{10'd133, 10'd821}	4G
	5#	1 660	48	{10'd141, 10'd669}	4G#Ab
	6	1 760	49	{10'd150, 10'd191}	5A
	6#	1 864	50	{10'd159, 10'd62}	5A#Bb
	7	1 980	51	{10'd168, 10'd983}	5B

在 FPGA 系统实验中，正弦信号样品（取样值）以一定的速率送给 AC97 音频系统，由 AC97 将样品转换为电压，驱动扬声器发声。AC97 音频系统要求正弦信号样品值为 16 位补码，正弦信号的产生采用 DDS 技术，DDS 技术已在实验 7.2 作过介绍。

AC97 音频系统取样频率为 48 kHz，采用与实验 7.2 相同的 Sine_ROM，即 $m=12$。若已知音符频率 f 就可根据式(7.4)求相位增量 step_size、step_size 与 f 的关系为

$$\text{step\_size} = f(\text{Hz})/11.7 \tag{7.5}$$

为了更准确地得到音符频率，用 20 位二进制数表示 step_size，其中低 10 位为小数部分。由于音符个数有限，采用查找表方法实现式(7.5)所示的除法运算较为方便，因此实验中还需要一个 Frequency ROM 来存放 step_size，Frequency ROM 的地址与音符标记(note)相对应，这样，Frequency ROM 的大小为 64×20 bit。表 7.4 列出最常用音符的 step_size，表中 note 这一列可作为 Frequency ROM 的地址，而 step_size 为 Frequency ROM 的数据。

三、实验任务

设计一个音乐播放器。

1. 基本要求

(1) 可以播放四首音乐，设置 play、next、reset 三个按键。按下 play 键播放当前音乐，按 next 播放下一首乐曲。

(2) LED0 指示播放情况（播放时点亮）、LED2 和 LED3 指示当前乐曲序号。

2. 个性化要求

(1) 用键盘上的三个按键 P、N、Esc 控制乐曲的播放。

(2) 用 SVGA 显示乐曲的播放波形。

四、实验原理

根据实验任务可将系统划分为主控制器(mcu)、乐曲读取(song_reader)、音符播放(note_player)、AC97 音频接口(codec_conditioner)和 ac97_if 五个子模块，如图 7.13 所示。

各子模块作用如下。

mcu 模块接收按键信息，通知 song_reader 模块是否要播放(play)及播放哪首乐曲(song)。

song_reader 模块根据 mcu 模块的要求逐个取出音符{note，duration}送给 note_player 模块播放，当一首乐曲播放完毕，回复 mcu 模块乐曲播放结束信号(song_done)。

note_player 模块接收到需播放的音符，在音符的持续时间内以 48 kHz 速率送出该音符的正弦波样品给 AC97 音频接口模块。当一个音符播放结束，向 song_reader 模块发送一个 note_done 脉冲，索取新的音符。

codec_conditioner、ac97_if 模块负责与 AC97 音频系统接口工作，本实验提供这两个模块的代码或网表。

另外，按键处理模块完成输入同步化、防颤动和脉宽变换等功能。

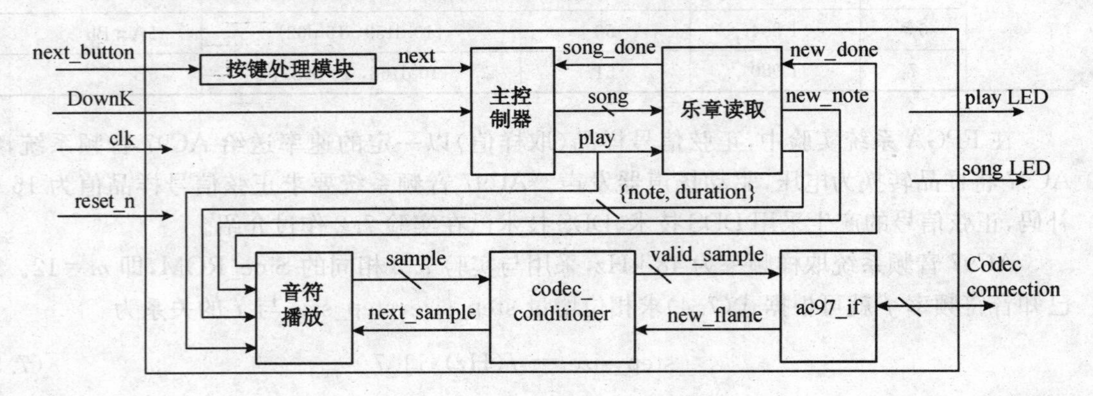

图 7.13 系统的总体框图

1. 主控制模块 mcu 的设计

主控制模块 mcu 有响应按键信息、控制系统播放两大任务，表 7.5 为其端口信号含义。根据设计要求，模块 mcu 的工作流程图如图 7.14 所示。系统复位后经 RESET 状态初始化后进入 WAIT 状态等待按键输入或乐曲播放结束应答，若有按键输入则转入相应的按键处理状态(NEXT 或 PLAY)，若一曲播放结束则进入结束播放 END 状态。

表 7.5 主控制模块 mcu 的端口信号含义

引脚名称	I/O	说　明
clk	Input	100 MHz 主时钟
reset		复位信号，高电平有效
play_button		“播放”按键，低电平有效
next		“下一首”按键，一个时钟周期宽度的高电平脉冲
song_done		note_player 模块的应答信号一个时钟周期宽度的高电平脉冲表示一曲播放结束
play	Output	高电平表示播放
reset_play		当播放下一首时，输出一个时钟周期宽度的高电平复位脉冲 reset_play，并复位 note_player 模块
song[1:0]		当前乐曲的序号

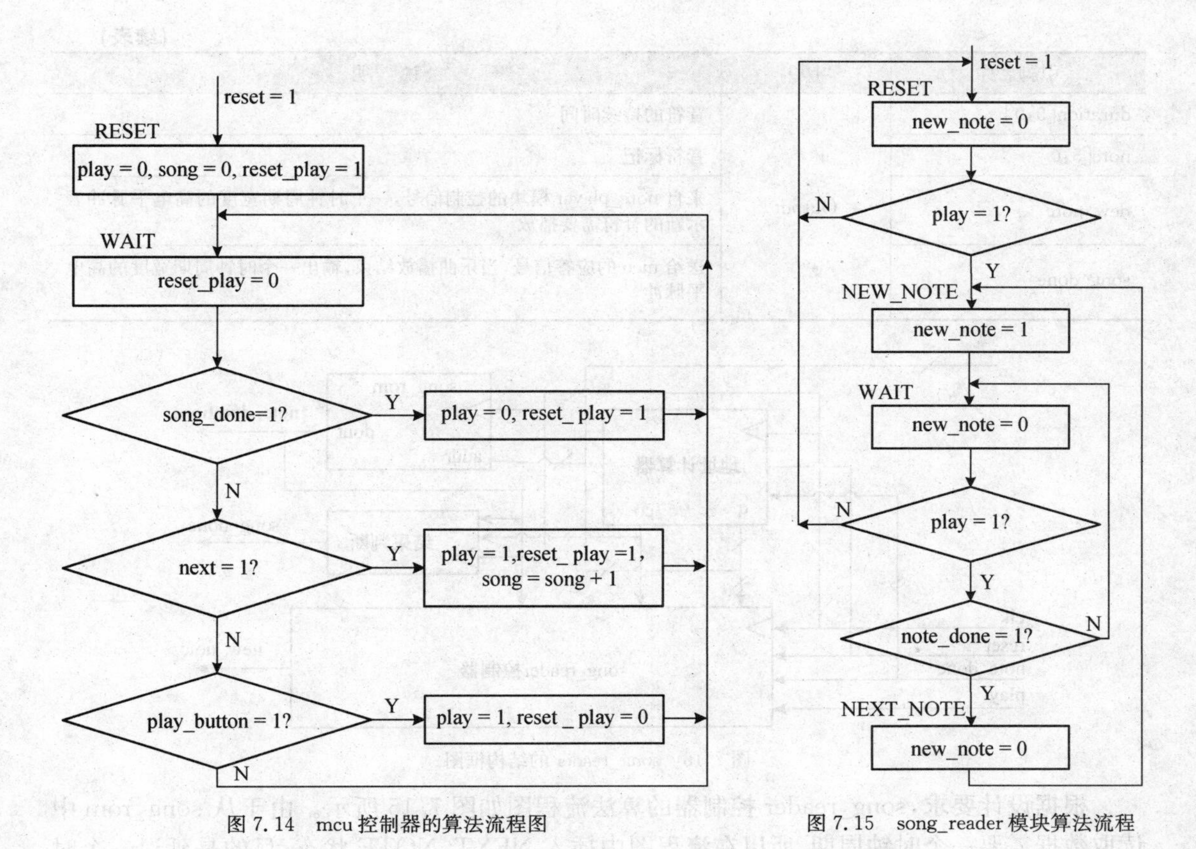

图 7.14 mcu 控制器的算法流程图　　图 7.15 song_reader 模块算法流程

2. 乐曲读取模块 song_reader 的设计

乐曲读取模块 song reader 的任务有：

（1）根据 mcu 模块的要求，选择播放乐曲；

（2）响应 note_player 模块请求，从 song_rom 中逐个取出音符{note，duration}送给 note_player 模块播放；

（3）判断乐曲是否播放完毕，若播放完毕，则回复 mcu 模块应答信号。

song_reader 模块算法流程如图 7.15 所示。

根据 song_reader 的任务要求，画出图 7.16 所示的结构框图，表 7.6 为其端口信号含义。

表 7.6　乐曲读取模块 song_reader 的端口信号含义

引脚名称	I/O	说　明
clk	Input	100 MHz 主时钟
reset		复位信号，高电平有效
play		来自 mcu 的控制信号，高电平有效
song[1:0]		来自 mcu 的控制信号，当前乐曲的序号
note_done		来自 note_player 模块的应答信号，一个时钟周期宽度的高电平脉冲表示一曲播放结束

（续表）

引脚名称	I/O	说　明
duration[5:0]	Output	音符的持续时间
note[5:0]		音符标记
new_note		来自 note_player 模块的控制信号，一个时钟周期宽度的高电平脉冲表示新的音符需要播放
song_done		送给 mcu 的应答信号，当乐曲播放结束，输出一个时钟周期宽度的高电平脉冲

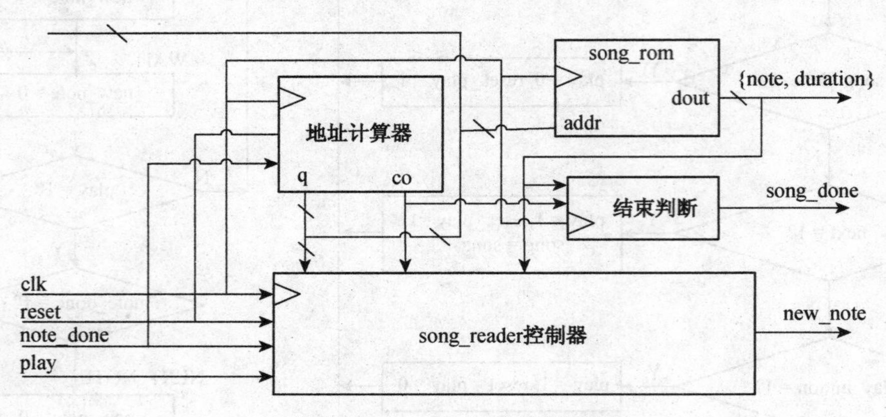

图 7.16　song_reader 的结构框图

根据设计要求，song_reader 控制器的算法流程图如图 7.15 所示。由于从 song_rom 中读取数据需要一个时钟周期，所以在流程图中插入 NEXT_NOTE 状态，目的是延迟一个时钟周期输出 new_note 信号，以配合 song_rom 的读取要求，其时序关系如图 7.17 所示。

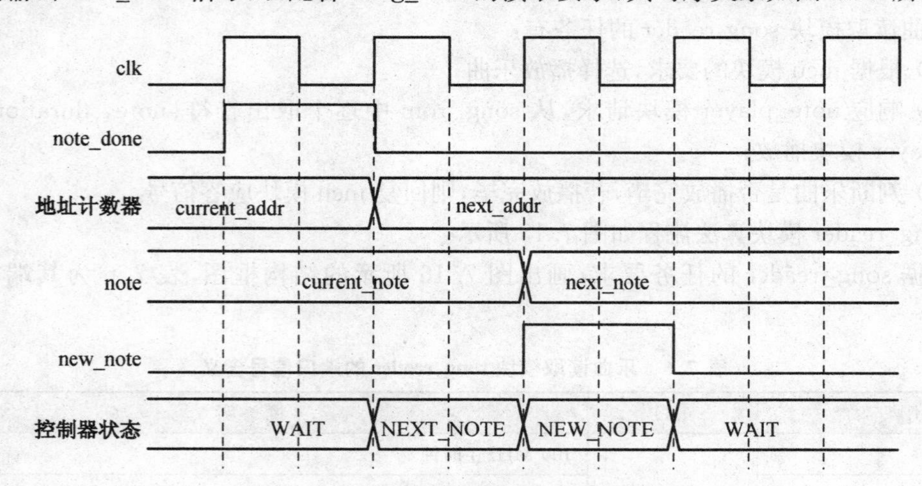

图 7.17　控制器、地址计数器和 ROM 的时序关系

地址计数器为 5 位二进制计数器，其中 note_done 为计数允许输入，状态 q 为 song_rom 的低 5 位地址，song[1:0]为 song_rom 高两位地址。

当地址计数器出现进位或 duration 为 0 时，表示乐曲结束，应输出一个时钟周期宽度的高电平脉冲信号 song_done。

3. 音符播放模块 note_player 的设计

音符播放模块 note player 是本实验的核心模块，它主要任务有：

• 从送 song reader 模块接收待播放的音符信息{note，duration}；
• 根据 note 值找出 DDS 的相位增量 step_size；
• 以 48 kHz 速率从 Sine ROM 取出正弦样品送给 AC97 接口模块；
• 当一个音符播放完毕，向 song_reader 模块索取新的音符。

根据 note_player 模块的任务，进一步划分功能单元，如图 7.18 所示。为了简化设计，可将产生正弦样品的 DDS 模块设计一个独立子模块 sine_reader。表 7.7 所示为 note_player 模块的端口信号含义。

表 7.7 note_player 模块的端口信号含义

引脚名称	I/O	说　明
clk	Input	100 MHz 主时钟
reset		复位信号，高电平有效
play_enable		来自 mcu 模块，高电平播放
note_to_load[5:0]		来自 song_reader 模块的音符标记
duration_to_load[5:0]		来自 song_reader 模块的音符持续时间
load_new_note		来自 song_reader 模块，一个时钟周期宽度的高电平脉冲表示新的音符输出
beat		48 Hz 信号脉冲，正脉冲宽度一个时钟周期（10 ns），可由 generate_next_sample 信号分频得到
generate_next_sample		来自 codec_conditioner 模块的新的正弦样品请求信号，频率 48 kHz，正脉冲宽度一个时钟周期（10 ns）
done_with_note	Output	来自 song_reader 模块，一个时钟周期宽度的高电平脉冲表示音符播放完毕
sample_out[15:0]		正弦样品
new_sample_ready		给 codec_conditioner 模块的控制信号，一个时钟周期宽度的高电平脉冲表示新的正弦样品输出

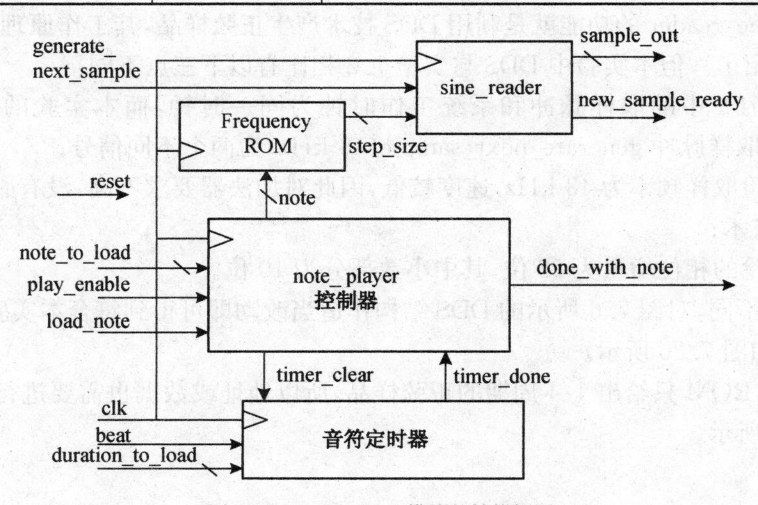

图 7.18 note_player 模块的结构框图

note_player 控制器负责与 song_reader 模块接口，读取音符信息，并根据音符信息从 Frequency ROM 中读取相位增量 step_size 送给 DDS 子模块 sine_reader。另外，note_player 控制器还需要控制音符播放时间。note_player 控制器的算法流程如图 7.19 所示。在复位或未播放时，控制器处于 RESET 状态，PLAY 为音符播放状态，当一个音符播放结束时，控制器进入 DONE 状态，置位 done_with_note，向 song_reader 模块索取新的音符，然后进入 LOAD 状态，读取新的音符后进入 PLAY 状态播放下一个音符。

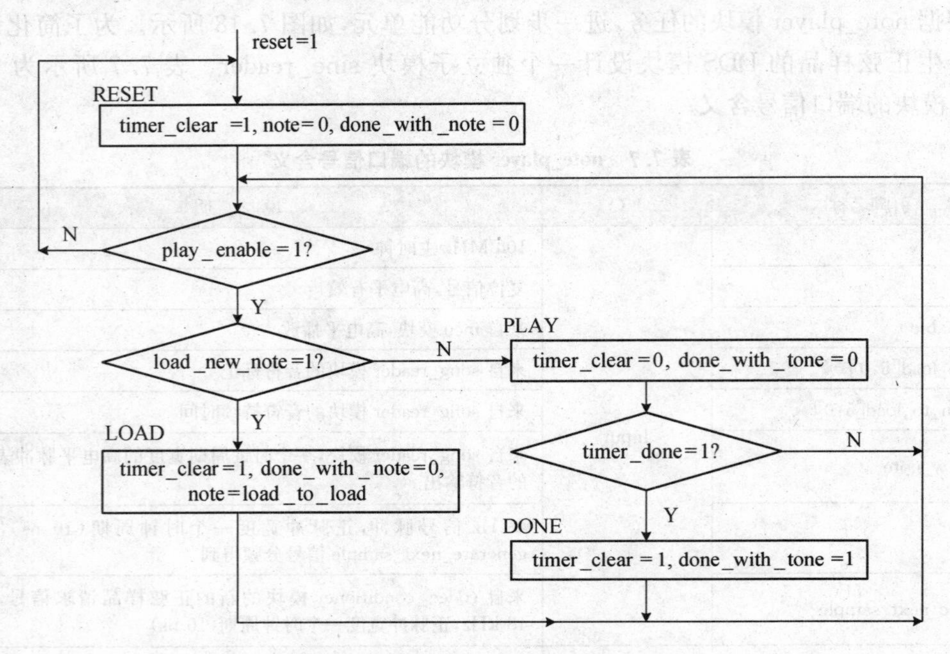

图 7.19　note_player 控制器的算法流程图

音符定时器为 6 位二进制计数器，beat、timer_clear 分别为使能、清 0 信号，均为高电平有效。定时时间为音符的长短(duration_to_load 个 beat 周期)，timerse_done 为定时结束标志。

子模块 sine_reader 的功能就是利用 DDS 技术产生正弦样品，其工作原理已在实验 7.2(7.2 节)中介绍了。但本实验中 DDS 与实验 7.2 相比有以下三点不同：

(1) 实验 7.2 中的取样脉冲和系统工作时钟为同一时钟，而本实验的系统时钟 clk(100 MHz)与取样脉冲 generate_next_sample(48 kHz)为两个不同信号；

(2) 本实验取样频率为 48 kHz，速度较低，因此对加法器要求不高，没有必要采用"进位选择加法器"技术；

(3) 本实验的相位增量为 22 位，其中小数部分为 10 位。

根据上述不同，对图 7.6 所示的 DDS 结构作适当改动即可得到符合本实验要求的 DDS 的原理框图，如图 7.20 所示。

由于 Sine ROM 只给出 1/4 周期的正弦样品，所以地址或数据也需要进行相应的处理，方法如表 7.8 所示。

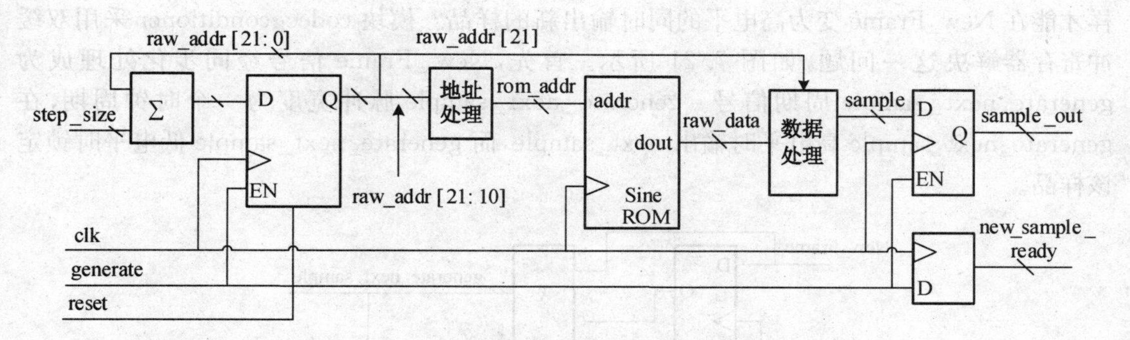

图 7.20 sine_reader 模块的结构框图

表 7.8 sine_rom 的地址和数据处理方法

区 域	Sine ROM 地址	data	备注
00	raw_addr[19:10]	raw_addr[15:0]	—
01	当 raw_addr[19:10]＝1 024 时，rom_addr 取 1023，其他情况取～ raw_addr[19:10] ＋1	raw_addr[15:0]	1 024 - raw_addr[19:10]
10	raw_addr[19:10]	～ raw_addr[15:0]＋1	数据取反
11	当 raw_addr[19:10]＝1 024 时，rom_addr 取 1023，其他情况取～ raw_addr[19:10] ＋1	～ raw_addr[15:0]＋1	数据取反

4. 模块 ac97_if 的介绍和模块 codec_conditioner 的设计

模块 ac97_if 为 FPGA 与音频硬件接口电路，表 7.9 为模块的端口含义。模块 ac97_if 要求：每当 New_Frame 变为高电平的同时必须给 PCM_Playbackse Left、PCM_Playback_Right 提供新的样品，且样品保持不变直到 New_Frame 再次变为高电平为止。模块 codec_conditioner 的任务就是满足 ac97_if 的这一要求。

表 7.9 AC97_if 模块的端口信号

引脚名称	I/O	说 明
ClkIn	Input	100 MHz 时钟信号
AC97Clk		与 AC97 接口芯片 lm4549a
SData_In		
PCM_Playback_Left[15:0]		播音时采样数据，本实验为正弦样品
PCM_Playback_Right[15:0]		
PCM_Record_Left[15:0]	Output	录音时采样数据，本实验未使用
PCM_ Record_Right[15:0]		
New_Frame		48 kHz 脉冲，高电平时要求提供新的样品
AC97Reset_n		与 AC97 接口芯片 lm4549a
Sync		
SData_Out		

从上面的 sine_reader 模块的分析可以看出，新的样品需要一个时钟周期才能输出，怎

样才能在 New_Frame 变为高电平的同时输出新的样品？模块 codec_conditioner 采用双缓冲寄存器解决这一问题，如图 7.21 所示。首先，New_ Frame 信号经同步化处理成为 generate_next _sample 周期信号。generate_next _sample 脉冲宽度为一个时钟周期，在 generate_next_sample 高电平时输出 next_sample，而 generate_next_sample 低电平时锁定该样品。

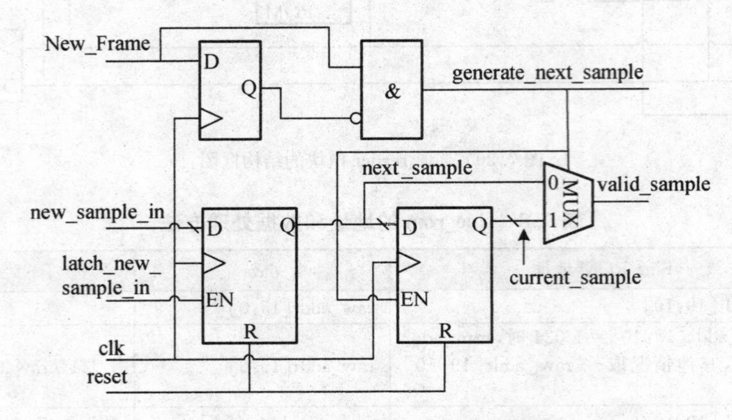

图 7.21 codec_conditioner 模块的结构框图

本实验提供模块 codec_conditioner 的 Verilog HDL 代码，表 7.10 为模块的端口含义。另外，本实验只提供模块 ac97_if 的网表文件 ac97_if. ngc，但在顶层文件中实例化 ac97_if 模块时必须使用 ac97_if 模块的端口说明文件 ac97_if. v，所以应将 ac97_if. ngc 和 ac97_if. v 文件一起加入 ISE 工作文件夹中。

表 7.10 codec_conditioner 模块的端口信号

引脚名称	I/O	说 明
clk	Input	100 MHz 主时钟
reset		复位信号，高电平有效
new_sample_in[15:0]		来自 note_player 模块的正弦样品
latch_new_sample_in		来自 note_player 模块的控制信号，一个时钟周期宽度的高电平脉冲表示新正弦样品输出
New_Frame		来自 ac97_if 模块的 48 kHz 脉冲
generate_next_sample	Output	送给 note_player 模块，一个时钟周期宽度的高电平脉冲表示索取新的样品
valid_sample[15:0]		送给 ac97_if 的样品

五、提供的文件

本实验工程较大，为了减轻实验工作量，本书光盘提供了较多代码，读者只需编写 mcu、song_reader 和 note_player（包括子模块 sine_reader）三个模块，并将三个模块加入 ISE 工程文件中。ISE 的文件结构如图 7.22 所示。

另外，在 song ROM 中存有三首乐曲，读者可以更换更好听的乐曲。

六、实验设备

(1) XUP Virtex-II Pro 开发系统一套。

(2) 耳机一副。

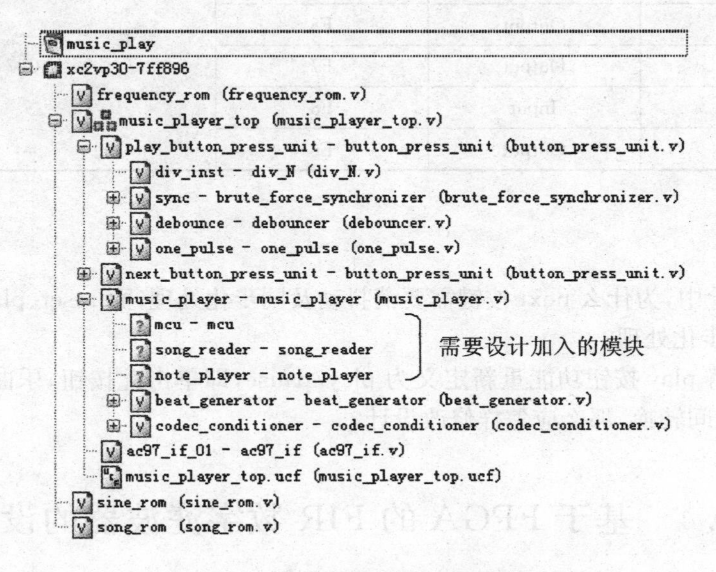

图 7.22　音乐播放器工程的文件结构

七、实验内容

(1) 编写 mcu、song_reader 和 note_player（包括子模块 sine_reader）三个模块的 VHDL/Verilog HDL 代码及其测试代码，并用 Isim/ModelSim 仿真。

(2) 将光盘中的 experiment8-3\music_player 文件夹复制到硬盘中，打开 music_play.ise 工程文件。添加已设计的 mcu、song_reader 和 note_player（包括子模块 sine_reader）三个模块。

(3) 对工程进行综合、约束、实现，并下载工程文件到 XUP Virtex-II Pro 开发实验板中。本实验已提供约束文件 dds_top.ucf，其引脚约束如表 7.11 所示。

(4) 将耳机接入实验开发板音频输出插座，操作 play、reset、next 三个按键，试听耳机中的乐曲并观察实验板上指示灯变化情况，验证设计结果是否正确。

表 7.11　引脚约束内容

引脚名称	I/O	FPGA 引脚编号	说　明
clk	Input	AJ15	系统 100MHz 主时钟
reset_n	Input	AG5	Enter 按键
next_button	Input	AH2	Right 按键
play_button	Input	AG1	Left 按键
play_LED	Output	AC4	LED0 指示灯
song_LED[0]	Output	AA6	LED2 指示灯

（续表）

引脚名称	I/O	FPGA 引脚编号	说　明
song_LED[1]	Output	AA5	LED3 指示灯
SData_In	Input	E9	AC97 接口
SData_Out	Output	E8	
Sync	Output	F7	
AC97Clk	Input	F8	
AC97Reset_n	Output	E6	

八、思考

（1）在实验中，为什么 next 按键需要消抖动及同步化处理，而 reset、play 两个按键不需要消抖动及同步化处理？

（2）如果将 play 按钮功能重新定义为 play/pause，即单击此按钮，乐曲在“播放”和“暂停”两种状态之间转换，那么应怎样修改设计？

7.4　基于 FPGA 的 FIR 数字滤波器的设计

一、实验目的

（1）掌握滤波器的基本原理和数字滤波器的设计技术。

（2）了解 FPGA 在数字信号处理方面的应用。

二、实验任务

（1）采用分布算法设计 16 阶 FIR 低通滤波器，设计参数指标如表 7.12 所示。

表 7.12　FIR 低通滤波器的参考指标

参数名	参数值	参数名	参数值
采样率 F_s	≥8.6 kHz	截止频率 F_c	3.4 kHz
最小阻带衰减 A_s	≤−50 dB	通带允许起伏	−1 dB
输入数据带宽	8 位补码	输出数据宽度	8 位补码

MATLAB 为设计 FIR 滤波器提供了一个功能强大的工具箱。打开 MATLAB FDA Tool(Filter Design & Analysis Tool)，选择 Design Filter，进入滤波器设计界面，选择滤波器类型为低通 FIR，设计方法为窗口法，阶数为 15(16 阶滤波器在 MATLAB 软件中被定义为 15 阶)，窗口类型为 Hamming，Beta 为 0.5，F_s 为 8.6 kHz，F_c 为 3.4 kHz。此时可利用 FDA Tool 有关工具分析所设计的滤波器的幅频、相频特性，以及冲激、阶跃响应、零极点等。导出的滤波器系数为

$h(0)=h(15)=-0.0007$；$h(1)=h(14)=-0.0025$；$h(2)=h(13)=0.012$；

$h(3)=h(12)=-0.0277$；$h(4)=h(11)=0.0357$；$h(5)=h(10)=-0.0072$；
$h(6)=h(9)=-0.1068$；$h(7)=h(8)=0.5965$

(2) 本实验要求采用 ChipScope Pro。内核逻辑分析仪观察信号波形，验证实验结果。

三、实验原理

目前 FIR 滤波器的实现方法有三种：单片通用数字滤波器集成电路、DSP 器件和可编程逻辑器件。单片通用数字滤波器使用方便，但由于字长和阶数的规格较少，不能完全满足实际需要。使用 DSP 器件实现虽然简单，但由于程序顺序执行，执行速度必然不快。FPGA 有着规整的内部逻辑阵列和丰富的连线资源，特别适合于数字信号处理任务，相对于串行运算为主导的通用 DSP 芯片来说，FPGA 的并行性和可扩展性更好。但长期以来，FPGA 一直被用于系统逻辑或时序控制，很少有信号处理方面的应用，主要是因为 FPGA 缺乏实现乘法运算的有效结构。不过现在这个问题已得到解决，FPGA 在数字信号处理方面有了长足的发展。

1. FIR 滤波器与分布式算法的基本原理

一个 N 阶 FIR 滤波器的输出可表示为

$$y=\sum_{i=0}^{N-1}h(i)x(N-1-n) \tag{7.6}$$

式中，$x(n)$是 N 个输入数据；$h(n)$是滤波器的冲激响应。当 N 为偶数时，根据线性相位 FIR 数字滤波器冲激响应的对称性，可将式(7.6)变换成式(7.7)所示的分布式算法，乘法运算量减小了一半。式(7.7)相应的电路结构如图 7.23 所示。

$$y=\sum_{n=0}^{N/2-1}[x(n)+x(N-1-n)]h(i) \tag{7.7}$$

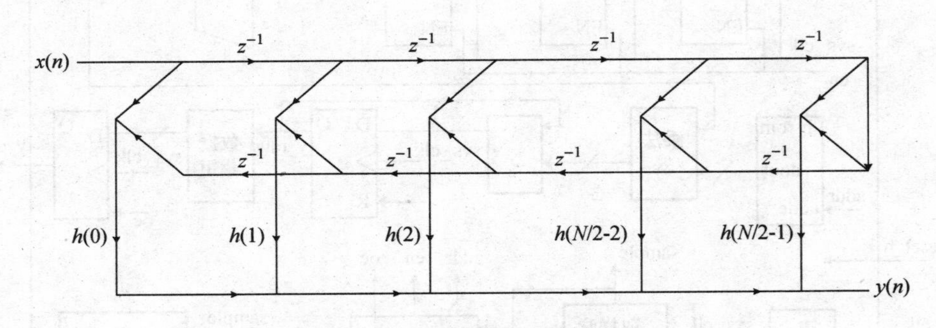

图 7.23 线性相位直接型结构

2. 并行方式设计原理

对于 16 阶 FIR 滤波器，利用式(7.7)可得一种比较直观的 Wallace 树加法算法，如图 7.24 所示，图中 sample 为取样脉冲。采用并行方式的好处是处理速度得到了提高，但它的代价是硬件规模更大了。

注意：为了提高系统的工作速度，Wallace 树加法器一般还可采用流水线技术。

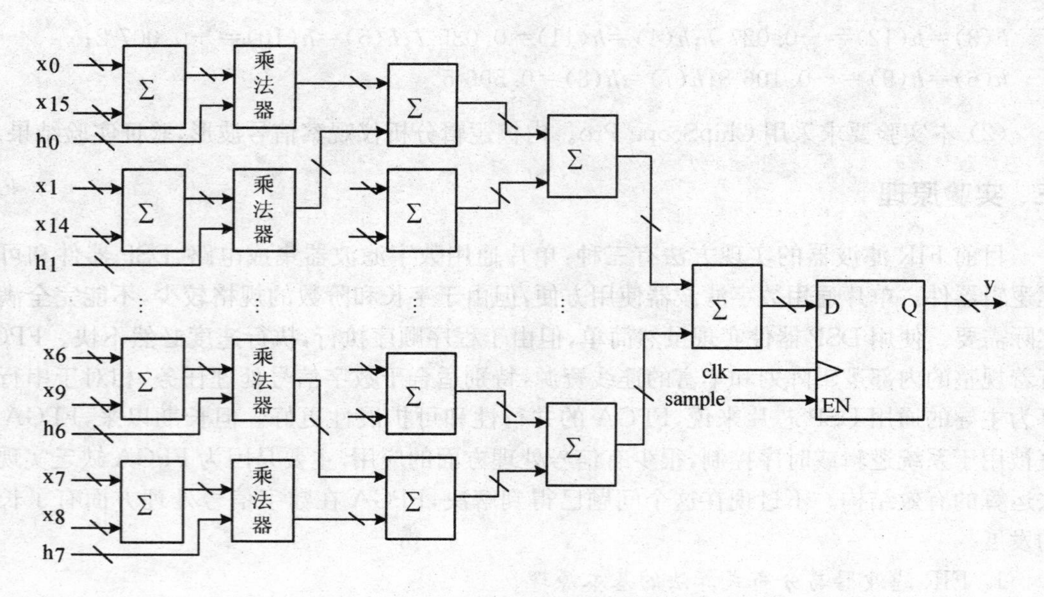

图 7.24　FIR 并行工作方式的原理框图

3. 乘累加方式设计原理

因为本实验对 FIR 算法速度要求不高，所以采用“乘累加”工作方式以减少硬件规模，其原理框图如图 7.25 所示。

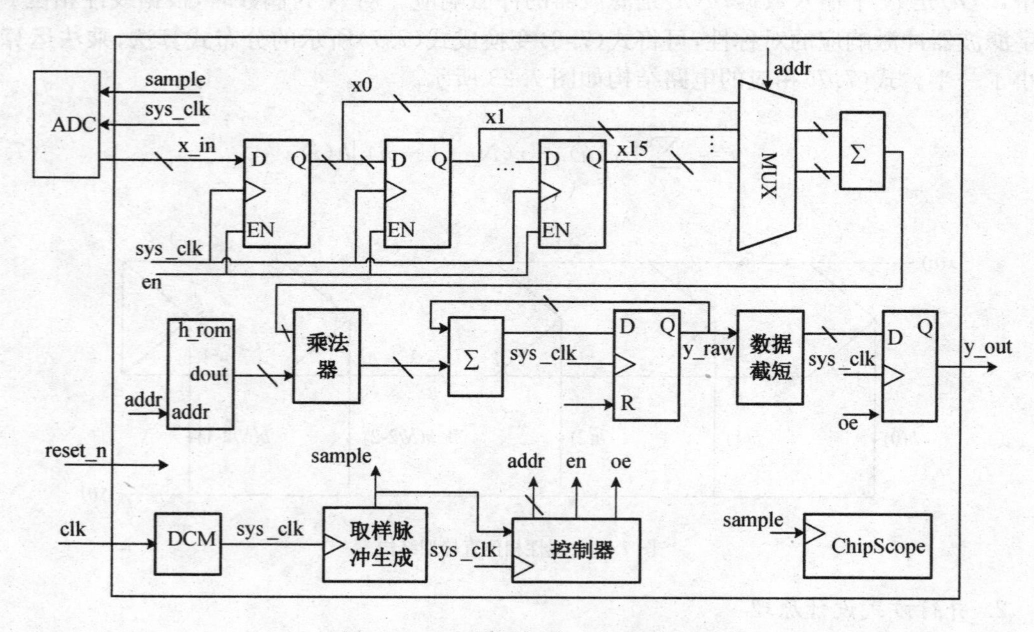

图 7.25　FIR“乘累加”方式的原理框图

由于本实验对速度要求不高，所以对输入的 100 MHz 时钟由 DCM 内核进行 16 分频，得到的 6.25 MHz 的 sys_clk 信号作为系统主时钟。较低的系统时钟可降低加法器、乘法器的设计难度。

取样脉冲产生电路与实际所采用的 A/D 转换器（ADC）芯片有关，实验采用 ROM 来代替 A/D 转换器(ADC)。根据实验要求和ROM 接口要求,取样脉冲 sample 应是宽度为一个 sys_clk 周期、频率大于 8.6 kHz 周期信号。因此,sample 信号可由 sys_clk 进行 512 分频获得,sample 信号的频率约 12.2 kHz。

控制器是电路的核心,控制 FIR 进行 8 次乘累加,图 7.26 所示为算法流程图。注意,考虑到实际情况下,ADC 的取样脉冲 sample 信号的宽度可能大于一个 sys_clk 周期,因此在设计控制器时假设 sample 信号的宽度一般情况下大于或等于 sys_clk 周期。

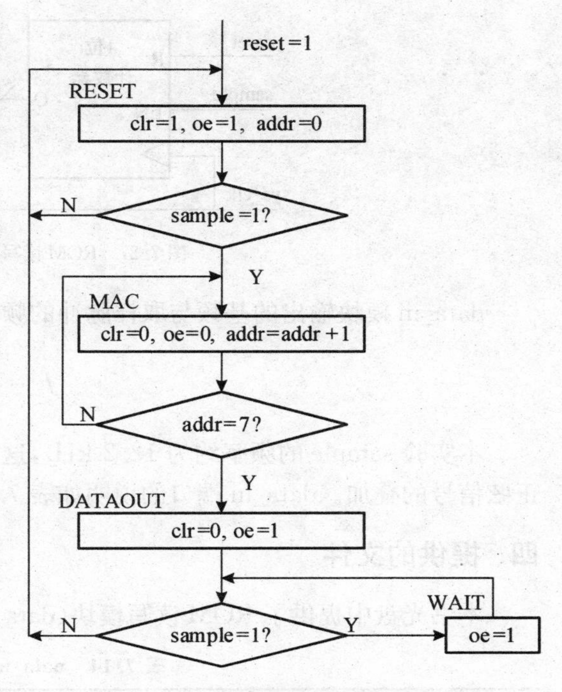

图 7.26　控制器的算法流程图

模块 h_rom 存放冲激响应系数 $h(n)$。由于 FIR 滤波器冲激响应系数是一系列的浮点数,但 FPGA 不支持浮点数的运算,所以浮点数需转换成定点数。设计可采用 Q 值量化法,将悉数同时扩大 2^7(=128)倍,然后转化为 8 位二进制数补码。

数据选择器 MUX 选出两个数据进行相加。为了防止溢出,保证电路的正常工作,应采用 9 位加法器。注意,两个加数采用符号位扩展方法,扩展成 9 位输入。

乘法器可参考选用具有较高速度的 Booth 乘法器。乘累加输出 17 位原始数据 y_raw[16:0],其中次高位 y_raw[15]为进位。当高两位 y_raw[16]、y_raw[15]不相同时,表示溢出。数据截短方法如表 7.13 所示。

表 7.13　数据截短处理方法

y_raw[16:15]	参数名	说　明
00	y_raw[15:8]	
01	8′b0111_1111	上溢出,取最大 127
10	8′b1000_0000	下溢出,取最小−128
11	y_raw[15:8]	

由于本实验系统时钟 sys_clk 的频率远大于取样脉冲的频率,所以 ChipScope 模块的时钟信号应采用取样脉冲 sample。

4. 信号 ROM 读写模块介绍

实验采用 ROM 来代替 ADC。ROM 读写模块 data_in 的功能是,每输入一个取样脉冲模块输出一个信号样品,其工作原理如图 7.27 所示。图中的 Signal ROM 存放频率 f 及其 10 倍频叠加信号的样品,信号样品根据式(7.8)的映射关系构成,$S(k)$的数据形式为补码,表示为

$$S(k)=\frac{127}{1.5}\left[\sin\left(\frac{2\pi}{16}k\right)+0.5\sin\left(\frac{2\pi}{1.6}k\right)\right]\quad (k=0,1,2,\cdots,15) \tag{7.8}$$

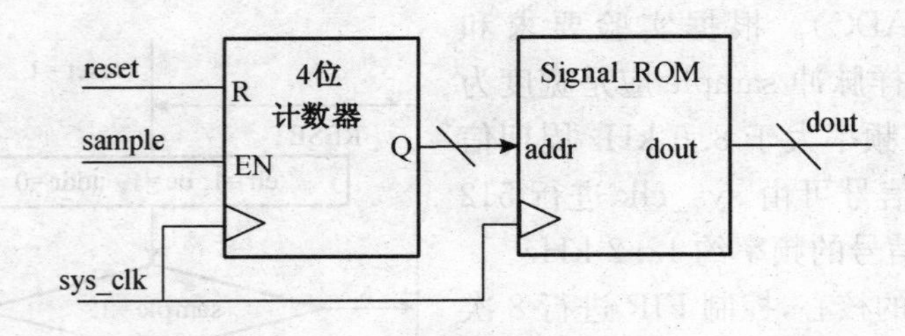

图 7.27　ROM 读写模块 data_in 原理框图

data_in 模块输出的基频与取样脉冲的频率有关，其关系为

$$f=\frac{f_{sample}}{16} \tag{7.9}$$

本实验 sample 的频率约为 12.2 kHz，这样 dout 信号是频率约为 763 Hz 与 7.63 kHz 正弦信号的叠加。data_in 端口的说明如表 7.14 所示。

四、提供的文件

本书光盘中提供了 ROM 读写模块(data_in)及其子模块(signal_rom)代码。

表 7.14　data_in 模块的端口信号

引脚名称	I/O	引 脚 说 明
clk	Input	时钟信号
reset		同步复位，高电平有效
sample		取样脉冲，要求宽度为一个 clk 周期
dout[7:0]	Output	信号样品输出，补码形式

五、实验设备

(1) 装有 ISE 和 ChipScope Pro 软件的计算机。

(2) XUP Virtex-II Pro 开发系统一套。

六、实验内容

(1) 编写 FIR 模块(包括子模块)的 VHDL/Verilog HDL 代码及其测试代码，并用 Isim/ModelSim 仿真。这一步时可暂时不插入 DCM 模块。

(2) 将光盘中的 experiment8-4 文件夹中的内容复制到硬盘中，建立 ISE 工程文件，并对工程进行综合。

(3) 利用 ChipScope Pro 的核插入器 ICON、ILA 核分析 FIR 的输出信号 y_out，本例触发信号和数据信号均采用 y_out。注意，本例 ChipScope 模块的时钟和系统时钟不同，ChipScope 模块采用 sample 作为采样时钟。

(4) 对工程进行约束、实现，并下载工程文件到 XUP Virtex-II Pro 开发实验板中。本实验的 FPGA 引脚约束如表 7.15 所示。

(5) 启动 ChipScope Pro 分析器对设计进行分析。

触发条件可设置 M0:TriggerPort0==00(Hex)。将输入数据和输出数据分别组成数据 x_in 和 y_out,用 signed decimal 方式显示数值。并利用 Bus Plot 功能绘制 y_out 波形,在 Bus Plot 窗口观察 y_out 信号,实验结果的参考波形如图 7.15 所示。

表 7.15 引脚约束内容

引脚名称	I/O	FPGA 引脚编号	说 明
clk	Input	AJ15	系统 100 MHz 主时钟
reset_n		AG5	Enter 按键

注意: 运行 ChipScope Pro 采集数据时,应先单击 reset_n(Enter 按键),否则有可能采样不到数据。

七、思考

(1) 采用 FPGA 实现数字信号处理电路有什么特点?

(2) 为了提高 FIR 的工作时钟频率,在图 7.24 的基础上,采用流水线技术实现 Wallace 树加法器。画出相应的原理框图。

7.5 数字下变频器(DDC)的设计

一、实验目的

(1) 初步了解软件无线电的基本概念。

(2) 掌握频谱搬移的概念。

(3) 锻炼独立设计数字系统的能力。

二、相关背景知识

近年来软件无线电已经成为通信领域一个新的发展方向,它的中心思想是:构造一个开放性、标准化、模块化的通用硬件平台,将各种功能,如工作频段、调制解调类型、数据格式、加密模式、通信协议等,交由应用软件来完成。软件无线电的设计思想之一是将 A/D 转换器尽可能靠近天线,即把 A/D 从基带移到中频甚至射频,把接收到的模拟信号尽早数字化。由于数字信号处理器(DSP)的处理速度有限,往往难以对 A/D 采样得到的高速率数字信号直接进行各种类别的实时处理。为了解决这一矛盾,利用数字下变频(Digtal Down Converter,DDC)技术将采样得到的高速率信号变成低速率基带信号,以便进行下一步的信号处理。可以看出,数字下变频技术是软件无线电的核心技术之一,也是计算量最大的部分,一般通过 FPGA 或专用芯片等硬件实现。用 FPGA 来设计数字下变频器有许多好处:在硬件上具有很强的稳定性和极高的运算速度;在软件上具有可编程的特点,可以根据不同的系统要求采用不同的结构来完成相应的功能,灵活性很强,便于进行系统功能扩展和性能升级。

三、实验任务

基于 FPGA 设计数字下变频器，设计要求如下：

（1）输入模拟中频信号为 26 MHz，带宽为 2 MHz。测试时可用信码率小于 4 MB/s 的 QPSK 信号作为模拟中频信号。

（2）对模拟中频信号采用带通采样方式，ADC 采样率为 20 MS/s（million samples per second），采样精度为 14 位，ADC 输出为 14 位二进制补码。

（3）经过 A/D 变换之后数字中频送到 DDC，要求 DDC 将其变换为数字正交基带 I、Q 信号，并实现 4 倍抽取滤波，即 DDC 输出的基带信号为 5MS/s 的 14 位二进制补码。

四、实验原理

1. 算法分析

数字下变频器（DDC）将数字化的中频信号变换到基带，得到正交的 I、Q 数据，以便进行基带信号处理。一般的 DDC 由数字振荡器（Numerically Controlled Oscillator，NCO）、数字混频器、低通滤波器和抽取滤波器组成，如图 7.28 所示。

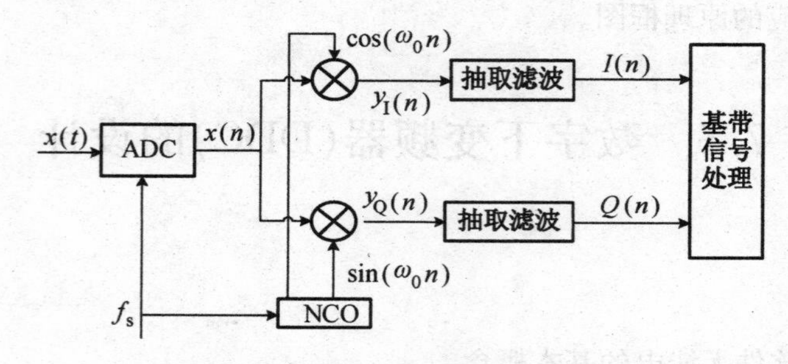

图 7.28　数字下变频原理框图

假设输入模拟信号为：

$$x(t)=a(t)\cos[\omega_c t+\varphi(t)] \tag{7.10}$$

式中，$a(t)$为信号瞬时幅度，ω_c 为信号载波角频率，则经 ADC 采样后的数字中频信号为

$$x(n)=a(n)\cos[\omega_c nT_s+\varphi(nT_s)] \tag{7.11}$$

式中，$T_s=1/f_s$，f_s 为 ADC 采样频率。假设 NCO 的角频率为 ω_0，NCO 产生的正交本振信号为 $\cos(\omega_0 nT_s)$和 $\sin(\omega_0 nT_s)$，则乘法器输出为

$$y_I(n)=\frac{a(n)}{2}\{\cos[(\omega_c-\omega_0)nT_s+\varphi(nT_s)]+\cos[(\omega_c+\omega_0)nT_s+\varphi(nT_s)]\} \tag{7.12}$$

$$y_Q(n)=\frac{a(n)}{2}\{\sin[(\omega_c+\omega_0)nT_s+\varphi(nT_s)]-\sin[(\omega_c-\omega_0)nT_s+\varphi(nT_s)]\} \tag{7.13}$$

由式(7.12)和式(7.13)可知，在混频后用一个低通滤波器滤除和频部分、保留差频部

分，即可将信号由中频变到基带。经过低通滤波后得到的基带信号为

$$I(n)=\frac{a(n)}{2}\cos[2\pi\Delta f\cdot nT_s+\varphi(nT_s)] \tag{7.14}$$

$$Q(n)=\frac{a(n)}{2}\sin[2\pi\Delta f\cdot nT_s+\varphi(nT_s)] \tag{7.15}$$

式中，$\Delta f=f_c-f_0$。整个过程将信号频率由中频变换到基带，实现下变频处理。

为了获得较高的信噪比及瞬时采样带宽，中频采样速率应尽可能选得高一些，但这将导致中频采样后的数据流速率仍然较高，后级的处理难度增大。由于实际的信号带宽较窄，为了降低数字基带处理的计算量，有必要对采样数据流进行降速处理，即抽取滤波。下面讨论有利于实时处理的多相滤波结构。

设抽取滤波器中的低通滤波器的冲激响应为 $h(n)$，则其 z 变换可表示为

$$H(z)=\sum_{n=-\infty}^{+\infty}h(n)z^{-n}=\sum_{k=0}^{D-1}z^{-n}\cdot E_k(z^D) \tag{7.16}$$

式中

$$E_k(z^D)=\sum_{n=-\infty}^{+\infty}h(nD+k)z^{-n} \tag{7.17}$$

$E_k(z^D)$称为多相分量，D 为抽取因子。式(7.17)就是数字滤波器的多相结构表达式，将其应用于抽取器后的结构如图 7.29 所示。

利用多相滤波结构，可以将数字下变频的先滤波再抽取的结构等效转换为先抽取再滤波的形式，如图 7.30 所示。这样，对滤波器的各个分相支路来说，滤波计算在抽取之后进行，原来在一个采样周期内必须完成的计算工作量，可以允许在 D 个采样周期内完成，且每组滤波器的阶数是低通滤波器阶数的 $1/D$，实现起来要容易得多。

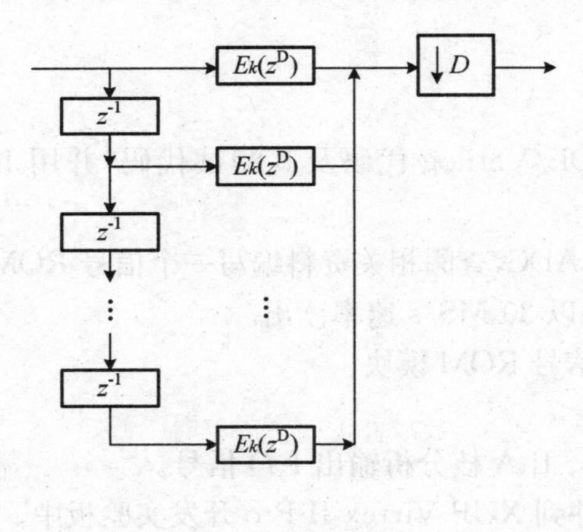

图 7.29 先滤波再抽取结构

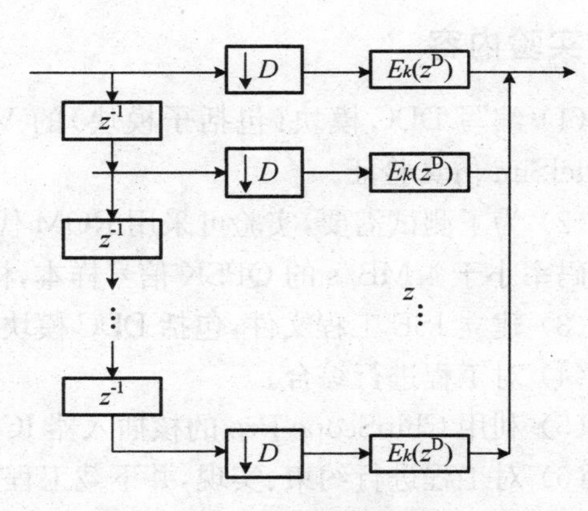

图 7.30 先抽取再滤波结构

2. DDC 的 FPGA 实现

(1) NCO 的实现

NCO 的作用是产生正弦、余弦样本。本实验要求 $\Delta f=0$，所以要求 NCO 产生频率为 26 MHz 的正弦、余弦样本，取样频率为 20 MHz。

一般情况下，NCO 采用 DDS 的方法实现，要求样品 ROM 为双端口 ROM，具有同相和

正交两路输出。

(2) 混频器的实现

数字混频器将原始采样信号与 NCO 产生的正、余弦波形分别相乘，最终得到两路互为正交的信号。由于输入信号的采样率较高，因此要求混频器的处理速度大于等于信号采样率。数字下变频系统需要两个数字混频器，也就是乘法器。XC2VP30 器件内嵌 136 个 18×18 位硬件乘法器，其最高工作频率为 500 MHz，因此采用硬件乘法器完全能够满足混频器的设计要求。使用 Xilinx 公司的 Multiplier IP 核可以轻松实现硬件乘法器的配置。该设计中采用两路 14 位的输入信号，输出信号也为 14 位。

(3) 抽取滤波模块的实现

因为经 DDS 后的信号是带宽为 2 MHz 的零中频信号，只考虑正频率范围，故该滤波器的通带截止频率为 1 MHz，设计采用 FIR 滤波器。FIR 的阶数越高，性能越好，但考虑资源占用情况，FIR 的阶数不宜过高，建议设计采用 32 阶 FIR。在 MATLAB 中设计一个通带截止频率为 2 MHz 的 32 阶 FIR，将系数量化为 14 位二进制数值 $h(0) \sim h(31)$。

设计采用图 7.30 所示的多相滤波器结构。该设计按照 4∶1 的比例抽取信号，即 $D=4$，因此把这个 32 阶的 FIR 滤波器“拆分”为 4 个 8 阶的滤波器，那么每个分支滤波器的冲激响应满足

$$h_k(n) = h(k + 4n) \tag{7.18}$$

式中，k 表示第 k 支路，$k = 0,1,2,3$；$n = 0,1,2,\cdots,7$。

五、实验设备

(1) 装有 ISE，ModelSim SE 和 ChipScope Pro 软件的计算机。

(2) XUP Virtex-II Pro 开发系统一套。

六、实验内容

(1) 编写 DDC 模块(包括子模块)的 VHDL/Verilog 代码及其测试代码，并用 Isim/MoedelSim 仿真验证。

(2) 为了测试需要，实验可采用 ROM 代替 ADC，查阅相关资料编写一个信号 ROM：存放信码率小于 4 MB/s 的 QPSK 信号样本，样本以 20 MS/s 速率读出。

(3) 建立 ISE 工程文件，包括 DDC 模块和信号 ROM 模块。

(4) 对工程进行综合。

(5) 利用 ChipScope Pro 的核插入器 ICON、ILA 核分析输出 I、Q 信号。

(6) 对工程进行约束、实现，并下载工程文件到 XUP Virtex-II Pro 开发实验板中。

(7) 启动 ChipScope Pro 分析器对设计进行分析，验证设计是否符合要求。

七、思考

(1) 在零中频的 DDC 电路中，是否要求本振信号与输入信号同频同相？

(2) 零中频系统有什么优缺点？

第八章 CPU 设 计

MIPS(Microprocessor without Interlocked Piped Stages)是高效的 RISC 体系结构中最优雅的一种体系结构,其中文意思为"无内部互锁流水级的微处理器",其机制是尽量利用软件办法避免流水线中的数据相关问题。它最早是在 20 世纪 80 年代初期由斯坦福大学 Hennessy 教授领导的研究小组研制出来的。

基于 RISC 架构的 MIPS32 指令兼容处理器是通用高性能处理器的一种。其架构简洁,运行效率高,在高性能计算、嵌入式处理、多媒体应用等各个领域得到了广泛应用。基于 FPGA 的微处理器 IP 核设计具有易于调试,便于集成的特点。在片上系统设计方法流行的趋势下,掌握一套复杂的 CPU 设计技术是十分必要的。

本章实验最终设计并实现了一个标准的 32 位的 MIPS 微处理器。通过这一章的设计内容,熟悉 MIPS32 指令系统,掌握数据通道(寄存器、存储器、ALU、ALU 控制器等)和指令译码控制器的设计、仿真和验证。

一、实验目的

1. 熟悉 MIPS 指令系统。
2. 掌握 MIPS 多周期微处理器的工作原理与实现方法。
3. 掌握控制器的微程序设计方法。
4. 掌握 MIPS 多周期微处理器的测试方法。
5. 了解用软件实现数字系统的方法。

二、实验任务

设计一个 32 位 MIPS 多周期微处理器,具体要求如下:

1. 至少运行下列的 6 类 32 条 MIPS32 指令。

(1) 算术运算指令:ADD、ADDU、SUB、SUBU、ADDI、ADDIU;

(2) 逻辑运算指令:AND、OR、NOR、XOR、ANDI、ORI、XORI、SLT、SLTU、SLTI、SLTIU;

(3) 移位指令:SLL、SLLV、SRL、SRLV、SRA;

(4) 条件分支指令:BEQ、BNE、BGEZ、BGTZ、BLEZ、BLTZ;

(5) 无条件跳转指令:J、JR;

(6) 数据传送指令:LW、SW。

2. 在 XUP Virtex-II Pro 开发系统中实现该 32 位 MIPS 多周期微处理器,要求运行速度(CPU 工作时钟)大于 25 MHz。

三、MIPS 指令简介

MIPS 指令集具有以下特点：①简单的 LOAD/STORE 结构。所有计算类型的指令均从寄存器堆中读取数据并把结果写入寄存器堆中，只有 LOAD 和 STORE 指令访问存储器。②易于流水线 CPU 的设计。MIPS 指令集的指令格式非常规整，所有的指令均为 32 位，而且指令操作码在固定的位置上。③易于编译器的开发。一般来讲，编译器在编译高级带程序时，很难用到复杂的指令，MIPS 指令的寻址方式非常简单，每条指令的操作也非常简单。

MIPS 系统的寄存器结构采用标准的 32 位寄存器堆，共 32 个寄存器，标号为 0～31。其中，第 0 寄存器永远为常数 0，第 31 寄存器是跳转链接地址寄存器，它在链接型跳转指令下会自动存入返回地址值。对于其他寄存器，可由软件自由控制。在 MIPS 的规范使用方法中，各寄存器的含义规定如表 8.1 所示。

表 8.1　寄存器堆使用规范

寄存器编号	助记符	用　　途
$0	zero	常数 0
$1	at	汇编暂存寄存器
$2、$3	v0、v1	表达式结果或子程序返回值
$4～$7	a0—a3	过程调用的前几个参数
$8～$15	t0—t7	临时变量，过程调用时不需要回复
$16～$23	s0—s7	临时变量，过程调用时需要回复
$24、$25	t8、t9	临时变量，过程调用时不需要回复
$26、$27	k0、k1	保留给操作系统，通常被中断或例外用来保存参数
$28	gp	全局指针
$29	sp	堆栈指针
$30	s8/fp	临时变量/过程调用时作为帧指针
$31	ra	过程返回地址

CPU 所支持的 MIPS 指令有 3 种格式，分别为 R 型、I 型和 J 型。R(register)类型的指令从寄存器堆中读取两个源操作数，计算结果写回寄存器堆；I(immediate)类型的指令使用一个 16 位立即数作为源操作数；J(jump)类型的指令使用一个 26 位立即数作为跳转的目标地址(target address)。

MIPS 的指令格式如图 8.1 所示，指令格式中的 OP(operation)是指令操作码；RS(register source)是源操作数的寄存器号；RD(register destination)是目标寄存器号；RT(register target)既可以是源寄存器号，也可以是目标寄存器号，由具体的指令决定；FUNCT(function)可被认为是扩展的操作码；SA(shift amount)由移位指令使用，定义移位位数。

I 型指令中的 Immediate 是 16 位立即数。立即数型算术逻辑运算指令、数据传送指令和条件分支指令均采用这种形式。在立即数型算术逻辑运算指令、数据传送指令中，Immediate 进行符号扩展至 32 位；而在条件分支指令中，Immediate 先进行符号扩展至 32 位再左移 2 位。

在 J 型指令中 26 位 Target 由 JUMP 指令使用，用于产生跳转的目标地址。

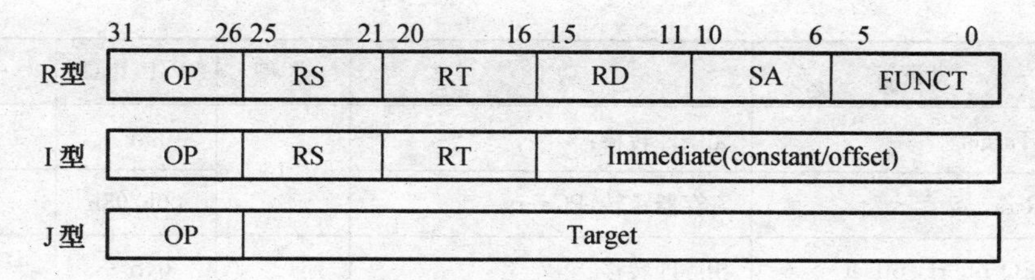

图 8.1　MIPS 指令格式

下面通过表格简单介绍本实验使用的 MIPS 核心指令。表 8.2 列出本实验使用到的 MIPS 指令的格式和 OP、FUNCT 等简要信息，若需了解指令的详细信息请查阅 MIPS32 指令集。

表 8.2　MIPS 核心指令

类 型	助记符	功 能	类 型	OP/FUNCT	其他约束
算数或逻辑运算	ADD rd, rs, rt	加法(有溢出中断)	R	00h/20h	
	ADDU rd, rs, rt	加法(有溢出中断)		00h/21h	
	AND rd, rs, rt	按位与		00h/24h	
	NOR rd, rs, rt	按位或非		00h/27h	
	OR rd, rs, rt	按位或		00h/25h	
	SLT rd, rs, rt	A<B 判断：rd=(rs<rt)		00h/2Ah	
	SLTU rd, rs, rt	无符号 A<B 判断		00h/2Bh	
	SUB rd, rs, rt	减法(有溢出中断)		00h/22h	
	SUBU rd, rs, rt	无符号减法		00h/23h	
	XOR rd, rs, rt	按位异或		00h/26h	
立即数运算指令	ADDI rt, rs, imm	加法(有溢出中断)	I	08h/—	
	ADDIU rt, rs, imm	立即数无符号数加法		09h/—	
	ANDI rt, rs, imm	立即数位与		0Ch/—	
	ORI rt, rs, imm	立即数位或		0Dh/—	
	SLTI rt, rs, imm	立即数 A<B 判断		0Ah/—	
	SLTIU rt, rs, imm	立即无符号数 A<B 判断		0Bh/—	
	XOR rt, rs, imm	立即数异或		0Eh/—	
移位	SLL rd,rt, sa	左移：rd←rt<<sa	R	00h/00h	
	SLLV rd,rt, rs	左移：rd←rt<<rs		00h/04h	
	SRL rd,rt, sa	右移：rd←rt>>sa		00h/02h	INST[21]=0
	SRLV rd,rt, rs	右移：rd←rt>>rs		00h/06h	INST[6]=0
	SRA rd,rt, sa	算术右移：rd←rt>>>sa		00h/03h	
	SRAV rd,rt, rs	算术右移：rd←rt>>>rs		00h/07h	
传送	LW rt, offset(rs)	rt←memory[base+offset]	I	23h/—	
	SW rt, offset(rs)	memory[base+offset] ←rt		2bh/—	

（续表）

类型	助记符	功能	类型	OP/FUNCT	其他约束
跳转	J Target	无条件转移：	J	02h/--	
	JR rs	寄存器跳转：PC←rs		00h/08h	
条件分支	BEQ rs，rt，offset	相等即转移	I	04h/--	
	BNE rs，rt，offset	不等即转移		05h/--	
	BGEZ rs，offset	比零大或等于零转移		01h/--	rt=01h
	BGTZ rs，offset	比零大转移		07h/--	rt=00h
	BLEZ rs，offset	比零小或等于零转移		06h/--	rt=00h
	BLTZ rs，offset	比零小转移		01h/--	rt=00h

四、实验原理

图 8.2 所示为可实现上述指令的多周期 MIPS 微处理器的原理图，根据功能将其划分为控制单元（cunit）、执行单元（eunit）、指令单元（iunit）和存储单元（munit）四大模块。

控制单元（cuint）是多周期微处理器的核心，控制微处理器取指令、指令译码和指令执行等工作。主要由指令译码控制器（Outputs Control）、算术逻辑运算控制器（ALU Control）两个子模块组成。

执行单元（eunit）主要由寄存器堆（Registers）和算术逻辑运算单元（ALU）两个子模块组成。其中，寄存器是微处理器最基本的元素，MIPS 系统的寄存器堆由 32 个 32 位寄存器组成；而 ALU 则是微处理器的主要功能部件，执行加、减、比较等算术运算和与、或、或非、异或等逻辑运算。这里需要说明的是，图 8.2 所示的原理框图中未画出 ANDI、ORI 和 XORI 三条指令所需的 16 位立即数“0 扩展”至 32 位立即数电路，设计时可将“0 扩展”电路功能放在 ALU 内部完成。

指令单元（iunit）的作用是决定下一条指令的地址（PC 值）。

存储单元（munit）由存储器（Memory）、指令寄存器（Instruction register）和存储数据寄存器（Memory data register）组成。

1. 控制单元（cunit）的设计

控制单元模块的主要作用是通过机器码解析出指令，并根据解析结果控制数据通道工作流程。控制模块的接口信息如表 8.3 所示。

(1) Outputs Control 控制器的设计

Outputs Control 控制器的主要作用是取出指令，并根据指令确定各个控制信号的值。首先对指令进行分类。

① R 型指令。根据操作数来源可分为 R_type1、R_type2 和 JR 三类。其中，R_type1 指令中的两个操作数为寄存器 rs、rt；R_type2 为三个移位指令，操作数为指令中的 sa 字段和寄存器 rt；JR 指令只有一个操作数 rs。R_type1、R_type2 的表达式为

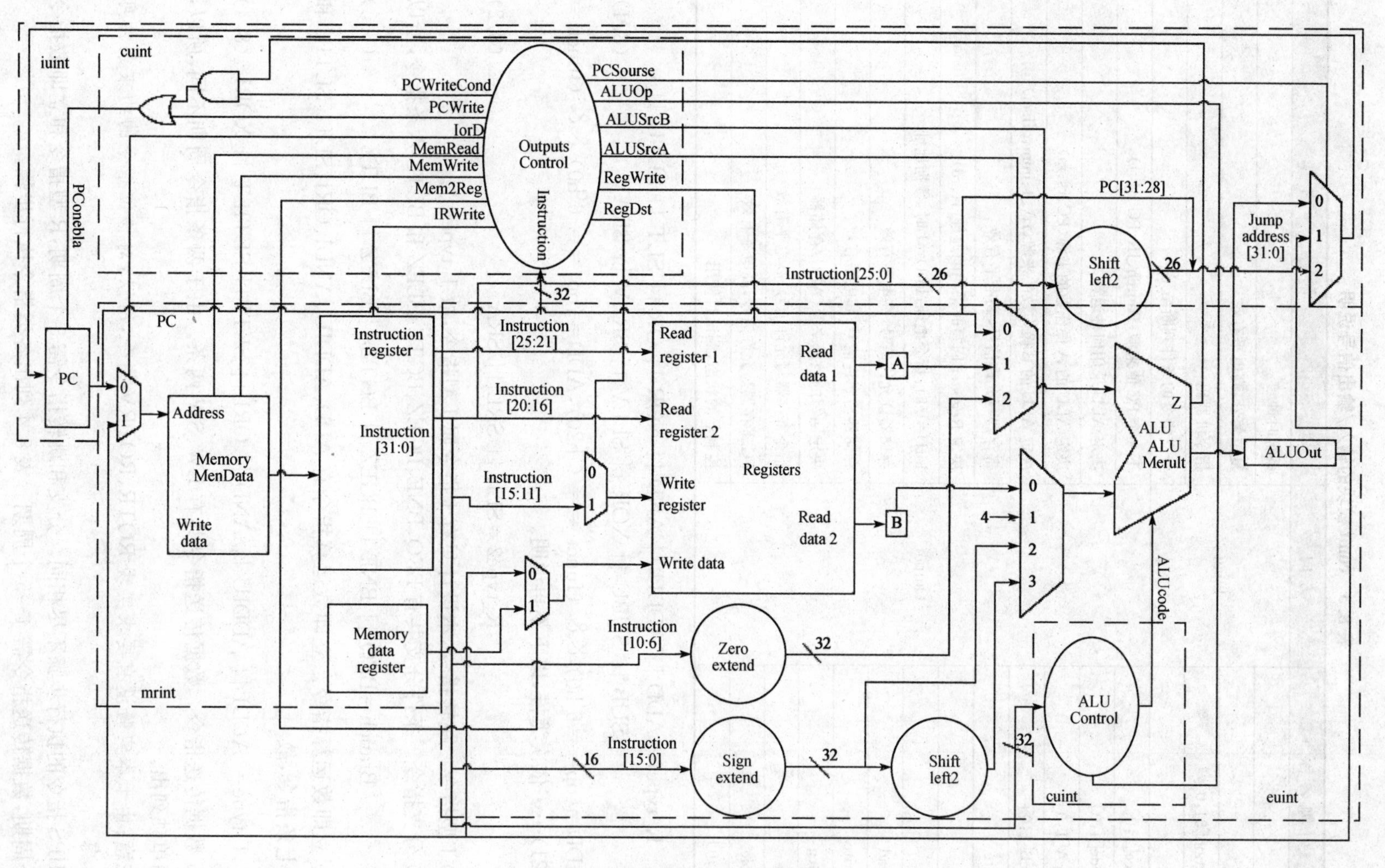

图 8.2 多周期 MIPS 微处理器原理框图

表 8.3 cunit 模块的输入/输出信号说明

引脚名称	方向	说明
clk	Input	系统时钟
reset		复位信号，高电平有效
Instruction[31:0]		指令机器码
Z		分支指令的条件判断结果
PCSource[1:0]	Output	下一个 PC 值来源(Banrch、JR、PC+4、J)
ALUCode[4:0]		决定 ALU 采用何种运算
ALUSrcA[1:0]		决定 ALU 的 A 操作数的来源(PC、rs、ra)
ALUSrcB[1:0]		决定 ALU 的 B 操作数的来源(rt\、4、imm、offset)
RegWrite		寄存器写允许信号，高电平有效
RegDst		决定 Register 回写时采用的地址(rt、rd)
IorD		IorD=0 时：指令地址；IorD=1 时：数据地址
MemRead		存储器读允许信号，高电平有效
MemWrite		存储器写允许信号，高电平有效
Mem2Reg		决定回写的数据来源(ALU/存储器)
IRWrite		指令寄存器写允许信号，高电平有效
PCEnable		PC 寄存器写允许信号，高电平有效
State[3:0]		控制器的状态，测试时使用

$$R\_type1 = ADD \mid\mid ADDU \mid\mid AND \mid\mid NOR \mid\mid OR \mid\mid SLT \mid\mid SLTU \mid\mid SUB \mid\mid SUBU \mid\mid XOR \mid\mid SLLV \mid\mid SRLV \mid\mid SRAV \tag{8.1}$$

式中 ADD=(op==6'h0) && (funct == 6'h20)，ADD=(op == 6'h0) && (funct == 6'h21)……依次类推，以下不再说明。

$$R\_type2 = SLL \mid\mid SRL \mid\mid SRA \tag{8.2}$$

② J 型指令。跳转指令，本设计只有 J 指令属 J 型指令，故 J_type=J。

③ 分支指令。条件分支共有 BEQ、BNE、BGEZ、BGTZ、BLEZ 和 BLTZ 六条指令，所以

$$Branch = BEQ \mid\mid BNE \mid\mid BGEZ \mid\mid BGTZ \mid\mid BLEZ \mid\mid BLTZ \tag{8.3}$$

④ 立即数运算指令。立即数运算指令有 ADD、ADDIU、ANDI、ORI、SLTI、SLTIU 和 XORI 七条指令，故

$$I\_type = ADDI \mid\mid ADDIU \mid\mid AND \mid\mid ORI \mid\mid SLTI \mid\mid SLTILT \mid\mid XORI \tag{8.4}$$

⑤ 数据传送指令。数据传送指令共有 LW、SW 两条。由于两条指令周期不同，所以，将它们单独列出。

注意：由于本实验没有要求实现 ROTR、ROTRV 指令，所以，对移位指令的约束条件可不加考虑。

MIPS 指令的执行步骤不尽相同。分支和跳转指令需 3 个周期，R 型指令和立即数指令需 4 个周期，数据传送指令需 4～5 个周期。表 8.4 列出各类指令执行步骤。

表 8.4 MIPS 指令的执行步骤

步骤名称	R 型指令	I 型指令	数据传送指令	分支指令	跳转指令
取指	IR= Memory[PC],PC= PC+4				
指令译码/读寄存器	A= Reg[rs],B= Reg[rt] ALUOut= PC+(sign_extend(imm)<<2)				
运算、地址计算、分支或跳转完成	ALUOut=A op B	ALUOut=A op imm	ALUOut = A + sign_[extend(IR[15:0])]	If(Z)PC=ALUOut	PC={PC[31:28], IR[25:0],2'b00}
存储器访问 R 型、I 型指令完成	Reg[rd]=ALUOut 或 PC= Reg[rs]	Reg[rt]=ALUOut	LW: MDR = Memroy[ALUOut] SW: Memroy[ALUOut]=B		
存储读操作完成			LW: Reg[rt]=MDR		

根据表 8.4 所示的指令的执行步骤与指令功能,可画出 Outputs Control 模块的有限状态机图,如图 8.3 所示。

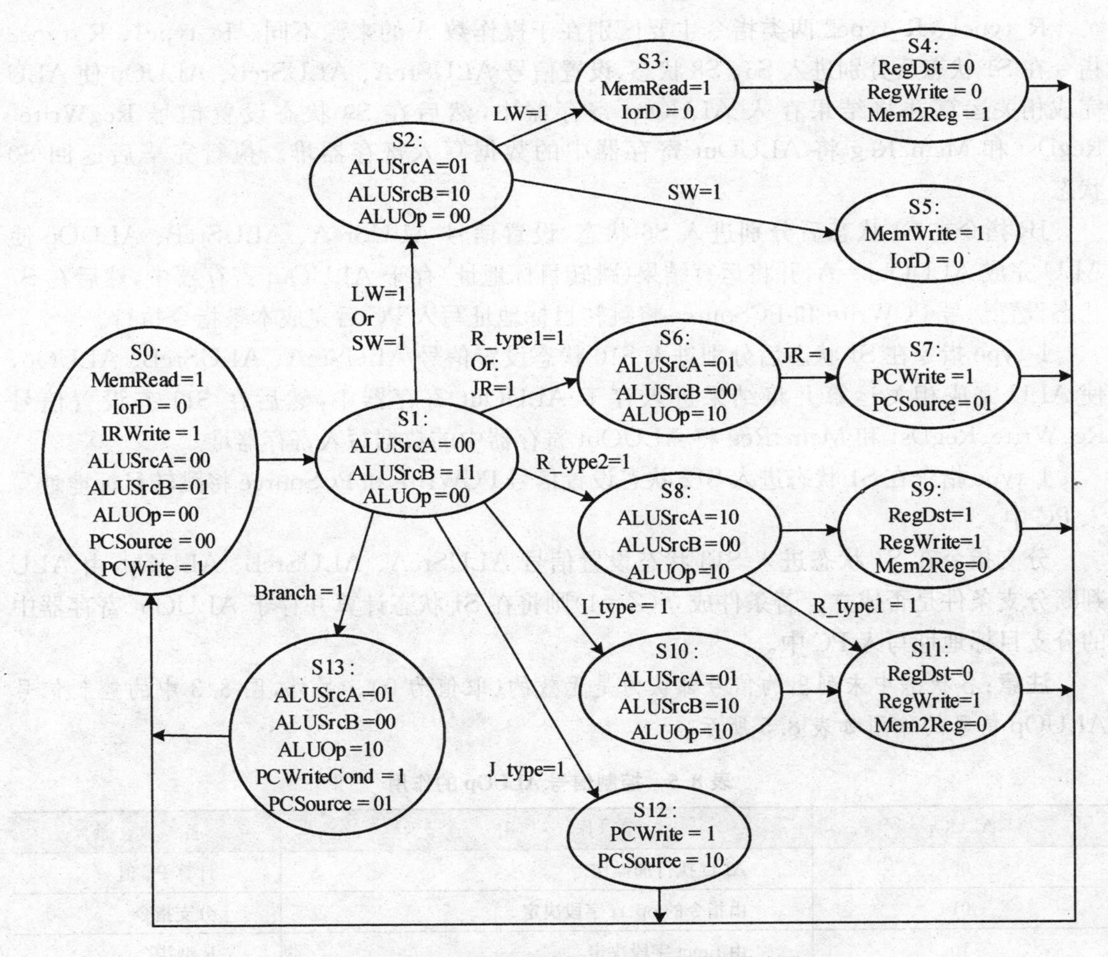

图 8.3 多周期 MIPS 微处理器控制器的有限状态图

由于所有指令的前两个步骤都一样，所以所有指令都需经过 S0 和 S1 两个状态。S0 为取指令状态，在这个状态激活两个信号(MemRead 和 IRWrite)从存储器中读取一条指令，并把指令写入指令寄存器，设置信号 ALUSrcA、ALUSrcB、ALUOp、PCWrite 和 PCSource 以计算 PC＋4 值存入 PC 寄存器。S1 为指令译码状态，设置信号 ALUSrcA、ALUSrcB、ALUOp 以计算分支目标地址并存入 ALUOut 寄存器中。另外，这个状态的主要功能是对输入的指令进行译码，并选择相应的指令执行状态，因此，S1 的后续状态是由指令类型选择决定的。

在指令译码后，数据传送指令进入 S2 状态，设置信号 ALUSrcA、ALUSrcB、ALUOp 使 ALU 完成地址计算 A＋sign_extend(IR[15:0])，并将结果存于 ALUOut 寄存器(ALUOut 寄存器的分支目标地址被替换)。若指令为 LW，则进入 S3 状态设置信号 MemRead 和 IorD 进行存储器读操作，然后进入 S4 状态设置信号 RegWrite、RegDst 和 MemtoREG 将读出的存储器数据写入寄存器堆，S4 即为 LW 指令的最后一个状态，下一状态为下一条指令的取指令状态 S0。若指令为 SW 状态，则 S2 状态后进入 S5 状态激活 MemWribe 和 IorD 信号，将数据 n 写入存储器，执行完毕后返回 S0 状态。

R_type1、R_type2 两类指令主要区别在于操作数 A 的来源不同。R_type1、R_type2 指令在 S1 状态后分别进入 S6、S8 状态，设置信号 ALUSrcA、ALUSrcB、ALUOp 使 ALU 完成相关运算并将结果存入 ALUOut 寄存器中，然后在 S9 状态设置信号 RegWrite、RegDst 和 Mem2Reg 将 ALUOut 寄存器中的数据写入寄存器堆。执行完毕后返回 S0 状态。

JR 指令在 S1 状态后分别进入 S6 状态，设置信号 ALUSrcA、ALUSrcB、ALUOp 使 ALU 完成 ALUOut＝A，并将运算结果(跳转目标地址)存于 ALUOut 寄存器中，然后在 S7 状态设置信号 PCWrite 和 PCSource 将跳转目标地址写入 PC 后完成本条指令执行。

I_type 指令在 S1 状态后分别进入 S10 状态设置信号 ALUSrcA、ALUSrcB、ALUOp，使 ALU 完成相关运算并将结果进入存于 ALUOut 寄存器中，然后在 S11 态设置信号 RegWrite、RegDst 和 Mem2Reg 将 ALUOut 寄存器中的数据写入寄存器堆。

J_type 指令在 S1 状态进入 S12 状态设置信号 PCWrite 和 PCSource 将跳转目标地址写入 PC 中。

分支指令在 S1 状态进入 S13 状态设置信号 ALUSrcA、ALUSrcB、ALUOp，由 ALU 判断分支条件是否成立。若条件成立(Z＝1)则将在 S1 状态计算并存于 ALUOut 寄存器中的分支目标地址写入 PC 中。

注意：各状态中未列出的信号都认为是无效的(取值为 0)。另外，图 8.3 中的控制信号 ALUOp 信号的作用如表 8.5 所示。

表 8.5 控制信号 ALUOp 的作用

ALUOp	作　用	备　注
00	ALU 执行加操作	计算 PC 值
01	由指令的 op、rt 字段决定	分支指令
10	由 funct 字段决定	R 型指令
11	由指令的 op 字段决定	立即数型指令

(2) 多周期 MIPS 微处理器控制器的有限状态机的实现

如图 8.3 所示，Outputs Control 是较为复杂的控制器，输出端口较多，因此很适合采用微程序设计方法。在设计之前，先进行状态编码，为简单起见，状态采用自然编码，即状态 i 用 4 位二进制 i 表示，如状态 SS 用二进制 0101 表示。

图 8.4 所示为微程序控制器的结构框图。由图 8.4 可看出，电路的次态可由计数器、回到 0 状态或调度电路(Dispatch)三种方式决定。由反馈信号 SEQ 信号选择哪种方式：

- 当 SEQ=00 时，控制器的次态由计数器决定，即状态值加 1。
- 当 SEQ=01 时，控制器的次态回到 S0 状态。
- 当 SEQ=10 或 11 时，次态由指令(op、rt 和 funct)决定。因为状态在指令的第 2 周期和第 3 周期都存在分支可能，所以 Dispatch 输出 NS1 为指令在第 2 周期状态的次态，而 NS2 为指令第 3 周期状态的次态。

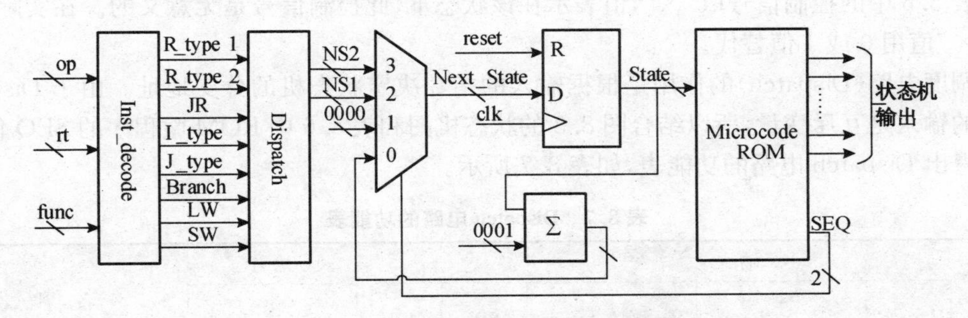

图 8.4 Outputs Control 的微程序控制器结构框图

电路的状态作为 Microcode ROM 的地址，Microcode ROM 中存放微程序的内容，如表 8.6 所示。ROM 输出由两部分组成，一部分为该状态下的控制器输出信号，另一部分为决定控制器次态来源的 SEQ[1:0]信号。ROM 的容量为 24×19 bit。注意，ROM 可用 IP 内核实现，也可用阵列(array)设计。

表 8.6 ROM 中的微程序

地址(状态)	ALUOp[1:0]	ALUSrcA[1:0]	ALUSrcB[1:0]	RegWrite	RegDst	Mem2Reg	IorD	MemRead	MemWrite	IRWrite	PCSource[1:0]	PCWrite	PCWriteCond	SEQ[1:0]
0	00	00	01	0	x	x	0	1	0	1	00	1	0	00
1	00	00	11	0	x	x	x	0	0	0	xx	0	0	10
2	00	01	10	0	x	x	x	0	0	0	xx	0	0	11
3	xx	xx	xx	0	x	x	1	1	0	0	xx	0	0	00
4	xx	xx	xx	1	0	1	x	0	0	0	xx	0	0	01
5	xx	xx	xx	0	x	x	1	0	1	0	xx	0	0	01
6	10	01	00	0	x	x	x	0	0	0	xx	0	0	11
7	xx	xx	xx	0	x	x	x	0	0	0	01	1	0	01
8	10	00	10	0	x	x	x	0	0	0	xx	0	0	00

(续表)

地址(状态)	ALUOp[1:0]	ALUSrcA[1:0]	ALUSrcB[1:0]	RegWrite	RegDst	Mem2Reg	IorD	MemRead	MemWrite	IRWrite	PCSource[1:0]	PCWrite	PCWriteCond	SEQ[1:0]
9	xx	xx	xx	1	1	0	x	0	0	0	xx	0	0	01
A	11	01	10	0	x	x	x	0	0	0	xx	0	0	00
B	xx	xx	xx	1	0	0	x	0	0	0	xx	0	0	01
C	xx	xx	xx	0	x	x	x	0	0	0	10	1	0	01
D	01	01	00	0	x	x	x	0	0	0	01	0	1	01

表 8.6 中的控制信号取“×”,值表示在该状态下,此控制信号是无意义的。在实际操作中,“×”值用 0 或 1 值替代。

调度电路(Dispatch)的作用是根据输入的指令决定状态机的分支地址。由于 Dispatch 电路的输入是互斥变量,所以结合图 8.3 的状态机图和表 8.6 中 ROM 微程序的 SEQ 信号,不难得出 Dispatch 电路的功能表,如表 8.7 所示。

表 8.7 Dispatch 电路的功能表

输入								输出		备注
R_type1	R_type2	JR	I_type	Branch	J_type	SW	LW	NS2	NS1	
1	0	0	0	0	0	0	0	1001	0110	S1→S6; S6→S9
0	1	0	0	0	0	0	0	xxxx	1000	S1→S8
0	0	1	0	0	0	0	0	0111	0110	S1→S6; S6→S7
0	0	0	1	x	x	0	0	xxxx	1010	S1→S10
0	0	0	0	1	x	0	0	xxxx	1101	S1→S13
0	0	0	0	0	1	0	0	xxxx	1100	S1→S12
0	0	0	0	0	0	1	0	0101	0010	S1→S2; S2→S5
0	0	0	0	0	0	0	1	0011	0010	S1→S2; S2→S3
其他								xxxx	xxxx	未定义指令

(3) 算术逻辑运算控制子模块(ALU Control)的设计

ALU Control 模块是一组合电路,其输入信号为指令机器码和 Outputs Control 模块产生的 ALUOp 信号,输出信号为 ALUCode,用来决定 ALU 做哪种运算。ALU Control 模块的功能表如表 8.8 所示,表中 ALUCode 的值可由自己定义,但必须能区分各种运算。

表 8.8 ALU Control 模块的功能表

输入				输出	运算方式
ALUOp	op	funct	rt	ALUCode	运算
00	xxxxxx	xxxxxx	xxxxxx	5′d0	加

(续表)

输入				输出	运算方式
ALUOp	op	funct	rt	ALUCode	运算
01	BEQ_op	xxxxxx	xxxxxx	5'd 10	Z= (A= =B)
	BNE_op	xxxxxx	xxxxxx	5'd 11	Z= ~(A= =B)
	BGEZ_op	xxxxxx	5'd1	5'd 12	Z= (A>=0)
	BGTZ_op	xxxxxx	5'd0	5'd 13	Z= (A>0)
	BLEZ_op	xxxxxx	5'd0	5'd 14	Z= (A<=0)
	BLTZ_op	xxxxxx	5'd0	5'd 15	Z= (A<0)
10	xxxxxx	ADD_funct	xxxxxx	5'd0	加
	xxxxxx	ADDU_funct	xxxxxx		
	xxxxxx	AND_funct	xxxxxx	5'd1	与
	xxxxxx	XOR_funct	xxxxxx	5'd2	异或
	xxxxxx	OR_funct	xxxxxx	5'd3	或
	xxxxxx	NOR_funct	xxxxxx	5'd4	或非
	xxxxxx	SUB_funct	xxxxxx	5'd5	减
	xxxxxx	SUBU_funct	xxxxxx		
	xxxxxx	SLT_OP_funct	xxxxxx	5'd 19	A<B? 1:0
	xxxxxx	SLTU_OP_funct	xxxxxx	5'd 20	A<B? 1:0(无符号数)
	xxxxxx	SLL_funct	xxxxxx	5'd 16	B<<A
	xxxxxx	SLLV_funct	xxxxxx		
	xxxxxx	SRL_funct	xxxxxx	5'd 17	B>>A
	xxxxxx	SRLV_funct	xxxxxx		
	xxxxxx	SRA_funct	xxxxxx	5'd18	B>>>A
	xxxxxx	SRAV_funct	xxxxxx		
	xxxxxx	JR_funct	xxxxxx	5'd9	ALUResult=A
11	ADDI_funct	xxxxxx	xxxxxx	5'd0	加
	ADDIU_funct	xxxxxx	xxxxxx		
	ANDI_funct	xxxxxx	xxxxxx	5'd6	与
	XORI_funct	xxxxxx	xxxxxx	5'd7	异或
	ORI_funct	xxxxxx	xxxxxx	5'd8	或
	SLTI_funct	xxxxxx	xxxxxx	5'd 19	A<B? 1:0
	SLTIU_funct	xxxxxx	xxxxxx	5'd 20	A<B? 1:0(无符号数)

2. 执行单元(eunit)的设计

执行单元模块的接口信息如表 8.9 所示。执行单元模块可划分为算术逻辑运算单元(ALU)和寄存器堆(Registers)两个子模块,以及符号扩展电路(Sign extend)、零扩展电路(Zero extend)、寄存器(A、B、ALUOut)、四个数据选择器等基本功能电路。由于各功能电路均为比较简单的基本数字电路,所以下面只介绍 ALU 和 Registers 两个子模块设计方法。

表 8.9 eunit 模块的输入输出引脚说明

引脚名称	方向	说明
clk	Input	系统时钟
reset		复位信号,高电平有效
ALUCode[4:0]		来自控制模块,决定 ALU 运算方式
Instruction[31:0]		指令机器码
MemData[31:0]		存储器数据
PC[31:0]		指令指针
$24、$25		来自控制模块,决定 Register 回写时采用的目标地址(rt、rd)
$26、$27		来自控制模块,决定回写时的数据来源(ALU、存储器)
$28		来自控制模块,决定 ALU 的 A 操作数的来源(PC、rs、ra)
$29		来自控制模块,决定 ALU 的 B 操作数的来源(rt 或 rd、4、imm、offset)
Z	Output	分支指令的条件判断结果,高电平表示条件成立
ALUResult[31:0]		ALU 运算结果
ALUOut[31:0]		ALU 寄存器输出
WriteData[31:0]		存储器的回写数据
ALU_A[31:0]		ALU 操作数 A
ALU_B[31:0]		ALU 操作数 B

(1) ALU 子模块的设计

算术逻辑运算单元(ALU)提供 CPU 的基本运算能力,如加、减、与、或、比较、移位等。具体而言,ALU 输入为两个操作数 A、B 和控制信号 ALUCode,控制信号决定采用何种运算,运算结果由 ALUResult 或标志位 Z 输出。ALU 的功能表由表 8.10 给出。

表 8.10 ALU 功能表

ALUCode	ALUResult	Z
00000(alu_add)	A + B	x
00001(alu_and)	A & B	x
00010(alu_xor)	A^ B	x
00011(alu_or)	A | B	x
00100(alu_nor)	~(A | B)	x
00101(alu_sub)	A -B	x
00110(alu_andi)	A & {16'b0, b[15:0]}	x
00111(alu_xori)	A^{16'b0, b[15:0]}	x
01000(alu_ori)	A| {16'b0, b[15:0]}	x
01001(alu_jr)	A	x
01010(alu_beq)	32'bx	A==B
01011(alu_bne)	32'bx	~(A==B)
01100(alu_bgez)	32'bx	A >= 0

（续表）

ALUCode	ALUResult	Z
01101(alu_bgtz)	32′bx	A > 0
01110(alu_blez)	32′bx	A <= 0
01111(alu_bltz)	32′bx	A < 0
10000(alu_sll)	B << A	x
10001(alu_srl)	B >> A	x
10010(alu_sra)	B >>> A	x
10011(alu_slt)	A<B? 1:0(A、B 为有符号数)	x
10100(alu_sltu)	A<B? 1:0(A、B 为无符号数)	x

如表 8.10 所示，ALU 需执行多种运算，为了提高运算速度，本设计可对各种运算进行并行计算，在根据 ALUCode 信号选出所需结果。ALU 的基本结构如图 8.5 所示。

① 加、减电路的设计考虑

减法、比较(SLT、SLTI)及部分分支指令(BEQ、BNE)均可用加法器和必要辅助电路来实现。图 8.5 中的 Binvert 信号控制加减运算：若 Binvert 信号为低电平，则实现加法运算：sum＝A＋B；若 Binvert 信号为高电平，则电路为减法运算 sum＝A－B。除加法外，减法、比较和分支指令都应使电路工作在减法状态，所以

$$\text{Binvert} = \sim(\text{ALUCode} == \text{alu\_add}) \tag{8.5}$$

最后要强调的是，32 位加法器的运算速度决定了多周期 MIPS 微处理器的时钟信号频率的高低，因此设计一个高速的 32 位加法器尤为重要。32 位加法器可采用实验 7 介绍的进位选择加法器。

② 比较电路的设计考虑

对于比较运算，如果最高位不同，即 A[31] B[31]，则可根据 A[31]、B[31]决定比较结果，但是应注意 SLT、SLTU 指令中的最高位 A[31]、B[31]代表意义不同。若两数 A、B 最高位相同，则 A－B 不会溢出，所以 SLT、SLT 运算结果可由两个操作数的之差的符号位 sum[31]决定。

在 SLT 运算中，A<B 有以下两种情况：

(a) A 为负数、B 为 0 或正数：A[31]&&(~B[31])；

(b) A，B 符号相同，A－B 为负：(A[31]~^B[31]) && sum[31]

因此，SLT 运算结果为

$$\text{SLTResult} = (A[31]\&\&(\sim B[31])) \,||\, ((A[31]\sim\hat{}B[31])\&\&\text{sum}[31]) \tag{8.6}$$

同样地，无符号数比较 SLTU 运算中，A<B 有以下两种情况：

(a) A 最高位为 0、B 最高位为 1：(~A[31])&&B[31]；

(b) A、B 最高位相同，A－B 为负：(A[31]~^B[31)) && sum[31]；

因此，SLTU 运算结果为

$$\text{SLTUResult} = ((\sim A[31])\&\&B[31]) \,||\, ((A[31]\sim\hat{}B[31])\&\&\text{sum}[31]) \tag{8.7}$$

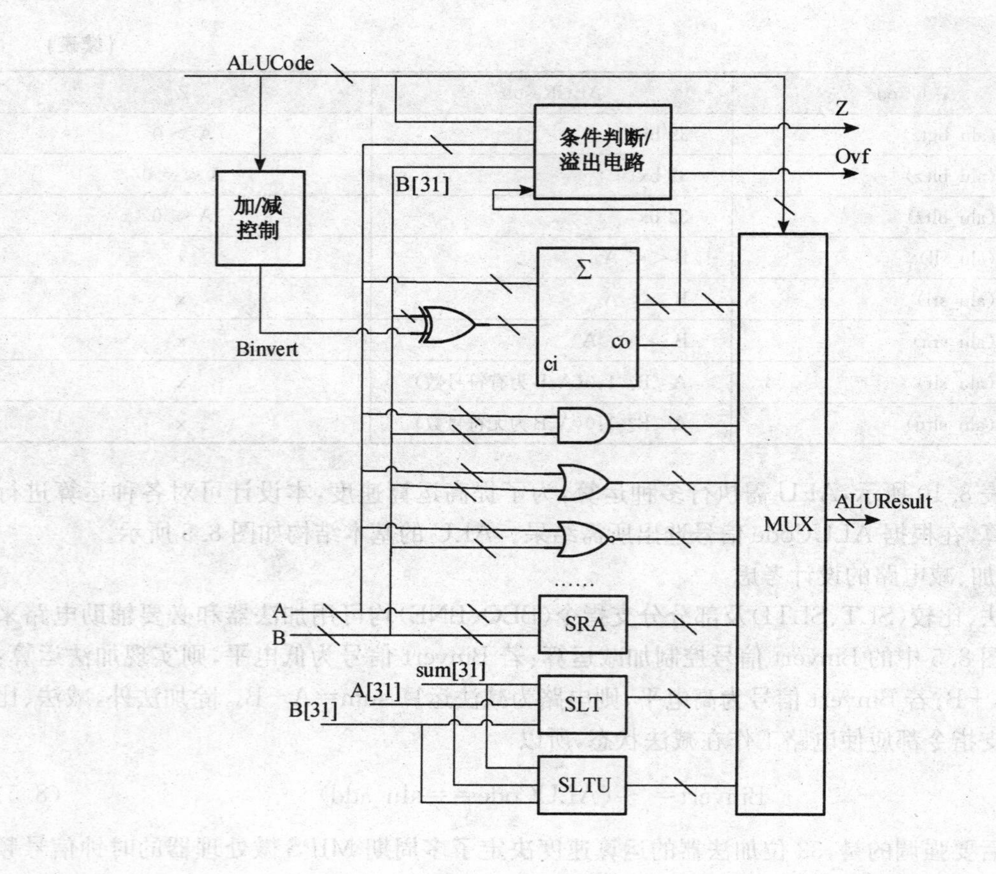

图 8.5　ALU 的基本结构

③ 条件判断和溢出电路的设计考虑

标志信号 Z 主要用于条件分支电路，其中 BEQ、BNE 两条指令为判断两个操作数是否相等，所以可转化为判断(A－B)是否为 0 即可。而 BGEZ、BGTZ、BLEZ 和 BLTZ 指令为操作数 A 与常数。比较，所以只需要操作数 A 是不为正、零或负即可，因此，Z 的表达式为

$$Z=\begin{cases}\sim(\mid \text{sum}[31:0]) & (\text{ALUCode}=\text{alu\_beq})\\ \mid \text{sum}[31:0] & (\text{ALUCode}=\text{alu\_bne})\\ \sim \text{A}[31] & (\text{ALUCode}=\text{alu\_bgez})\\ \sim \text{A}[31]\&\&(\mid \text{A}[31:0]) & (\text{ALUCode}=\text{alu\_bgtz})\\ \text{A}[31] & (\text{ALUCode}=\text{alu\_bltz})\\ \text{A}[31]\mid\mid\sim(\mid \text{A}[31:0]) & (\text{ALUCode}=\text{alu\_blez})\end{cases} \tag{8.8}$$

④ 算术右移运算电路的设计考虑

算术右移对有符号数而言，移出的高位补符号位而不是 0。每右移一位相当于除以 2。例如，有符号数负数 10 100 100(－76)算术右移两位结果为 11 101 001(－19)，正数 01 100 111(103)算术右移一位结果为 00 110 011(51)。

⑤ 逻辑运算

与、或、或非、异或、逻辑移位等运算较为简单，只是有一点需注意，ANDI、XORI、ORI

三条指令的立即数为 16 位无符号数，应“0 扩展”至 32 位无符号数，运算时应作必要处理。

(2) 寄存器堆(Registers)的设计

寄存器堆由 32 个 32 位寄存器组成，这些寄存器通过寄存器号进行读写存取。寄存器堆的原理框图如图 8.6 所示。因为读取寄存器不会更改其内容，故只需提供寄存号即可读出该寄存器内容。读取端口采用数据选择器即可实现读取功能。应注意的是，“0”号寄存器为常数 0。

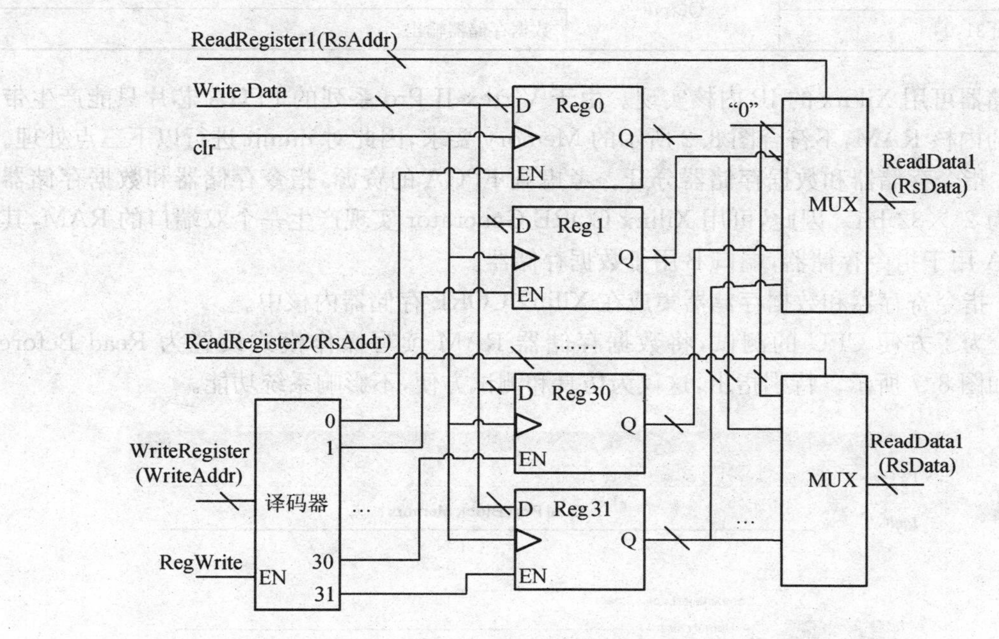

图 8.6　寄存器堆的原理图

对于往寄存器里写数据，需要目标寄存器号(WriteRegister)、待写入数据(WriteData)，写允许信号(RegWrite)三个变量。图 8.6 中 5 位二进制译码器完成地址译码，其输出控制目标寄存器的写使能信号 EN，决定将数据 WriteData 写入哪个寄存器。

寄存器读取时是将寄存器 rs 和 rt 内容读出并写入寄存器 A 和 B 中。如果同一个周期内对同一个寄存器进行读写操作，那么会产生什么后果呢？即寄存器 A 或 B 中内容是旧值还是新写入的数据？请读者独立思考这个问题。

3. 存储单元(munit)的设计

存储单元模块的接口信息如表 8.11 所示。

表 8.11　munit 模块的输入/输出信号说明

信号名称	方　向	说　　明
clk	Input	系统时钟
ALUOut[31:0]		来自执行模块，决定 ALU 寄存器输出
WriteData[31:0]		来自执行模块，存储器的回写数据
PC[31:0]		指令指针
IorD		来自控制模块，决定 Register 回写时采用的地址(rt、rd)

（续表）

信号名称	方　向	说　　明
MemRead	Input	来自控制模块，存储器读信号，高电平有效
MemWrite		来自控制模块，存储器写信号，高电平有效
IRWrite		来自控制模块，指令写信号，高电平有效
Instruction[31:0]	Output	指令码
MemData[31:0]		数据存储器输出

存储器可用 Xilinx 的 IP 内核实现。由于 Virtex-II Pro 系列的 FPGA 芯片只能产生带寄存器的内核 RAM，不符合图 8.2 所示的 Memory 要求，因此对 munit 进行以下三点处理。

(1) 指令存储器和数据存储器分开。考虑到 FPGA 的资源，指令存储器和数据存储器容量各为 $2^6 \times 32$ bit。因此，可用 Xilinx CORE Generator 实现产生一个双端口的 RAM，其中端口 A 用于指令存储器，端口 B 用于数据存储器。

(2) 指令寄存器和数据存储器集成在 Xilinx CORE 存储器内核中。

(3) 为了方便 CPU 的测试，将数据存储器 RAM 读写操作模式设置为 Read Before Write，如图 8.7 所示。特别指出，这仅为仿真和测试方便，不影响系统功能。

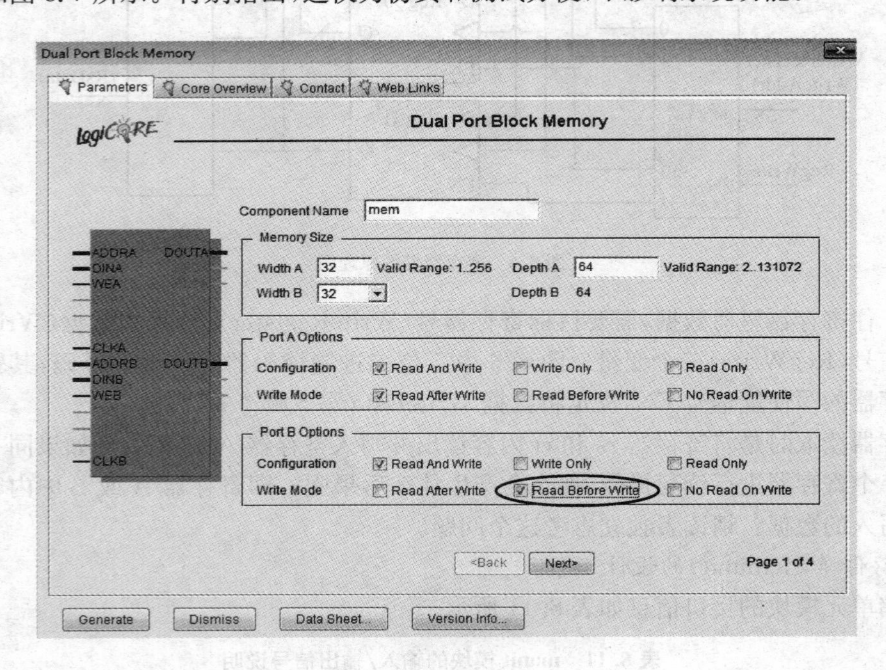

图 8.7　内核 RAM 生成器的参数设置

根据上述三点改进，存储单元(munit)的结构也需要进行相应变动，图 8.8 所示为存储单元的结构图。由于 MIPS 系统的 32 位字地址由 4 字节组成，"对齐限制"要求字地址必须是 4 的倍数，也就是说字地址的低两位必须是 0，所以字地址低两位可不接入电路。从图中可看出，由于地址的低两位未用，所以指令存储器字节地址为 0—FFh，数据存储器的字节地址为 100 h—1 IFF h。

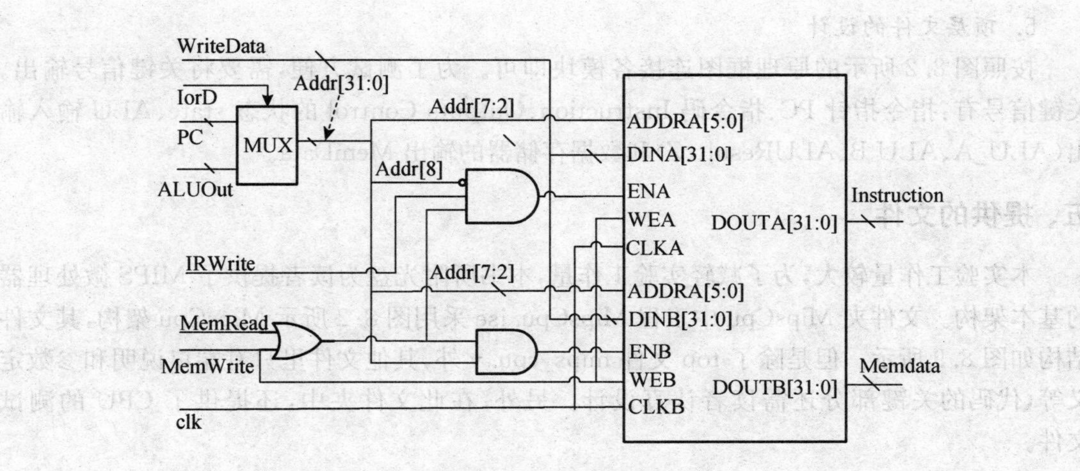

图 8.8 存储单元的结构图

另外，在生成双端口 RAM 时需将测试的机器码写入。提供一段简单的测试程序的机器码，机器码存于 DEMO. coe 文件中，对应的测试程序为

```
******************************************************
            addi   $t0, $0, 42
            j      later
earlier:    addi   $t0, $0, 4
            sub    $t2, $t0, $t1
            or     $t3, $t2, $t0
            sw     $t3, 10C($0)
            lw     $t4, 108($t1)
done:       j      done
later:      beq    $0, $0, earlier
******************************************************
```

4. 指令单元(iunit)的设计

指令单元模块的接口信息如表 8.12 所示。由于各功能模块均匀为数字电路的基本单元电路，所以这里不再介绍设计方法。

表 8.12 iunit 模块的输入/输出信号说明

信号名称	方向	说 明
clk	Input	系统时钟
reset		来自执行模块，决定 ALU 寄存器输出
ALUResult[31:0]		来自执行模块，存储器的回写数据
Instruction[31:0]		指令指针
ALUOut[31:0]		来自控制模块，决定 Register 回写时采用的地址(rt、rd)
PCEnable		来自控制模块，存储器读信号，高电平有效
PCSource[1:0]		来自控制模块，存储器写信号，高电平有效
PC[31:0]	Output	数据存储器输出

5. 顶层文件的设计

按照图 8.2 所示的原理框图连接各模块即可。为了测试方便，需要将关键信号输出。关键信号有：指令指针 PC、指令码 Instruction、Outputs Control 的状态 state、ALU 输入输出（ALU_A、ALU B、ALUResult、Z）和数据存储器的输出 MemData。

五、提供的文件

本实验工作量较大，为了减轻实验工作量，本书所附光盘为读者提供了 MIPS 微处理器的基本架构。文件夹 MipsCpu 中工程 MipsCpu. ise 采用图 8.2 所示 MipsCpu 架构，其文件结构如图 8.9 所示。但是除了 top 文件 mips_cpu. v 外，其他文件里只有端口说明和参数定义等，代码的关键部分还需读者认真设计。另外，在此文件夹中，还提供了 CPU 的测试文件。

若将工程 MipsCpu. ise 下载至 XUP Virtex-II Pro 开发系统，将无法直接观察到任何结果。因此，本书还提供 MIPS 微处理器的另外一个架构，存放在文件夹 MipsCpu VGA 中。在该架构中，用 SVGA 显示微处理器内部的重要变量，该架构的文件结构如图 8.10 所示，工程文件名为 MipsCpu_VGA. ise，模块 CLKgen、svga ctrl 和 disp_ctrl 代码是完整的，读者只需加入编写好的 cunit、iunit、eunit 和 munit 四个模块及它们的子模块即可。

图 8.10 中的模块 CLKgen 为 MIPS 微处理器提供的 25MHz 或单步时钟。CLKgen 模块的引脚图如图 8.11 所示，输入时钟 clk_in 接 100 MHz 时钟，输入 step 接 XUP Virtex-II Pro 开发系统的 Up 按键。输出 vga_clk 为 50 MHz 的 SVGA 像素时钟，输出 mipsclk 为 25 MHz 的 MIPS 微处理器的工作时钟。另外，按一下 Up 可产生一个脉冲信号 step_pulse，使 CPU 工作在“单步”方式。本实验设置一个输入信号 run_mode 用来控制 CPU 的连续或单步工作方式。

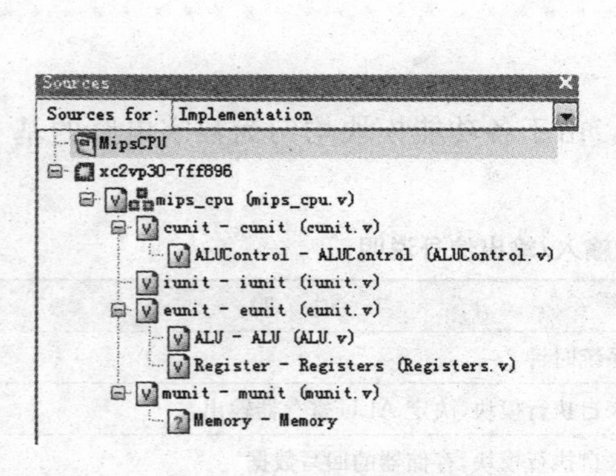

图 8.9　MipsCpu 工程文件结构

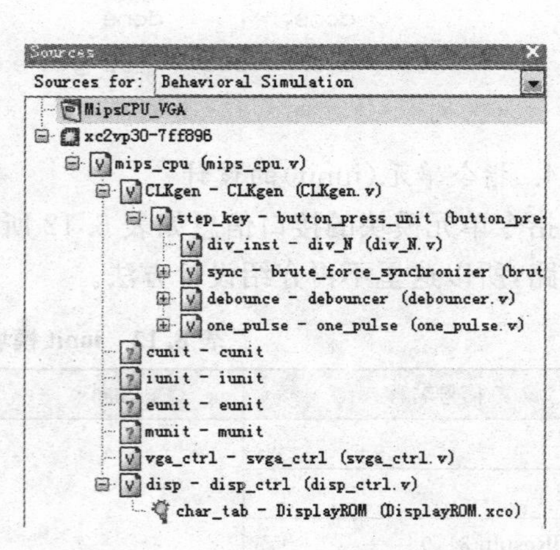

图 8.10　MipsCPu_VGA 工程文件结构

本实验将程序指针的低 8 位 PC[7:0]、指令机器码 Instruction、状态 state，ALU 操作数 A 及 B|ALU 结果 ALUResult 以及 Z 和数据存储输出 MemData 送入 SVGA 显示，显示格式如图 8.12 所示。

图 8.10 中的 mips_cpu. ucf 为时序约束、引脚约束文件，表 8.13 所示为与实验演示操作

有关的按键，便于读者操作。

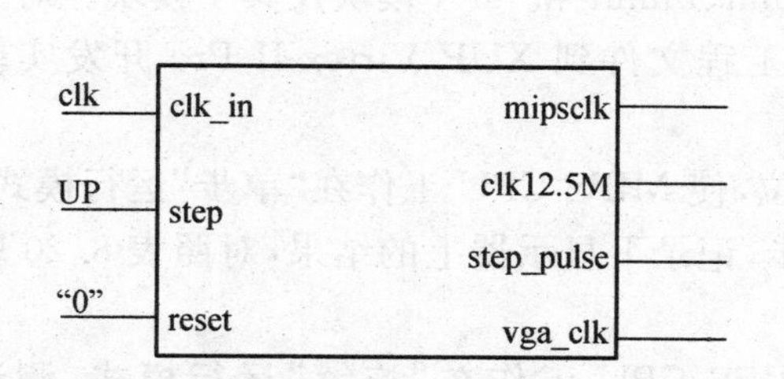

图 8.11 模块 CLKgen 输入输出信号

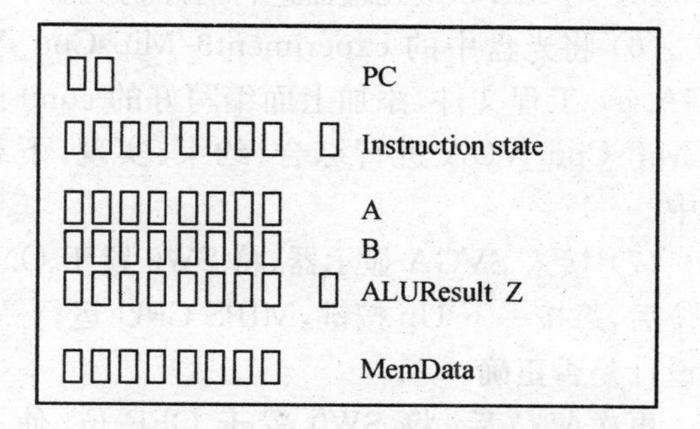

图 8.12 模块 CLKgen 输入输出信号

表 8.13 MipsCPu_VGA 工程输入引脚

引脚名称	对应实验板按键/开关	引脚说明
reset_n	Enter 按键	CPU 复位信号
reset_n_vga	Down 按键	VGA 复位信号
step	Up 按键	单次产生按键脉冲
run_mode	SW0	低电平时，"单步"工作方式 高电平时，CPU 工作在 25MHz 时钟下

六、实验设备

(1) XUP Virtex-II Pro 开发系统一套。

(2) SVGA 显示器一台。

七、预习内容

(1) 查阅 MIPS32 指令系统，充分理解 MIPS 指令格式，理解指令机器代码的含义。

(2) 复习 MIPS 微处理器的工作原理和实现方案。

(3) 查阅相关书籍，了解 CPU 的性能及其测试方法。

(4) 查阅相关书籍，理解控制器的微程序设计方法。

(5) 查阅相关书籍，了解 VHDL、Verilog 混合编程方法。

八、实验步骤

(1) 将光盘中的 experiment9/MipsCpu 文件夹复制到硬盘中，打开 MipsCpu. ise 工程文件。完成 cunit、eunit、munit 和 iunit 模块的 VHDL/Verilog HDL 代码编写。

(2) 编写 cunit、eunit、munit 和 iunit 模块及其子模块的测试代码，并用 Isim/ModelSim 进行功能仿真。

(3) 对 MIPS 微处理器进行功能仿真，根据表 8.14 验证仿真结果。表格中显示的数据均为十六进制，表格中空白处表示此处值无意义。

(4) 对工程进行综合、约束、实现，并生成 Modelsim 时序仿真所需的相关文件。

(5) 对 MIPS 微处理器进行时序仿真。

(6) 将光盘中的 experiment9/MipsCpu_VGA 文件夹复制到硬盘中，打开 MipsCpu_VGA. ise 工程文件，添加上面编写好的 cunit、eunit、munit 和 iunit 模块及其子模块。对工程 MipsCpu_VGA 进行综合、约束、实现，下载工程文件到 XUP Virtex-II Pro 开发实验板中。

(7) 接入 SVGA 显示器，将 SW0 置于 ON 位，使 MIPS CPU 工作在“单步”运行模式。复位后，每按一下 Up 按键，MIPS CPU 运行一步，记录下显示器上的结果，对照表 8. 20 验证设计是否正确。

再次复位后，将 SW0 置于 OFF 位，使 MIPS CPU 工作在“连续”运行模式，测试 MIPSCPU 能否在 25MHz 时钟下正常工作。

注意：一般设计都采用同步复位，因此在“单步”运行模式时，如需要复位 CPU，应先按住“复位”按键(Enter 按键)，再按 Up 按键才能复位。

(8)DEMO 测试程序只测试了 7 条指令，编写测试其他指令的测试程序并编译为机器码，修改内核 Memory。重复实验内容(3)～(8)，测试其他指令的运行，全面验证设计结果。

表 8. 14　测试程序的运行结果

reset	clk	PC	Instruction	state	ALU_A	ALU_B	ALUResult	Z	MemData
1	1	0	20 080 042	0	0	4	4		
0	2	0		0	0	4	4		
	3	4	20 080 042 (addi)	1	4	108	10C		
	4	4		A	0	42	42		
	5	4		B					
	6	4		0	4	4	8		
	7	8	08 000 008 (j)	1	8	20	28		
	8	8		C					
	9	20		0	20	4	24		
	10	24	1000FFF9 (beq)	1	24	FFFFFFE4	8		
	11	24		D	0	0		1	
	12	8		0	8	4	C		
	13	C	20 090 004 (addi)	1	C	10	1C		
	14	C		A	0	4	4		
	15	C		B					
	16	C		0	C	4	10		
	17	10	01 095 022 (sub)	1	10	14 088	14 088		
	18	10		6	42	4	3E		
	19	10		9					
	20	10		0	10	4	14		

（续表）

reset	clk	PC	Instruction	state	ALU_A	ALU_B	ALUResult	Z	MemData
0	21	14		1	14	16 094	160A8		
	22	14	01 485 825 (or)	6	3E	42	7E		
	23	14		9					
	24	14		0	14	4	18		
	25	18		1	18	430	448		
	26	18	AC0B010C (sw)	2	0	10C	10C		
	27	18		5					
	28	18		0	18	4	1C		
	29	1C		1	1C	420	43C		
	30	1C	8D2C0108 (lw)	2	4	108	10C		
	31	1C		3					0000007E
	32	1C		4		4			
	33	1C		0	1C	1C	20		
	34	20		1	20		3C		
	35	20	08 000 007 (j)	C		4			
	36	1C		0	1C	1C	20		
	37	20		1	20		3C		

九、思考

（1）表 8.6 中的 Microcode ROM 的地址 14\15 应写入什么内容？并说明原因。

（2）设计寄存器堆时，如果同一个周期内对同一个寄存器进行读、写操作时，且要求读出的值为新写入的数据，那么对图 8.6 所示的寄存器堆的原理框图应怎样进行改进？

（3）ALU 中如要求有算术运算溢出标志 ovf，应怎样设计？

（4）如果考虑未定义命令和算术溢出两种异常情况，那么电路结构、状态机等应作如何改进？

附录一 Vivado 设计套件

Vivado 设计套件，是 FPGA 厂商赛灵思公司 2012 年发布的集成设计环境。包括高度集成的设计环境和新一代从系统到 IC 级的工具，这些均建立在共享的可扩展数据模型和通用调试环境基础上。集成的设计环境——Vivado 设计套件包括高度集成的设计环境和新一代从系统到 IC 级的工具，这些均建立在共享的可扩展数据模型和通用调试环境基础上。这也是一个基于 AMBA AXI4 互联规范、IP-XACT IP 封装元数据、工具命令语言（TCL）、Synopsys 系统约束（SDC）以及其他有助于根据客户需求量身定制设计流程并符合业界标准的开放式环境。赛灵思构建的的 Vivado 工具把各类可编程技术结合在一起，能够扩展多达 1 亿个等效 ASIC 门的设计。

由于任何 FPGA 器件的集成设计套件的核心都是物理设计流程，包括综合、布局规划、布局布线、功耗和时序分析、优化和 ECO。所以后文结合物理设计流程分析 Vivado 设计套件的特性及超越前期的 ISE 软件的优越之处。

附录 1.1 单一的、共享的、可扩展的数据模型

Xilinx 公司利用 Vivado 设计打造了一个最先进的设计实现流程，可以让客户更快地实现设计收敛。为了减少设计的迭代次数和总体设计时间，并提高整体生产力，Xilinx 采用一个单一的、共享的、可扩展的数据模型架构，建立其设计实现流程，这种框架也常见于当今最先进的 ASIC 设计环境。这种共享的、可扩展的数据模型架构可以让实现流程中的综合、仿真、布局规划、布局布线等所有步骤在内存数据模型上运行，故在流程中的每一步都可以进行调试和分析，这样用户就可在设计流程中尽早掌握关键设计指标的情况，包括时序、功耗、资源利用和布线拥塞等。而且这些指标的估测将在实现过程中随着设计流程的推进而趋向于更加精确。

具体来说，这种统一的数据模型使 Xilinx 能够将其新型多维分析布局布线引擎与套件的 RTL 综合引擎、新型多语言仿真引擎，以及 IP 集成器（IP Integrator）、引脚编辑器（Pin Editor）、布局规划器（Floor Planner）、器件编辑器（Device Editor）等各工具紧密集成在一起。客户可以通过使用该套件的全面交叉观测功能来跟踪并交叉观测原理图、时序报告、逻辑单元或其他视图，直至 HDL 代码中的给定问题。

用户现在可以对设计流程中的每一步进行分析。而且，环环相扣综合后、还可对设计流程的每一步进行时序、功耗、噪声和资源利用分析。这样设计者就能够很早发现时序或功耗问题并通过几次迭代快速、前瞻性地解决问题，而不必等到布局布线完成后通过长时间执行多次迭代来解决。

这种可扩展的数据模型架构提供的紧密集成功能还增强了按键式流程的效果，从而可满足用户对工具实现最大自动化、完成大部分工作的期望。同时，这种模型还能够满足客户对更高级的控制、更深入的分析以及掌控每个设计步骤进程的需要。附表 1.1 将 FPGA Vivado 设计套件与原有的 ISE 设计软件进行了比较。

附表 1.1　Vivado 与 ISE 对比

Vivado	ISE
流程是一系列 Tcl 指令，运行在单个存储器中的数据库上，灵活性和交互性更大	流程由一系列程序组成，利用多个文件运行和通信
在存储器中的单个共用数据模型可以贯穿整个流程运行，允许做交互诊断、修正时序等许多事情： (1) 模型改善速度； (2) 减少存储量； (3) 交互的 IP 即插即用环境 AXI4，IP_XACT	流程的每个步骤要求不同的数据模型（NGC，NGD，NCD，NGM）： (1) 固定的约束和数据交换； (2) 运行时间和存储量恶化； (3) 影响使用的方便性
共用的约束语言（XDC）贯穿整个流程： (1) 约束适用于流程任何级别； (2) 实时诊断	实现后的时序不能改变，对于交互诊断没有反向兼容性
在流程各个级别产生报告——Robust Tcl API	RTL 通过位文件控制： (1) 利用编制脚本，灵活的非项目潜能； (2) 专门的指令行选项
在流程的任何级别保存 checkpoint 设计： (1) 网表文件； (2) 约束文件； (3) 布局和布线结果	在流程的各个级别只利用独立的工具： (1) 系统设计：Platform Studio，System Generator； (2) RTL：CORE Generator，ISim，Plan Ahead； (3) NGC/EDIF：PlanAhead tool； (4) NCD：FPGA Editor，Power Analyzer，ISim，PlanAhead； (5) Bit file：ChipScope，IMPACT

附录 1.2　标准化 XDC 约束文件——SDC

FPGA 器件的设计技术，随着其规模的不断增长而日趋复杂，设计工具的设计流程也随之不断发展，而且越来越像 ASIC 芯片的设计流程。

20 世纪 90 年代，FPGA 的设计流程跟当时的简易 ASIC 的设计流程一样。最初的设计流程以 RTL 级的设计描述为基础，在对设计功能进行仿真的基础上，采用综合及布局布线工具，在 FPGA 中以硬件的方式实现要求的设计。

随着 FPGA 设计进一步趋向于复杂化，FPGA 设计团队在设计流程中增加了时序分析功能，以此帮助客户确保设计能按指定的频率运行。今天的 FPGA 已经发展为庞大的系统级设计平台，设计团队通常要通过 RTL 分析来最小化设计迭代，并确保设计能够实现相应的性能目标。为了更好地控制设计流程中集成的设计工具，加速设计上市进程，设计人员需要更好地了解设计的规模和复杂性。

当今的 FPGA 设计团队正在采用一种新型的设计方法，在整个设计流程中贯穿约束机制。即借鉴 ASIC 的设计方法，添加比较完善的约束条件，然后通过 RTL 仿真，时序分析，后仿真来解决问题，尽量避免在 FPGA 电路板上来调试。Xilinx 最新的 Vivado™设计流程就支持当下最流行的一种约束方法——Synopsys 设计约束(SDC)格式，可以通过 SDC 设计约束让设计项目受益。

SDC 是一款基于 Tcl 的格式，可用来设定设计目标，包括设计的时序、功耗和面积约束。SDC 约束包括时序约束(如创建时钟、创建生成时钟、设置输入延迟和设置输出延迟)和时序例外(如设置错误路径、设置最大延迟、设置最小延迟以及设置多周期路径)，这些 SDC 约束通常应用于寄存器、时钟、端口、引脚和网线(net)等设计对象。

需要指出的是，尽管 SDC 是标准化格式，但生成和读取 SDC 在不同工具之间还是略有差异。了解这些差异并积极采取措施，有助于避免意外情况的发生。

SDC 最常见的应用就是约束综合。一般来说，设计人员要考虑设计的哪些方面需要约束，并为其编写 SDC。设计人员首次通常肯定无法进行时序收敛。要反复手动盲目尝试添加 SDC，以实现时序收敛，或让设计能在指定的频率上工作。许多从事过上述工作的设计人员都抱怨设计迭代要花好几个星期，往往会拖延设计进程。

设计迭代的另一个问题在于，设计团队的数名设计人员可能在不同的地点为 SDC 设计不同的模块。这样设计工作会变得非常复杂，设计团队必须想办法对各个设计模块验证 SDC，避免在芯片级封装阶段出现层级名称的冲突。要确保进行有效的设计协作，就必须采用适当的工具和方法。

Vivado 中的设计约束文件在采用 SDC 的约束格式外，要增加对 FPGA 的 I/O 引脚分配，从而构成了它的约束文件 XDC。附表 1.2 给出 Vivado 与 ISE 设计软件中约束文件的比较。

附表 1.2 Vivado 与 ISE 的约束文件对比

Vivado——XDC	ISE——ucf
约束从整个系统的视角	约束只限于 FPGA
可适应大型设计项目	约束定位在较小的设计项目
在指定的层次搜索	搜索整个设计层次
网线名称保持不变，任何阶段都能找到	不同设计阶段网线 net 的名称会改变
分别对 clk0 和 clk1 等定义	一套 ucf 约束不了不同的 clk
综合和 PAR 两者之间不影响	综合和 PAR 要用两套约束

附录 1.3 多维度解析布局器

上一代 FPGA 设计套件采用一维基于时序的布局布线引擎，通过模拟退火算法随机确定工具应在什么地方布置逻辑单元。使用这类工具时，用户先输入时序，模拟退火算法伪随机地布置功能“尽量”与时序要求吻合，这在当时条件下是一种可行的方法，因为设计的规模非常小，逻辑单元是造成延迟的主要原因。但今天随着设计的日趋复杂化和芯片工艺技术的进步，互连和设计拥塞的问题突现，已经成为延迟的主要原因。

采用模拟退火算法的布局布线引擎对低于 100 万门的 FPGA 来说是完全可以胜任的，但对超过这个规模的设计，布局布线引擎便不堪重负。不仅仅有拥塞的原因，随着设计的规模超过 100 万门，设计的结果也开始变得更加不可预测。

着眼于未来数百万门规模的设计，Xilinx 为 Vivado 设计套件开发了新型多维分析布局引擎，它可以与当代价值百万美元的 ASIC 布局布线工具中采用的引擎相媲美。该新型布局布线引擎可以通过分析从根本上找到使设计时序、拥塞和走线长度三维问题最小化的解决方案。

所以 Vivado 设计套件的布局和布线引擎是利用"解析的"求解程序，对给定的网表文件将布局问题正式化为数学方程，找到一个最佳的实现，达到时序要求、引线长度和布线拥塞等多个变量的最小化"成本"函数，从而节省了设计者更多的时间。

Vivado 设计套件的算法从全局进行优化，实现了最佳时序、布线拥塞和引线长度等，它对整个设计进行通盘考虑，不像模拟退火算法只着眼于局部调整。这样该工具能够迅速、决定性地完成上千万门的布局布线，同时保持始终如一的高质量的结果。由于能同时处理三大要素，也意味着可以减少重复运行设计流程的次数。

从本质上来说，Vivado 设计套件可满足所有约束要求，而且实现整个设计仅占用了 3/4 器件资源。这意味着用户可以为自己的设计添加更多的逻辑功能和片上存储器，甚至可以采用更小型的器件。Vivado 与 ISE PAR 比较如附表 1.3 所示。

附表 1.3 Vivado 与 ISE PAR 比较

	Vivado PAR	传统 PAR
成本准则	三维时序、拥塞和走线长度最小化	一维时序最小化
主要算法	"解析方法" 求解使所有维数最小化的联立方程	"模逆退火" 基于初始种子随机、迭代搜索
运算时间	准确预测 随设计规模线性增长	不可预测 由于算法的随机特性，随拥塞指数增长
可扩展性	以可预测结果管控大于 1 000 万逻辑单元	设计达到 100 万逻辑单元时结果变差

附录 1.4 IP 封装器、集成器和目录

Xilinx 规划工具架的团队把重点放在新套件专门的 IP 功能设计上，以便于 IP 的开发、集成和存档。为此，Xilinx 开发出了 IP 封装器、IP 集成器和可扩展 IP 目录三种全新的 IP 功能。

当今很难找到不采用 IP 的 IC 设计。采用业界标准，提供专门便于 IP 开发、集成和存档(维护)的工具，可以帮助生态系统合作伙伴中的 IP 厂商和客户快速地构建 IP，提高设计生产力。目前已有 20 多家厂商提供支持该最新套件的 IP。

采用 IP 封装器，Xilinx 的客户、Xilinx 公司自己的 IP 开发人员和 Xilinx 生态环境合作伙伴可以在设计流程的任何阶段将自己的部分设计或整个设计转换为可重用的内核，这些设计可以是 RTL、网表、布局后的网表甚至是布局布线后的网表。IP 封装器可以创建 IP 的 IP-XACT 描述，这样用户使用新型 IP 集成器就能方便地将 IP 集成到未来的设计中。IP 封装器在 XML 文件中设定了每个 IP 的数据。一旦 IP 封装完成，用 IP 集成器功能就可以将

IP 集成到设计的其余部分。

Vivado 设计套件可提供业界首款即插即用型 IP 集成设计环境并具有 IP 集成器特性，用于实现 IP 智能集成，解决 RTL 设计生产力的问题。

Vivado IP 集成器可提供基于 Tcl 脚本编写或设计期间正确的图形化设计开发流程。IPI 特性可提供具有器件和平台层面的互动环境，能确保实现最大化的系统带宽，能支持关键 IP 接口的智能自动连接、一键式 IP 子系统生成、实时 DRC 和接口修改传递等功能，此外还提供强大的调试功能。

在 IP 之间建立连接时，设计人员工作在“接口”而不是“信号”的抽象层面上，可以大幅提高生产力。“接口”通常采用业界标准的 AXI4 接口，不过 IPI 也支持数十个其他接口。设计团队在接口层面上工作，能快速组装复杂系统，充分利用 Vivado HLS、System Generator、Xilinx SmartCore 和 LogiCORE IP 创建的 IP 核、联盟成员提供的 IP 和用户自己的专用 IP。Vivado IPI 内置自动化接口、器件驱动程序和地址映射生成功能，可加速设计组装，使得系统实现比以往更加快速。通过利用 Vivado IPI 和 HLS 的完美组合，相对于采用 RTL 方式客户能节约高达 93%的开发成本。Vivado IP 集成器的优势如附表 1.4 所示。

附表 1.4　Vivado IP 集成器的优势

设计环境中的紧密集成	支持所有设计域	设计生产力
整个设计中无缝整合 IPI 层次化子系统；快速捕获与支持重复使用 IPI 设计封装；支持图形和基于 Tcl 的设计流程设计；快速仿真与多设计窗口间的交叉探测	支持处理器或无处理器设计；算法集成(Sys Gen 和 Vivado HLS)和 RTL-level IP；融 DSP、视频、模拟、嵌入式、连接功能和逻辑为一体	在设计装配过程中，通过复杂接口层面连接实现 DRC；识别和纠正常见设计错误；互联 IP 的自动 IP 参数传递；系统级优化、自动设计辅助

对于 Vivado 高层次综合(HLS)，ALL PROGRAIP 集成器可以让客户在互连层面而非引脚层面将 IP 集成到自己的设计中，可以将 IP 逐个拖放到自己的设计图(canvas)上。IP 集成器会自动提前检查对应的接口是否兼容，如果兼容，就可以在内核间画一条线，然后集成器会自动编写连接所有引脚的具体 RTL。

一旦用 IP 集成器在设计中集成了 4～5 个模块，也可以取出已用 IP 集成器集成的 4～5 个模块的输出，然后通过封装器再封装。这样就成了一个其他人可以重新使用的 IP。这种 IP 不一定必须是 RTL，可以是布局后的网表，甚至可以是布局布线后的网表模块。这样可以进一步节省集成和验证时间。

第三大功能是可扩展 IP 目录，它使用户能够用他们自己创建的 IP 以及 Xilinx 和第三方厂商许可的 IP 创建自己的标准 IP 库。Xilinx 按照 P-XACT 标准要求创建的该目录能够让设计团队乃至企业更好地组织自己的 IP，供整个机构共享使用。Xilinx 系统生成器(System Generator)和 IP 集成器均已与 Vivado 可扩展 IP 目录集成，故用户可以轻松访问已编目的 IP 并将其集成到自己的设计项目中。

以前第三方 IP 厂商用 Zip 文件交付的 IP 格式各异，而现在他们交付的 IP，不仅格式统一，可立即使用，而且还与 Vivado 套件兼容。

附录 1.5 Vivado HLS 把 ESL 带入主流

Xilinx 设计套件采用的众多新技术中，可能最具有前瞻性的要数新的高层次综合技术 Vivado HSL，这是 Xilinx 2010 年收购 AutoESL 后获得的。

在 HSL 出现之前，对于采用 C、C++或 SystemC 编写的算法进行硬件实现，要求逻辑设计人员用 Verilog HDL 或 VHDL 描述语言重新编写。这一过程速度慢且手动执行，容易出错，需要进行大量调试。有了 HSL，这一过程得以大幅提速。将 C、C++或 SystemC 代码发送至 Vivado HSL 工具，就能快速生成可实现硬件算法加速器所需的 HDL 代码，而且提供完整的 AXI 接口。

Vivado HLS 全面延盖 C、C++、SystcmC 给出的设计算法，描述能够进行任意精度浮点运算。这意味着只要用户愿意，可以在算法开发环境而不是典型的硬件开发环境中使用该工具。这样做的优点在于在这个层面开发算法的验证速度比在 RTL 级有数量级的提高。这就是说，既可以让算法提速，又可以探索算法的可行性，并且能够在架构级实现吞吐量、时延和功耗的权衡取舍。

Vivado HLS 工具是 Vivado 设计套件的关键特性，能快速开发硬件加速器。Vivado 设计套件中包含的 HLS 工具能为所有三种标准 C 高级语言（C、C++和 SystemC）的大型子集提供可综合的支持。它能综合 C 代码的 RTL，且最大限度地减少对高级语言描述的修改。Vivado HLS 工具可对设计执行两种不同类型的综合：

(1) 算法综合：将函数声明综合到 RTL 声明。

(2) 接口综合：将函数参数综合到 RTL 端口，提供特定的时序协议，使新的 IP 核设计能与系统中的其他 IP 模块进行通信。

Vivado HLS 工具可执行大量优化，以生成高质量的 RTL，从而满足性能和面积利用率优化的要求。虽然 C 语言内在的顺序特性对运算会造成依赖性问题。但 Vivado HLS 工具能自动实现函数和回路的流水线，以确保最终的 RTL 不会受制于这种限制问题。

设计人员使用 Vivao HSL 工具可以通过各种方式执行各种功能。用户可以通过一个通用的流程开发 IP 并将其集成到自己的设计当中。在这个流程中，用户先创建一个设计 C、C++和 SystemC 表达式，以及一个用于描述期望的设计行为的 C 测试平台。随后用 GCC/C++或 Visual C++仿真器验证设计的系统行为。一旦行为设计运行良好，对应的测试台的问题全部解决，就可以通过 Vivao HSL Synthesis 运行设计，生成 RTL 设计，代码可以是 Verilog HDL，也可以是 VHDL。有了 RTL 后，随即可以执行设计的 Verilog HDL 或 VHDL 仿真，或使用工具的 C 封装器技术创建 SystemC 版本，然后可以进行 System C 架构级仿真，进一步根据之前创建的 C 测试平台，验证设计的架构行为和功能。

设计固化后，就可以通过 Vivado 设计套件的物理实现流程来运行设计，将设计编程到器件上，在硬件中运行或使用 IP 封装器将设计转为可重用的 IP；随后使用 IP 集成器将 IP 集成到设计中，或在系统生成器（System Generator）中运行 IP。Vivado HSL 与 SysGen 比较如表 1.5 所示。

附表 1.5 Vivado HSL 和 SysGen 比较

Vivado HSL	传统 PAR
算法描述摘要、数据类型规格（整数、定点或浮点）以及接口（FIFO、AXI4、AXI4-Lite、AXI4-Stream）； 指令驱动型架构感知综合可提供最优快速的 QoR； 使 C/C++测试平台仿直、自动 VHDL/Verilog 仿真和测试平台生成加速验证； 多语言支持和业界报广泛的语种授盖率； 自动使用 Xilinx 片上存储器、DSP 元素和浮点库； 生成处理器内核项目在 XPS 中集成协处理加速器	集成 RTL 嵌人式、IP、Matlab 和 DSP 硬件组件； 与 Vivado 集成设计环境、IP 核库和 HLS 相集成的 DSP 目标设计平台部分； 位精确与周期精确的浮点、定点执行； 从 Simulink 中自动生成 VHDL 或 Verilog 代码开发高度并行的 DSP 系统； 使用硬件和 HDL 协仿真加速建模和持续地验证； 嵌人式系统的硬件/软件协同设计

附录 1.6 其他特性

1. 快速的时序收敛

Vivado 设计套件提供一个分析时序问题的综合性环境，由布线后的时序分析给出不合格的时序通道，在窗口图内这些不合格的时序通道给予高亮显示。这样可以快速地识别并方便地对时序关键通道的逻辑进行约束来改善性能。分析的结果可以用来规划设计的分层次平面布图，决定什么逻辑应该分组在一起，在芯片的什么地方应该放置它们。当时序关键的逻辑被分组更接近在一起，实现工具可以利用更快的布线资源来改善时序。

分组逻辑是利用称为 Pblock 的物理模块来执行的，按照各种不同的方式来选择逻辑。

Vivado 设计套件也提供资源利用率估计，为每个 Pblock 显示所有资源的类型，来帮助改变任何 Pblock 的尺寸。这些相同的统计给出时钟信息、进位链尺寸和各种其他有用信息的报告。

Vivado 设计套件依靠显示 I/O 的互连和 Pblock 网线的线束提供对设计高超的视图分析，显示 I/O、网线的线束和时钟域的连通性。Pblock 内网线的线束改变颜色和尺寸与 Pblock 共享的信号数量有关，这使得观察过密连接的 Pblock 和通过 FPGA 的数据流很容易。设计者可以采取正确的动作，把过密连接的 Pblock 更靠近地放置，或者把它们合并到一个 Pblock 中。

2. 提高器件利用率

依靠比较 Pblock 中非时序关键的逻辑，可以改善器件的容量。利用 Vivado 设计套件先实现设计，再紧缩 Pblock 的尺寸到对逻辑刚好是足够的，这样把逻辑封装得尽可能地紧，使对其他时序更关键的 Pblock 释放器件的资源。

对不是时序关键的以及与设计的其他部件不是过密连接的模块来说，这个技术也是好的选择。

3. 增量设计技术

在一个设计实现之后，满意的结果可以锁定起来，不让实现工具再去改变它们。可以人工地放置关键的专用硬件，如块 RAM、DSP 或高速串行接口等来固定逻辑位置，利用分割保持布局和布线的结果，也可为以后改变到其他分割锁定逻辑布局等方法来固定逻辑布局。

另一个推荐的方法是激活增量更新，来更改任何逻辑模块，对另一个被保持的模块利用分割保持它的布局和布线的解。在实现满足时序要求之后，锁定块 RAM 和 DSP 的布局，对于许多设计这样可以帮助改善时序收敛的一致性。

4. Tcl 特性

工具命令语言(Tool command language，Tcl)在 Vivado 设计套件中起着不可或缺的作用，不只是对设计项目进行约束，还支持设计分析、工具控制和模块构建。除了利用 Tcl 指令运行设计程序之外，还经常利用 Tcl 指令添加时序约束、生成时序报告和查询设计网表等。

Tcl 在 Vivado IDE 中支持：

(1) Synopsys 设计约束，包括设计单元和整个设计的约束；

(2) XDC 设计约束专门指令为设计项目、程序编辑和报告结果等；

(3) 网表文件、目标器件、静态时序和设计项目等包含的设计对象；

(4) 通用的 Tcl 指令中，支持主要对象的相关指令清单是大量的，可以方便地直接使用。

不是每一个“合法的”Tcl 指令在 Vivado 设计套件中实现都可以实行，对于 FPGA 设计只需要它的一个子集，在 Vivado 设计套件的环境，这些失去的指令是不需要的，但是添加了附加的功能性指令，即工具专门的指令。

对于设计者，利用 Tcl 控制台可以有效地查询设计的网表文件，以便为构建定制的时序报告和时序约束获得设计的知识。

完全的 Tcl 脚本支持两种设计模式，基于项目的模式或非项目批作业模式。

对于非项目的批作业设计流程，可以最小化存储器的使用。但是要求设计者自行编写 checkpoint，人工地执行其他项目管理功能。两种流程都能够从 Vivado 设计套件存取结果，所以设计者可以获得设计分析能力的全部益处。

如附表 1.6 所示，通过几个不同的方式，Tcl 指令可以输入到 Vivado 设计套件中进行交互的设计。

附表 1.6　Vivado 设计套件的不同工作方式

方　式	基于项目模式	非项目批作业模式
设计项目打开进入 Tcl 控制台	自动管理设计进程	利用 Tcl 指令或脚本
设计项目外部进入 Tcl 控制台	不打开 GUI 的设计项目 选择基于脚本的编译方式管理源文件和设计进程	
利用 Tcl Shell	不启动 GUI 直接运行 Tcl 指令或脚本 利用 start GUI 指令直接从 Tcl Shell 打开 Vivado IDE	
启动 Vivado	在 Vivado IDE 中交互运行设计项目	利用 Tcl 脚本批作业模式运行

Vivado IDE 利用 Tcl 指令具有以下的优点：

- 设计约束文件 XDC 利用 Tcl 进行综合和实现，而时序约束是改善设计性能的关键；
- 强大的设计诊断和分析的能力，静态时序分析 STA 用 Tcl 指令进行是最好的，具有快速构建设计和定制时序报告的能力，进行增量 STA 的 What-if 假设分析；
- 工业标准的工具控制，包括 Synplify、Precision 和所有 ASIC 综合和布局布线，第三方的 EDA 工具利用相同的接口；
- 包括 Linux 和 Windows 的跨平台脚本方式。

附录二 XUP Virtex-II Pro开发系统的使用

本书采用 Xilinx 公司的 XUP Virtex-II Pro 开发平台作为实验硬件平台。它基于高性能的 Virtex-II Pro FPGA 芯片，由 Xilinx 的合作伙伴 Digilent 设计，是一款用途广泛的 FPGA 技术学习与科研平台。该产品主板可以被用作熟悉设计训练器、微处理器开发系统、嵌入式处理器芯片或者复杂的数字系统的开发平台，因此 XUP Virtex-II Pro 开发系统几乎可被用于入门课程到高级研究项目的数字系统课程的各个阶段。

XUP Virtex-II Pro 开发平台的实物结构如附图 2.1 所示。

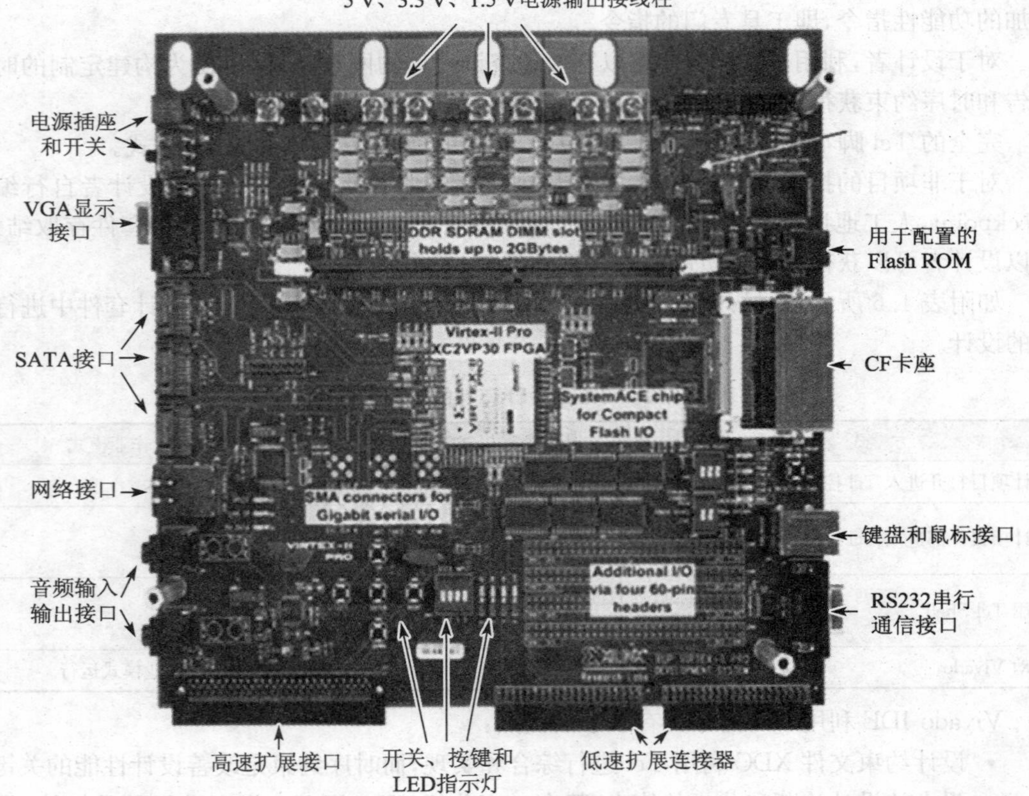

附图 2.1 XUP Virtex-II Pro 开发平台的实物图

开发平台的关键特性包括：

- 开发系统的主芯片 FPGA 采用 Virtex-II Pro 系列的 XC2VP20 或 XC2VP30；
- DDR SDRAM DIMM 可以支持高达 2GB 的 RAM；

- 1 路 10/100Mbit/s Base-TX 标准以太 ICJ 接口；
- 1 路 USB 2.0 配置端口；
- System ACETM 控制器及 Compact Flash 接口；
- 1 路 XSGA 视频输出端口；
- AC97 音频编解码，有 4 个音频输入/输出端口：Line-in、Microphone-in、Line-out 和 AMP Out；
- 4 路吉比特串行端口，3 路为 SATA 接口，1 路为 SMA 接口；
- 2 个 PS2 端口，可接键盘与鼠标，1 个 RS232(DB9)串行接口；
- 提供 4 路 DIP 开关输入，5 个按键输入，4 个 LED 指示灯；
- 高速和低速的扩展连接器，用以连接 Digilent 的扩展板。

附录 2.1　Virtex-II Pro FPGA 主芯片介绍

Virtex-II Pro 系列的 FPGA 芯片在 Virtex-II 的基础上，增强了嵌入式处理功能，内嵌了 PowerPC405 内核，还包括了先进的主动互连(active interconnect)技术，以解决高性能系统所面临的挑战。此外，还增加了高速串行收发器，提供了千兆位以太网的解决方案有 XC2VP20 和 XC2VP30 两款型号的 FPGA 芯片适用于开发系统，这两款型号的 FPGA 芯片的主要技术特征如附表 2.1 所示。

附表 2.1　XC2VP20 和 XC2VP30 芯片的主要技术特征

特　性	XC2VP20	XC2VP30
Slices	9 280	13 969
Array Size	56×46	80×46
Distributed RAM	290Kb	428Kb
Multiplier Blocks	88	136
Block RAMs	1 584Kb	2 448Kb
DCMs	8	8
PowerPC RISC Cores	2	2
Multi-Gigabit Transceivers	8	8

为了适应多种外围设备的电气标准，FPGA 的 I/O Bank 的接口电压 V_{CCO} 是不同的，附图 2.2 所示为 I/O Bank 与外围设备的连接方法和 I/O Bank 的接口电压。特别注意，只有相同电气标准的端口才能连接在一起。XUP Virtex-II Pro 开发系统的低速扩展连接器的接口电压为 3.3 V，因此外接扩展电路必须具有相同 3.3 V 端口的电气标准。

附录 2.2　电源供电模块

XUP Virtex-II Pro 开发系统由 5V 电源适配器供电，由电路板上的开关电源产生

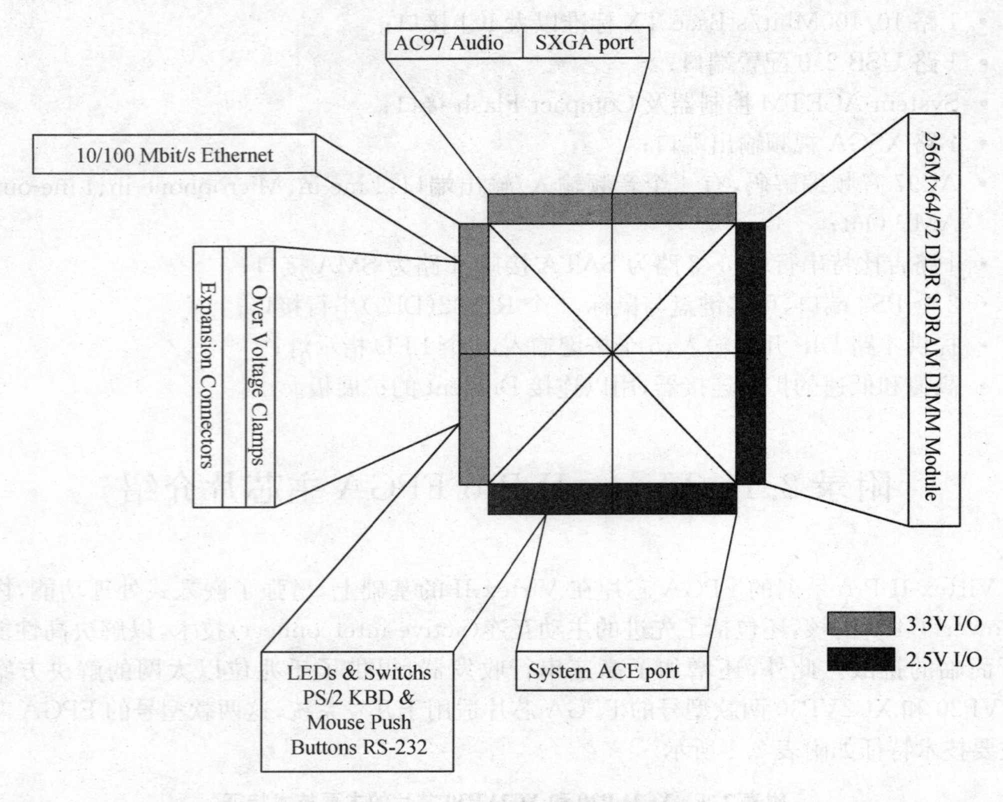

附图 2.2　I/O Bank 与外围设备的连接方法

3.3 V、2.5 V 和 1.5 V 给 FPGA 及其外围设备供电。5 V 电源由端口 J26 输入，SW11 为电源开关。

附录 2.3　时钟电路

XUP Virtex-II Pro 开发系统提供 6 种时钟源。

(1) 1 个 100 MHz 时钟：系统主时钟，频率为 100 MHz 从 FPGA 的 AJ 15 脚输入。

(2) 1 个 75 MHz 时钟：该时钟提供给吉比特收发器的 SATA 口，该时钟为差分时钟，分别接入 FPGA 的 G16、F16 引脚。

(3) 用户备用时钟：接入 FPGA 的 AH16 引脚。

(4) 外接差分时钟源：专为吉比特收发器提供时钟，MGF_CLK_P、MGF_CLK_N 分别接入 FPGA 的 G15、F15 引脚。

(5) 1 个 32 MHz 时钟：该时钟提供给配置控制芯片 ACE，接入 FPGA 的 AH15 引脚。

(6) 专为高速扩展提供接口提供的时钟：从高速扩展接口(J37)的 B46 脚输入，接入 FPGA 的 B16 脚。

附录 2.4　SVGA 视频模块

XUP Virtex-II Pro 开发系统内含视频 D/A 转换器和一个标准 15 针 VGA 输出端口，视频模块的原理框图如附图 2.3 所示。视频 D/A 转换器工作频率达 180 MHz，这样允许 VGA 图像格式最高可达到 1 280×1 024@75Hz 或 1 600×1 200@70 Hz。

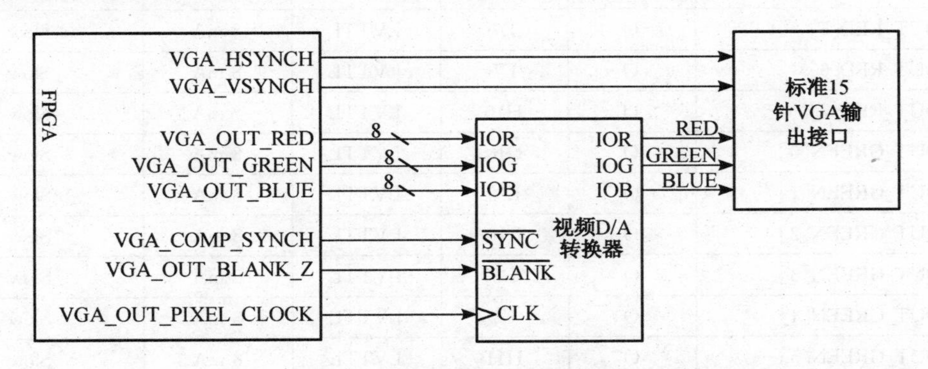

附图 2.3　视频模块的原理框图

设计时，主芯片 FPGA 除了产生 8 位三基色信号外，还需要产生行（VGA_HSYNCH）和帧（VGA_VSYNCH）同步信号、复合同步信号（VGA_COMP_SYNCH）、像素时钟信号（VGA_OUT_PIXEL_CLOCK）和消隐信号（VGA_OUT_ BLANK_Z）。由于系统的主时钟为 100MHz，所以像素时钟需要由 FPGA 中的 DCM 内核合成产生。附表 2.2 为常用 VGA 显示格式的 DCM 设置参数和行、帧定时参数。

附表 2.2　常用 VGA 显示格式的 DCM 参数和行、帧定时参数

输出格式	像素频率 /MHz	DCM 参数		行定时参数/像素				
		M	*D*	有效区间	前肩	同步	后肩	总像素
640×480@75Hz	31.25	5	16	640	18	96	42	796
800×600@75Hz	50.00	1	2	800	16	80	168	1 064
1 024×768@75Hz	80.00	8	10	1 024	24	96	184	1 328
1 280×1 024@75Hz	135.00	27	20	1 280	16	144	248	1 688
1 600×1 200@75Hz	180.00	18	10	1 600	40	184	256	2 080
640×480@75Hz	31.25	5	16	480	11	2	31	524
800×600@75Hz	50.00	1	2	600	1	2	23	626
1 024×768@75Hz	80.00	8	10	768	2	4	29	803
1 280×1 024@75Hz	135.00	27	20	1 024	1	3	38	1 066
1 600×1 200@75Hz	180.00	18	10	1 200	1	3	38	1 242

视频接口模块与主芯片 FPGA 的引脚连接关系如附表 2.3 所示。

附表 2.3 视频接口模块与主芯片 FPGA 的引脚连接关系

信　号	I/O	FPGA 引脚	I/O 类型	驱动能力	Slew
VGA_OUT_RED[0]	O	G8	LVTTL	8 mA	Slow
VGA_OUT_RED[1]	O	H9	LVTTL	8 mA	Slow
VGA_OUT_RED[2]	O	G9	LVTTL	8 mA	Slow
VGA_OUT_RED[3]	O	F9	LVTTL	8 mA	Slow
VGA_OUT_RED[4]	O	F10	LVTTL	8 mA	Slow
VGA_OUT_RED[5]	O	D7	LVTTL	8 mA	Slow
VGA_OUT_RED[6]	O	C7	LVTTL	8 mA	Slow
VGA_OUT_RED[7]	O	H10	LVTTL	8 mA	Slow
VGA_OUT_GREEN[0]	O	G10	LVTTL	8 mA	Slow
VGA_OUT_GREEN[1]	O	E10	LVTTL	8 mA	Slow
VGA_OUT_GREEN[2]	O	D10	LVTTL	8 mA	Slow
VGA_OUT_GREEN[3]	O	D8	LVTTL	8 mA	Slow
VGA_OUT_GREEN[4]	O	C8	LVTTL	8 mA	Slow
VGA_OUT_GREEN[5]	O	H11	LVTTL	8 mA	Slow
VGA_OUT_GREEN[6]	O	G11	LVTTL	8 mA	Slow
VGA_OUT_GREEN[7]	O	E11	LVTTL	8 mA	Slow
VGA_OUT_BLUE[0]	O	D15	LVTTL	8 mA	Slow
VGA_OUT_BLUE[1]	O	E15	LVTTL	8 mA	Slow
VGA_OUT_BLUE[2]	O	H15	LVTTL	8 mA	Slow
VGA_OUT_BLUE[3]	O	J15	LVTTL	8 mA	Slow
VGA_OUT_BLUE[4]	O	C13	LVTTL	8 mA	Slow
VGA_OUT_BLUE[5]	O	D13	LVTTL	8 mA	Slow
VGA_OUT_BLUE[6]	O	D14	LVTTL	8 mA	Slow
VGA_OUT_BLUE[7]	O	E14	LVTTL	8 mA	Slow
VGA_OUT_PIXEL_CLOCK	O	H12	LVTTL	8 mA	Slow
VGA_COMP_SYNCH	O	G12	LVTTL	8 mA	Slow
VGA_OUT_BLANK_Z	O	A8	LVTTL	8 mA	Slow
VGA_HSYNCH	O	B8	LVTTL	8 mA	Slow
VGA_VSYNCH	O	D11	LVTTL	8 mA	Slow

附录 2.5 AC97 音频解码模块

XUP Virtex-II Pro 开发系统内含 AC97 CODEC 音频系统，包含多路立体声输入通道(LINE_IN、MIC_IN)、混合器、A/D 转换器、D/A 转换器、立体声功率放大器和多路立体声输出通道(LINE_OUT、AMP_OUT)。AC97 音频编解码原理框图如附图 2.4 所示。

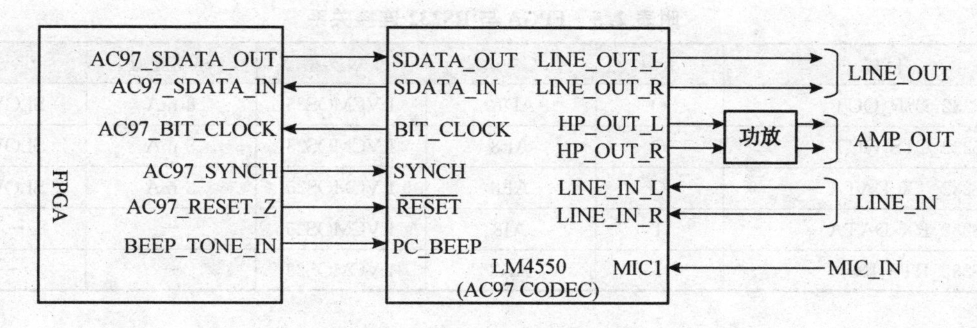

附图 2.4　AC97 音频解码原理框图

主芯片 FPGA 与 AC97 CODEC 连接关系如附表 2.4 所示。AC97 音频系统的核心器件是 PCM 编解码集成电路 LM4550,其工作原理请查阅 LM4550 的数据手册。

附表 2.4　FPGA 与 AC97 CODEC 连接关系

信号	I/O	FPGA 引脚	I/O 类型	驱动能力	Slew
AC97_SDATA_OUT	O	E8	LVTTL	8 mA	SLOW
AC97_SDATA_IN	I	E9	LVTTL	—	—
AC97_SYNCH	O	F7	LVTTL	8 mA	SLOW
AC97_BIT_CLOCK	I	F8	LVTTL	—	—
AUDIO_RESET_Z	O	E6	LVTTL	8 mA	SLOW
BEEP_TONE_IN	O	E7	LVTTL	8 mA	SLOW

附录 2.6　RS232 串行接口模块

RS232 是美国电子工业联盟(EIA)制定的串行数据通信的接口标准,被广泛用于计算机串行接口外设连接。XUP Virtex-II Pro 开发系统中的 RS232 的主要作用是实现开发板与计算机的数据通信。RS232 模块由电平转换和一个标准的 DB9 针 RS232 端口组成,如附图 2.5 所示。

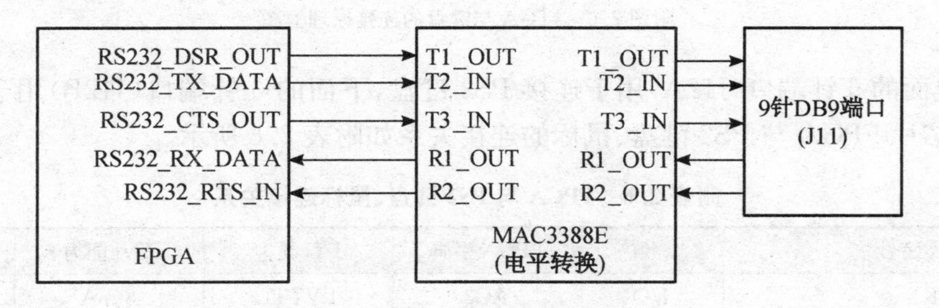

附图 2.5　RS232 模块原理框图

主芯片 FPGA 与 RS232 模块的连接关系如附表 2.5 所示。

附表 2.5 FPGA 与 RS232 连接关系

信号	I/O	FPGA 引脚	I/O 类型	驱动能力	Slew
RS232_DSR_OUT	O	AD10	LVCMOS25	8 mA	SLOW
RS232_CTS_OUT	O	AE8	LVCMOS25	8 mA	SLOW
RS232_TX_DATA	O	AE8	LVCMOS25	8 mA	SLOW
RS232_RX_DATA	I	AJ8	LVCMOS25	—	—
RS232_RTS_IN	I	AK8	LVCMOS25	—	—

附录 2.7 PS2 接口模块

XUP Virtex-II Pro 开发系统中有两个用于连接键盘和鼠标的 PS2 端口。PS2 是一种双向同步串行通信协议，通信的两端通过 CLOCK(时钟脚)同步，并通过 DATA(数据脚)交换数据。数据和时钟都是集电极开路或漏极开路，因此时钟和数据线需要一上拉电阻。PS2 键盘或鼠标的数据和时钟端口都采用 5V 的电气标准，而开发板上的 FPGA 端口都采用 3.3 V的电气标准，因此，开发板必须进行电平变换后才能与 PS2 键盘或鼠标连接。附图2.6 所示为 FPGA 与键盘的连接电路图，其中 U24 用于电平变换。

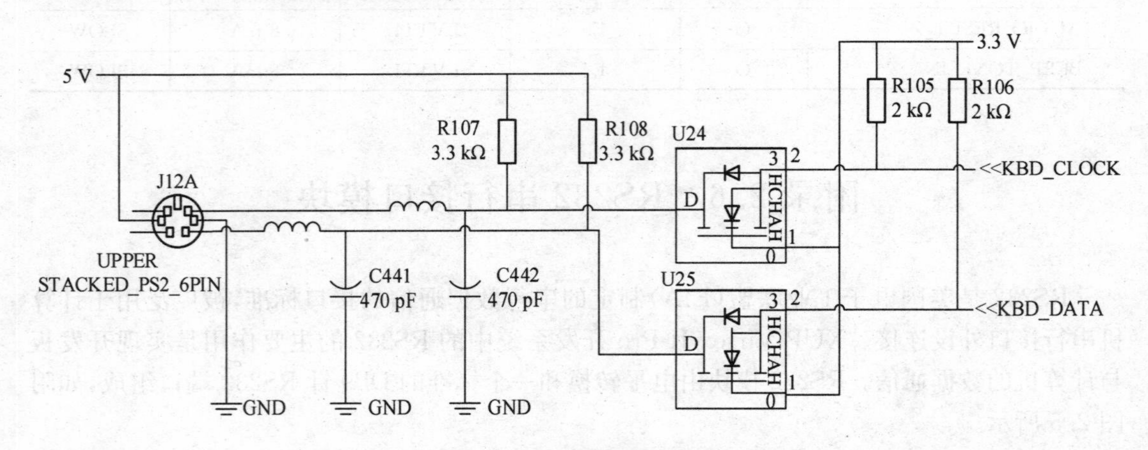

附图 2.6 JTGA 与键盘的连接原理框图

J12 上面的 6 针端口(J12A)用于连接 PS2 键盘，下面的 6 针端口(J12B)用于连接 PS2 鼠标。主芯片 FPGA 与 PS2 键盘、鼠标的连接关系如附表 2.6 所示。

附表 2.6 FPGA 与 PS2 键盘、鼠标连接关系

信号	I/O	FPGA 引脚	I/O 类型	驱动能力	Slew
KBD_CLOCK	I/O	AG2	LVTTL	8 mA	SLOW
KBD_DATA	I/O	AG1	LVTTL	8 mA	SLOW
MOUSE_CLOCK	I/O	AD6	LVTTL	8 mA	SLOW
MOUSE_DATA	I/O	AD5	LVTTL	8 mA	SLOW

附录 2.8 开关、按键和 LED 指示灯

XUP Virtex-II Pro 开发系统提供 1 个 4 位 DIP 开关、5 个按键、4 个 LED 指示灯。DIP 开关和按键供用户进行逻辑输入使用。DIP 开关处于 ON 或按键按下时，输入低电平逻辑“0”，否则为输入高电平逻辑“1”。LED 指示灯用于逻辑输出指示，低电平时点亮。开关、按键和 LED 指示灯与 FPGA 的连接关系如附表 2.7 所示。

附表 2.7 FPGA 与开关、按键和 LED 指示灯的连接关系

信号	I/O	FPGA 引脚	I/O 类型	驱动能力	Slew
LED_0	O	AC4	LVTTL	12 mA	SLOW
LED_1	O	AC3	LVTTL	12 mA	SLOW
LED_2	O	AA6	LVTTL	12 mA	SLOW
LED_3	O	AA5	LVCMOS25	12 mA	SLOW
SW_0	I	AC11	LVCMOS25	—	—
SW_1	I	AD11	LVCMOS25	—	—
SW_2	I	AF8	LVCMOS25	—	—
SW_3	I	AF9	LVCMOS25	—	—
PB_ENTER	I	AG5	LVTTL	—	—
PB_UP	I	AH4	LVTTL	—	—
PB_DOWN	I	AG3	LVTTL	—	—
PB_LEFT	I	AH1	LVTTL	—	—
PB_RIGHT	I	AH2	LVTTL	—	—

附录 2.9 下载配置模块

当 FPGA 上电或按 RESET_RELOAD 按键（SW1）2 s 后，FPGA 开始配置。XUP Virtex-II Pro 开发系统支持 SelectMAP 和 JTAG 两种配置模式，配置的数据通道如附图 2.7 所示。下面介绍开发系统两种配置模式的使用方法。

（1）配置模式的选择

Config Source 开关（SW9 的左边）选择配置模式。若 Config Source 开关位于 ON 位置则选择 SelectMAP 配置模式；若 Config Source 开关位于 OFF 位置则采用 JTAG 配置模式。

（2）JTAG 配置模式

JTAG 配置模式的配置数据来源有三种：CF 卡、PC4 并行配置接口和 USB 配置接口。PC4 并行配置接口的配置前提是 JTAG 配置电缆。

JTAG 配置模式的默认数据来源为 CF 卡。System ACE 控制器首先检查 CF 卡的数据，如果 CF 卡上存储配置数据，那么 CF 卡上的数据即为配置数据。CF 卡可存储 8 个配置

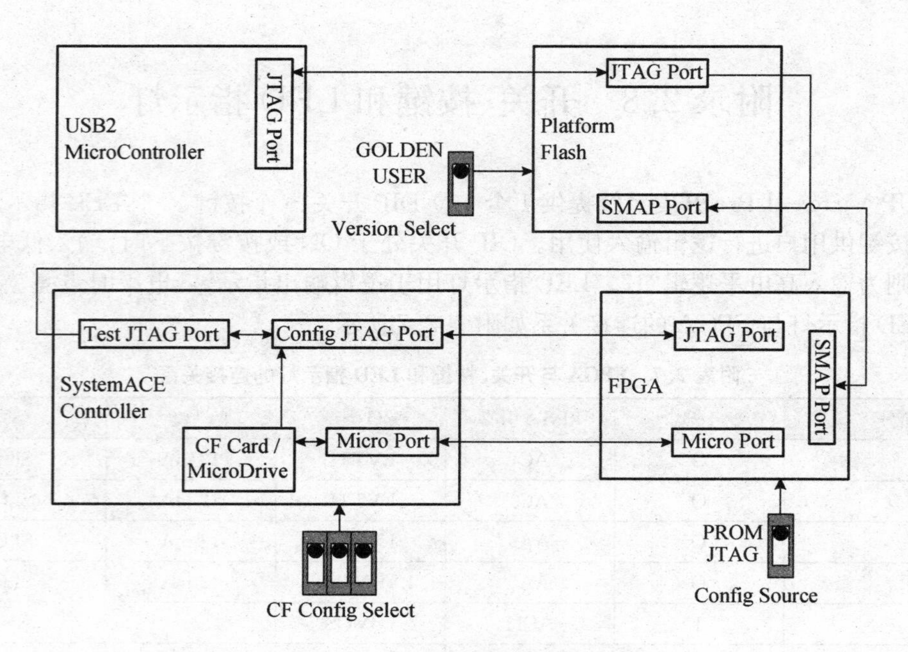

附图 2.7 FPGA 选择配置数据通道

数据文件，由"CF Config Select"DIP 开关(SW8)选择其中一个配置数据文件。

如果 System ACE 控制器在 CF 卡上没有找到配置数据，那么 SYSTEMACE ERROR 指示灯闪烁，System ACE 控制器将 FPGA 接到外接 JTAG 配置口。

外接 JTAG 配置默认为 USB 配置接口，若计算机主机没有将 USB 配置接口作为配置数据来源，则 PC4 并行配置接口将用做配置装置。

(3) SelectMAP 配置模式

选择 SelectMAP 配置模式，开发板上的 Platform Flash ROM(U3)为 FPGA 提供配置数据。Platform Flash ROM 支持两种配置方式：GOLDEN 和 USER，由 Version Select 开关(SW9 的右边)选择配置方式。

若 Version Select 开关处于 ON 位置，则 FPGA 选择 GOLDEN 配置方式，这种方式的配置数据为 Xilinx 提供的开发板应用测试程序。

若 Version Select 开关处于 OFF 位置，则 FPGA 选择配置 USER 方式。不过，这种方式必须先将配置数据通过 USB 配置接口编程至开发板上的 Platform Flash ROM。

附录 2.10 高速和低速的扩展连接器

扩展连接器主要用来连接各种外接板卡。XUP Virtex-II Pro 开发系统具有三类扩展端口：第一类是 4 个 60 脚的扩展接口(J1—J4)；第二类是 2 个 40 脚的低速扩展接口(J5—J6)；第三类是 1 个高速的 FPGA 扩展接口。本书只采用了一个低速扩展接口 J5，用来与扩展板连接。附表 2.8 列出 J5 扩展接口与 FPGA 引脚的连接关系。

附表 2.8　J5 扩展接口与 FPGA 引脚的连接关系

J5 引脚	信号名称	FPGA 引脚	对应电路图	I/O类型
1	GND	—	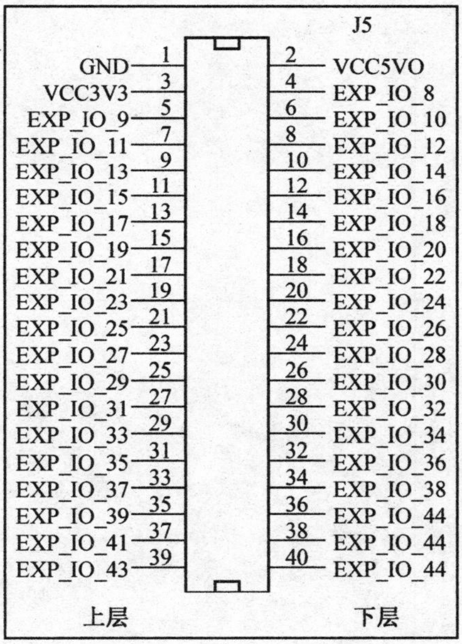	
3	VCC3V3	—		—
5	EXP_IO_9	N5		LVTTL
7	EXP_IO_11	L4		LVTTL
9	EXP_IO_13	N2		LVTTL
11	EXP_IO_15	R9		LVTTL
13	EXP_IO_17	M3		LVTTL
15	EXP_IO_19	P1		LVTTL
17	EXP_IO_21	P7		LVTTL
19	EXP_IO_23	N3		LVTTL
21	EXP_IO_25	P2		LVTTL
23	EXP_IO_27	R7		LVTTL
25	EXP_IO_29	P4		LVTTL
27	EXP_IO_31	T2		LVTTL
29	EXP_IO_33	R5		LVTTL
31	EXP_IO_35	R3		LVTTL
33	EXP_IO_37	V1		LVTTL
35	EXP_IO_39	T6		LVTTL
37	EXP_IO_41	T4		LVTTL
39	EXP_IO_43	U3		LVTTL
2	VCC5V0	—		—
4	EXP_IO_8	N6		LVTTL
6	EXP_IO_10	L5		LVTTL
8	EXP_IO_12	M2		LVTTL
10	EXP_IO_14	P9		LVTTL
12	EXP_IO_16	M4		LVTTL
14	EXP_IO_18	N1		LVTTL
16	EXP_IO_20	P8		LVTTL
18	EXP_IO_22	N4		LVTTL
20	EXP_IO_24	P3		LVTTL
22	EXP_IO_26	R8		LVTTL
24	EXP_IO_28	P5		LVTTL
26	EXP_IO_30	R2		LVTTL
28	EXP_IO_32	R6		LVTTL
30	EXP_IO_34	R4		LVTTL
32	EXP_IO_36	U1		LVTTL
34	EXP_IO_38	T5		LVTTL
36	EXP_IO_40	T3		LVTTL
38	EXP_IO_42	U2		LVTTL
40	EXP_IO_44	U7		LVTTL

除了上述模块外，XUP Virtex-II Pro 开发系统还有 DDR SDRAM 接口（支持高达 2GB 的 RAM）、8Gbit/s 收发器模块、10/100Mbit/s 以太网接口模块和 PowerPC405 CPU 调试端口，由于本书未涉及上述模块，所以这里不再介绍。

附录三　通用型开发板底板普及板 V11.0.1 的使用

根据实验需要，作者选用了通用型开发板底板普及板 V11.0.1（以下简称扩展板）作为 XUP Virtex-II Pro 平台的外设扩展板，可通过公对母杜邦线连接扩展板和 Virtex-II Pro 上的低速扩展连接器（J5/J6）。扩展板的功能模块组成图如附图 3.1 所示，扩展板实物图见附图 3.2。

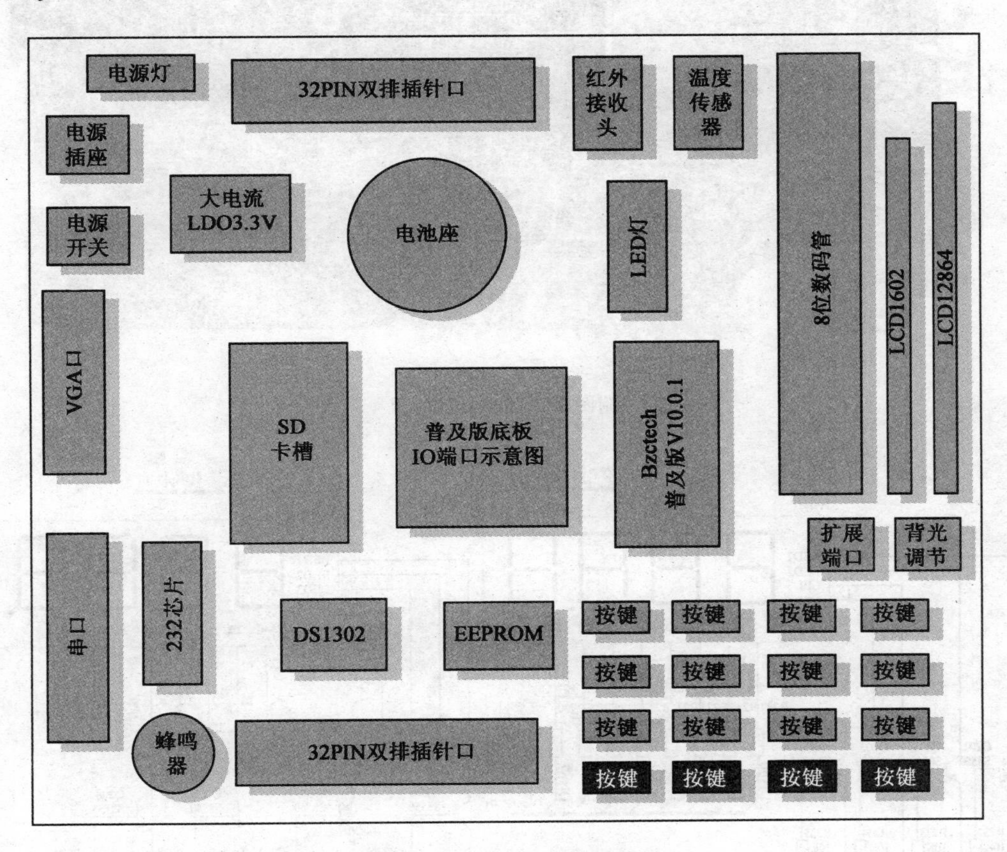

附图 3.1　扩展板功能模块框图

8 位 LED 数码显示器

8 位 LED 数码显示器为共阳极数码管，采用动态显示驱动方式。由八位位选信号（Sel[7:0]）分别对应这 8 位数码管，Disp[7:0]用于控制显示内容，其具体电路如附图 3.3 所示。

为了使所有数码管稳定不闪烁地显示，每个数码管必须间隔 5～16 ms 点亮一次，刷新频率应在 60～200 Hz。

至于扩展板的其他功能，由于并没有在本书实验中使用，因此不予介绍，读者可自行查

附图 3.2　扩展板实物图

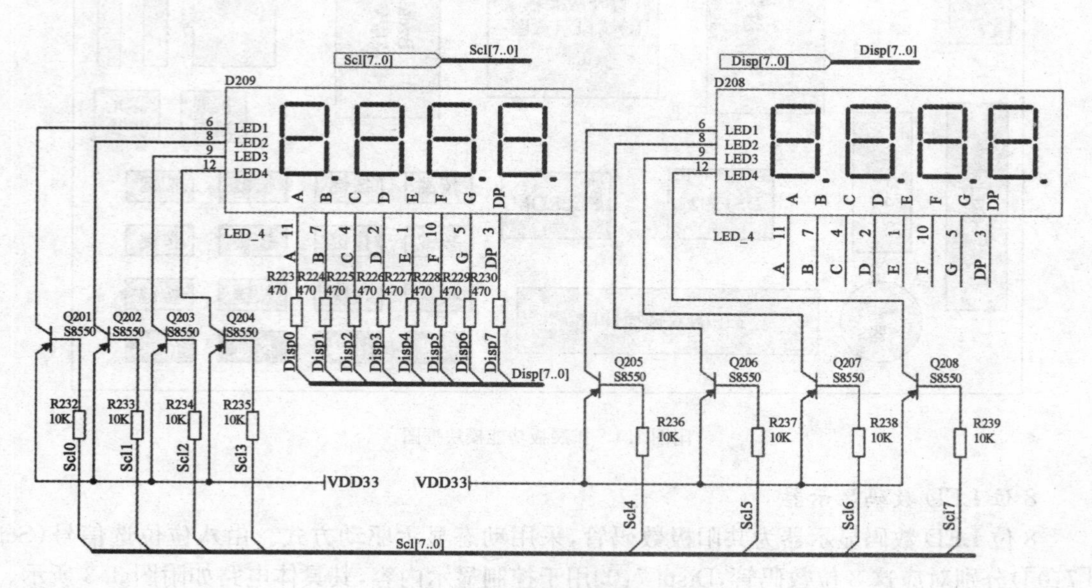

附图 3.3　LED 数码显示器电路图

看光盘文件“通用型开发板底板普及板 V1001 原理图. pdf”。

参考文献

[1] 李欣，张海燕. VHDL 数字系统设计[M]. 北京：科学出版社，2009.

[2] 荻超，刘萌. FPGA 之道[M]. 西安：西安交通大学出版社，2014.

[3] 屈民军，唐奕. 数字系统设计实验教程[M]. 北京：科学出版社，2011.

[4] 张刚，张博，常青. SoC 系统设计[M]. 北京：国防工业出版社，2013.

[5] 田耘，徐文波，胡彬. Xilinx ISE Design Suite 10. x FPGA 开发指南：逻辑设计篇[M]. 北京：人民邮电出版社，2008.

[6] 王春平，张晓华，赵翔. Xilinx 可编程逻辑器件设计与开发. 基础篇[M]. 北京：人民邮电出版社，2011.

[7] 潘松，黄继业. EDA 技术实用教程：VHDL 版[M]. 5 版. 北京：科学出版社，2013.

[8] 方易圆. 可编程逻辑器件与 EDA 技术[M]. 北京：清华大学出版社，2014.

[9] 王杰，王诚，谢龙汉. Xilinx FPGA/CPLD 设计手册[M]. 北京：人民邮电出版社，2011.

[10] 詹仙宁，田耕. VHDL 开发精解与实例剖析[M]. 北京：电子工业出版社，2009.

[11] 陈学英，李颖. FPGA 应用实验教程[M]. 北京：国防工业出版社，2013.

[12] 杨军，蔡光卉，黄倩，等. 基于 FPGA 的数字系统设计与实践[M]. 北京：电子工业出版社，2014.

[13] 何宾. Xilinx FPGA 设计权威指南：Vivado 集成设计环境[M]. 北京：清华大学出版社，2014.

[14] Xilinx Inc. Xilinx University Program Virtex-II Pro Development System：Hardware Reference Manual[R]. [s. l.]：Xilinx Inc，2005.

[15] Xilinx Inc. Virtex-II Pro and Virtex-II Pro X Platform FPGAs：Complete Data Sheet [R]. [s. l.]：Xilinx Inc，2005.

[16] Xilinx Inc. Virtex-II Pro and Virtex-II Pro X FPGA User Guide[R]. [s. l.]：Xilinx Inc，2005.

[17] Design Automation Standards Committee. IEEE Standard VHDL Language Reference Manual[S]. [s. l.]Design Automation Standards Committee，2009.